John Gribbin

Am Anfang war ...

Neues vom Urknall und der Evolution des Kosmos

Aus dem Englischen von
Hilmar W. Duerbeck

Springer Basel AG

Die Originalausgabe erschien 1993 unter dem Titel «In the Beginning. After COBE and before the Big Bang» bei Little, Brown and Company, Boston, New York, Toronto, London, USA.

Die Deutsche Bibliothek – CIP-Einheitsaufnahme
Gribbin, John:
Am Anfang war … : Neues vom Urknall und der Evolution des Kosmos /
John Gribbin. Aus dem Engl. von Hilmar Duerbeck. – Basel ;
Boston ; Berlin : Birkhäuser, 1995
Einheitssacht.: In the beginning <dt.>

ISBN 978-3-7643-5005-5   ISBN 978-3-0348-6370-4 (eBook)
DOI 10.1007/978-3-0348-6370-4

Umschlaggestaltung: Matlik und Schelenz, Essenheim
Gedruckt auf säurefreiem Papier, hergestellt aus chlorfrei gebleichtem Zellstoff

ISBN 978-3-7643-5005-5

9 8 7 6 5 4 3 2 1

Inhaltsverzeichnis

Vorwort

Ich habe mich schon mit vielen wissenschaftlichen Themenbereichen beschäftigt, doch gibt es zwei, die mir besonders am Herzen liegen: Einer ist die Kosmologie, die Untersuchung des Universums auf großen Skalen, der andere die Evolution, die Theorie, die unser Vorhandensein auf der Erde erklärt. Im Verlauf meiner etwa zwanzigjährigen Tätigkeit als Schriftsteller gelangte ich zunächst zu der Auffassung, daß beide Themen recht unterschiedlicher Natur seien. Sie schienen nur durch die Tatsache verbunden, daß sie das menschliche Bestreben, so viel wie möglich über uns und unser Universum herauszufinden, besonders verdeutlichen. Während meiner Arbeit an zwei neueren Büchern gelangte ich jedoch zu der Überzeugung, daß es mehr Zusammenhänge zwischen dem Leben auf der Erde und der Struktur des Universums gibt, als es zunächst den Anschein hat. In dem Buch *The Matter Myth* (dt.: *Auf dem Weg zur Weltformel*)diskutierte ich zusammen mit Paul Davies die Natur der Komplexität: wie einfache physikalische Gesetze, die auf scheinbar einfachen physikalischen Systemen beruhen, ein Verhalten zulassen, das komplexer ist als die Summe aller Teilsysteme, aus denen es besteht. In dem Buch *In Search of the Edge of Time* (dt.: *Jenseits der Zeit. Experimente mit der vierten Dimension*)begann ich, die Geschichte der Schwarzen Löcher zu erzählen, und kam durch neuere Entwicklungen in der Kosmologie zu dem Schluß, daß unser Universum ein Schwarzes Loch unter vielen darstellt. Und dann, im Frühjahr 1992, verbreitete sich die Nachricht, daß der COBE-Satellit neue Fakten entdeckt hatte, die die Urknalltheorie, also die Vorstellung, daß das Universum zu einem ganz bestimmten Augenblick erschaffen wurde, unterstützen.

Diese Entdeckung wirkte wie ein Katalysator. Sie half mir, meine verschiedenen Gedanken über das Leben und das Universum zu ordnen. Wenn das Universum tatsächlich zu einem bestimmten Zeitpunkt entstand und eines Tages auch zu einem bestimmten Zeitpunkt zu-

grunde gehen wird, wenn es nur ein Universum unter vielen ist und
wenn Dinge im allgemeinen komplexer sind, als es die einfachen Gesetze der Physik uns vorgaukeln, dann ist möglicherweise die Theorie
der Evolution ein wesentlich bedeutsamerer Teil der Kosmologie, als
wir bisher angenommen haben. Das Universum könnte in der Tat
lebendig sein – im buchstäblichen, nicht nur im übertragenen Sinn des
Wortes.

Das vorliegende Buch, das als Fortsetzung der Bücher *Auf dem Weg
zur Weltformel* und *Jenseits der Zeit* angesehen werden kann, ist mein
Versuch, die Verknüpfungen zwischen Evolution und Kosmologie zu
verdeutlichen und den Weg zu einem neuen Verständnis des Universums zu weisen – einem Verständnis, das sich aus den Entdeckungen
des COBE-Satelliten entwickelt hat und das uns darüber hinaus erläutert, was sich vor dem Urknall abgespielt hat. Die hier vorgestellten
Gedanken könnten einen großen Fortschritt unserer Erkenntnisse über
das Universum und unserer eigenen Stellung darin bedeuten – möglicherweise den größten, seit die Urknalltheorie vor mehr als fünfzig
Jahren in die wissenschaftliche Debatte geworfen wurde. Sie erklären,
wie und warum das Universum entstand und wie und warum wir
Menschen uns entwickelt haben. Es ist kaum möglich, mehr von einer
wissenschaftlichen Idee zu verlangen. Und alles beginnt – wie alle
guten Geschichten beginnen sollten – mit dem Anfang: mit COBEs
Ergebnissen und der Entstehung des lebendigen Universums.

John Gribbin,
Dezember 1992

Prolog:
Das Ende des Anfangs

Im Frühling 1992 gab es ein großes Aufatmen unter den Astronomen, als sich nämlich die wichtigste Vorhersage, die sie jemals gemacht hatten, buchstäblich in letzter Minute als richtig erwies. Die dramatische Entdeckung von Fluktuationen in der Struktur des Universums, wie es vor fast 15 Milliarden Jahren beschaffen war, hatte das faszinierendste Gedankengebäude der Wissenschaft unseres Jahrhunderts bestätigt: die Urknalltheorie – die Theorie vom Ursprung des Universums und allem, was sich darin befindet. Durch das Einfügen dieses noch fehlenden Stücks in das kosmische Puzzlespiel wurde bewiesen, daß sich das Universum wirklich vor langer Zeit aus einem winzigen heißen Feuerball entwickelte und seit dieser Zeit immer größer geworden ist. Doch diese Entdeckung bedeutet nicht, daß die Schöpfung des Kosmos und die Entwicklung des Universums nun endgültig erklärt sind. Sie führt uns jedoch zu einer neuen, tieferen Einsicht, nicht nur in die Entstehung, sondern auch in die Entwicklung des Kosmos.

Unsere Geschichte beginnt in den fünfziger Jahren unseres Jahrhunderts, als zwei Theorien, die die Natur des Universums erklären konnten, miteinander im Wettstreit lagen. Die Astronomen wußten damals schon, daß das Universum aus vielen Millionen Galaxien besteht, von denen jede, wie unsere eigene Milchstraße, aus Milliarden von Sternen gebildet wird. Und sie wußten, daß sich diese Galaxien voneinander wegbewegen, da der leere Raum zwischen den Galaxien expandiert. Das Universum muß also vor langer Zeit sehr viel kleiner gewesen sein, weil es weniger Raum zwischen den Galaxien gab. Wenn man diese Vorstellung bis zum äußersten Anfang treibt, gelangt man zur Urknalltheorie – daß alles im Universum vor etwa 15 Milliarden Jahren aus einem Punkt hervorging, aus einer Singularität.

Doch die rivalisierende Theorie, die unter dem Namen *Steady-State*-Hypothese, der Hypothese des gleichförmigen Zustands bekannt ist, besagte, daß das Universum schon immer expandierte und für alle

Zeiten expandieren wird, ohne sein allgemeines Erscheinungsbild zu verändern. Der wichtigste Vertreter dieser Hypothese war der britische Astronom Fred Hoyle (heute als Sir Fred bekannt). Dieser Theorie zufolge bildeten sich bei fortschreitender Expansion des Raumes zwischen den Galaxien aus dem Nichts neue Galaxien, um die auftretenden Lücken zu füllen. Dies würde natürlich erfordern, daß kontinuierlich neue Materie in Form von Wasserstoffatomen im leeren Raum zwischen den Galaxien erschaffen wird, um als Baumaterial für die Sterne neuer Galaxien zur Verfügung zu stehen. Viele Wissenschaftler schreckten vor dieser Vorstellung zurück, doch Hoyle und seine Kollegen argumentierten, daß diese recht milde Form einer kontinuierlichen Schöpfung im Prinzip nicht schrecklicher sei als die Vorstellung, daß die gesamte Materie des Universums in einem Augenblick, im Urknall, erschaffen wurde. Hoyle war übrigens derjenige, der den Ausdruck «Urknall» (Big Bang) erfand, um die gegnerische Theorie lächerlich zu machen.

In den fünfziger Jahren war es weitgehend eine Sache des persönlichen Geschmacks, welcher Theorie man den Vorzug gab. Was konnte man sich besser vorstellen: daß Materie im Universum ständig in kleinen Mengen erschaffen wird oder daß sich die ganze Materie, aus der heute die Galaxien und Sterne bestehen, in einem bestimmten Augenblick gebildet hatte?

Der Konflikt zwischen den beiden Theorien wurde in den frühen sechziger Jahren durch eine dramatische und unvorhergesehene Entdeckung gelöst. Arno Penzias und Robert Wilson, zwei amerikanische Radioastronomen, die mit einer Antenne der Bell-Laboratorien arbeiteten, entdeckten ein schwaches Rauschen in der Radiostrahlung, das aus allen Raumrichtungen zu uns dringt. Dieses Radiorauschen, das man heute als «kosmische Hintergrundstrahlung» bezeichnet, wurde rasch als das Überbleibsel des Feuerballs erkannt, in dem das Universum entstand, es stellt sozusagen das Echo des Urknalls dar.

Das Universum ist in den 15 Milliarden Jahren seit dem Urknall expandiert, die heiße Strahlung des ursprünglichen Feuerballs ebenfalls, und die Strahlung hat sich durch die Expansion abgekühlt. Das ist das Gegenstück zum Aufheizungseffekt, wenn beispielsweise beim Aufpumpen eines Fahrradreifens die Luft in der Fahrradpumpe aufgeheizt wird, also: Wenn ein Gas komprimiert wird, wird es heiß, wenn es expandiert, wird es kalt. Als Astronomen die Temperatur dieser Strahlung bestimmten, fanden sie heraus, daß sie etwas unterhalb von −270 Grad Celsius lag. Dies ist exakt die Temperatur, die die Strahlung haben müßte, wenn die Expansion des Universums seit dem Urknall gemäß Albert Einsteins Allgemeiner Relativitätstheorie erfolgt ist.

Doch es gab ein Problem. In den siebziger und achtziger Jahren kamen den Astronomen Bedenken, weil die kosmische Hintergrundstrahlung allzu gleichförmig zu sein schien. Die Strahlung stammt aus der letzten Phase des Feuerballs, die etwa 300000 Jahre nach der Singularität des Urknalls eintrat. Wenn die Strahlung, die aus allen Gegenden des Himmels kommt, völlig gleichförmig ist, bedeutet dies nichts anderes, als daß das Universum 300000 Jahre nach dem Urknall völlig gleichförmig war. In einem völlig gleichförmigen Universum gibt es jedoch – wie im Verlauf des Buches noch deutlich werden wird – keine Sterne, keine Planeten, keine Menschen. Wir wissen aber, daß das Universum mit Galaxien erfüllt ist, die Galaxien bestehen aus Sternen, und um die Sterne kreisen Planeten. Wir leben auf einem dieser Planeten. Wäre das Universum völlig gleichförmig aufgebaut, gäbe es uns nicht.

Ende 1989 wurde der COBE-Satellit (COBE steht für Cosmic Background Explorer) in eine Erdumlaufbahn gebracht, um herauszufinden, wie gleichförmig die Hintergrundstrahlung wirklich ist. Berechnungen hatten ergeben, daß in der Hintergrundstrahlung Fluktuationen vorhanden sein müssen, um die Existenz der Galaxien – und der Menschen – zu erklären, daß aber nur Strahlungsempfänger im Weltraum, die sich in weiter Entfernung von der Störstrahlung der Erde und dem künstlichen Radiolärm befinden, in der Lage sein würden, diese Schwankungen nachzuweisen.

Zunächst schienen die COBE-Messungen zu zeigen, daß das frühe Universum zu gleichförmig ist, um die Bildung von Galaxien zu ermöglichen. Doch die Theoretiker behaupteten, daß die Fluktuationen, die zur Bestätigung der Urknalltheorie notwendig sind, so gering sein könnten, daß es zwei Jahre gründlicher Beobachtungen mit dem COBE-Satelliten erfordern würde, um sie nachzuweisen zu können. Solche Schwankungen (die sogenannten «Ripples») entsprechen Temperaturfluktuationen in der Strahlung aus verschiedenen Teilen des Himmels, die nur etwa 30 Millionstel eines Grades betragen.

Die folgenden Monate waren eine Zeit, in der diese Theoretiker an den Fingernägeln zu knabbern begannen. Falls COBE Mitte 1992 noch immer keine Fluktuationen gefunden haben würde, müßte man die Urknalltheorie zu den Akten legen. Doch im April 1992 kam gerade noch rechtzeitig die Nachricht von der NASA, daß in der kosmischen Hintergrundstrahlung Fluktuationen von genau der richtigen Größenordnung entdeckt worden waren. Diese Entdeckung wurde bei einer Tagung der Amerikanischen Physikalischen Gesellschaft in Washington D.C. mitgeteilt und vom Team der NASA als «Evidenz für die Geburt des Universums» bezeichnet.

Die Fluktuationen in der Hintergrundstrahlung bestätigen, daß es 300 000 Jahre nach der Singularität des Urknalls schon aus Materie bestehende Wolkenfetzen gab, die sich über Entfernungen von mehr als 500 Millionen Lichtjahren erstreckten. Die Größe dieser Wolken bestätigt auch, daß mehr als 90 Prozent des heutigen Universums in Form von sogenannter «dunkler Materie» vorliegt und nicht in Form von hellen Sternen und Galaxien. Als diese Wolken, durch ihre eigene Schwerkraft getrieben, in sich zusammenstürzten, brachen sie auseinander und bildeten Galaxienhaufen, während die Galaxien selbst in Sterne – wie die in der Milchstraße – zerfielen, und all das war in ein Meer dunkler Materie gehüllt. Die von COBE gemessenen winzigen Temperaturunterschiede rühren also von den Samen her, aus denen unsere eigene Existenz erwuchs.

Doch dies ist nicht das Ende der Geschichte. Ermutigt durch die Beobachtungen, die ihre Theorien so glänzend bestätigten, spekulieren die Astronomen nun darüber, was vor dem Urknall geschah. Wenn es eine Geburt des Universums gab, woraus wurde es geboren? Wer waren seine Eltern? Und wie wird es sterben? Entstand das Universum wirklich aus einer Singularität, die aus dem Nichts hervorbrach? Oder gab es einen vorherigen Zyklus, aufgrund dessen diese Singularität durch den Kollaps eines früheren Universums in ein Schwarzes Loch erschaffen wurde? Wird das Universum für alle Zeiten expandieren, oder wird es eines Tages kollabieren und eine neue Singularität bilden, aus der ein neues Universum entstehen kann? Auf dem nun gesicherten Fundament der Urknalltheorie bilden Fragen wie diese den Nährboden für kosmologische Spekulationen, die in den kommenden Jahren und Jahrzehnten vielleicht in die Schlagzeilen geraten werden.

Diese Fragen und die heutigen Versuche, sie zu beantworten, sind auch das Thema des vorliegenden Buches. Wie wir sehen werden, haben vielleicht Begriffe wie «Evolution», «Leben» und «Tod» oder sogar «Eltern» und «Kind» mehr als bloß metaphorische Bedeutung für die Welt, in der wir leben, und für einige in dieser Welt auftretende Strukturen.

Die Expansion des Universums aus dem Urknall ist im Rahmen der Allgemeinen Relativitätstheorie äquivalent dem zeitumgekehrten «Spiegelbild» des Kollapses eines massereichen Objekts zu einem Schwarzen Loch. Dies wurde Ende der sechziger Jahre von Roger Penrose und Stephen Hawking bewiesen. Könnte deshalb der Kollaps eines vorhergehenden Zyklus des Universums, der in einer Singularität endete, buchstäblich der Kollaps eines Schwarzen Loches gewesen sein?

Verschiedene Forscher haben diese Möglichkeit und ihre Konsequenzen untersucht. Ihre bemerkenswerte Entdeckung ist, daß der Kollaps eines Schwarzen Loches – *irgendeines* Schwarzen Loches – in der Tat zu einem Zurückprallen führen kann, aus dem ein neues Universum entstehen kann. Daraus ergeben sich zwei faszinierende neue Folgerungen.

Zum einen ist es nicht nötig, daß das ganze Universum kollabiert, damit ein neues entstehen kann. Selbst wenn ein Schwarzes Loch aus einem Stern hervorgeht, der drei- oder viermal massereicher als die Sonne war, kann es aufgrund der Art und Weise, wie sich die Gesetze der Physik an der Singularität ändern, zurückprallen und selbst ein Universum bilden, das so groß wie unser eigenes sein kann. Doch wo befindet sich dieses Universum? Es prallt nicht aus dem Schwarzen Loch zurück in unser eigenes Universum, sondern expandiert in neue Dimensionen!

Immer wenn ein Universum in einem solchen Urknall und Rückprall entsteht, unterscheiden sich die Gesetze der Physik, mit denen es geboren wurde, ein wenig von denen des Eltern-Universums – sie sind der Mutation unterworfen. Die Schwerkraft kann im Kind-Universum beispielsweise ein wenig stärker oder ein wenig schwächer sein als im Eltern-Universum.

Alle diese Entdeckungen führten zu der Vorstellung, daß unser Universum nur eines von vielen ist und daß in gewissem Sinne die

Universen miteinander um das Existenzrecht wetteifern. Ist es also möglich, daß dieser Wettstreit den Darwinschen Regeln des Kampfes ums Dasein zwischen den Arten auf der Erde folgt? Ist unser Universum lebendig, und hat es sich aufgrund einer natürlichen Auswahl entwickelt?

Dies sind Fragen, die ich in diesem Buch diskutieren möchte. Die Antwort erfordert eine Synthese der Vorstellungen von der biologischen Evolution mit denen der Kosmologie, die traditionsgemäß eine Domäne der Physiker war. Diese Synthese führt die Kosmologie auf einen neuen Weg ins 21. Jahrhundert. Bevor wir sie selbst betrachten wollen, müssen wir genau festlegen, was wir mit «Leben» und «Universum» meinen. Und bevor ich zu diesen faszinierenden Fragen komme, werde ich die COBE-Entdeckungen in den richtigen Zusammenhang stellen und, wie im Vorwort versprochen, meine Geschichte des lebendigen Universums am Anfang beginnen – das bedeutet, mit dem Ursprung des Universums, wie wir es kennen.

Teil I
Die Geburt des Universums

1
Universum im Wandel

Wir leben in einem dynamischen, sich ändernden Universum. Es entstand und wird vergehen. Alle Dinge im Universum, Sonne und Sterne, haben ihren eigenen Lebenszyklus. Nichts ist ewig. Man mag denken, daß dies die natürlichste und augenscheinlichste Entwicklung ist. Immerhin sind wir selbst lebende Wesen, die an den Zyklus von Geburt, Leben und Tod gewöhnt sind, so wie er in unserer Umgebung auf dem Planeten Erde abläuft. Trotzdem ist die Erkenntnis, daß das Universum nicht ewig sein kann, sondern zu einem bestimmten Zeitpunkt in der Vergangenheit entstand, weniger als siebzig Jahre alt – weniger als ein biblisches Menschenalter. Diese Erkenntnis war so überraschend und überwältigend, daß man ein Menschenleben lang brauchte, bis die Folgerungen klar hervortraten und die Wissenschaftler daran gingen, die aus dieser Entdeckung entstandenen Fragen anzugehen und zu beantworten – Fragen, die nicht nur das Leben und Sterben unseres eigenen Universums betreffen, sondern auch die Entwicklung anderer Universen.

Zu Beginn der zwanziger Jahre begannen die Astronomen langsam zu verstehen, daß die am Himmel sichtbaren Sterne nur ein verschwindend kleiner Teil des Universums sind. Mit Hilfe neuer Teleskope erkannten sie, daß das gesamte Milchstraßensystem, das aus annähernd 100 Milliarden sonnenähnlichen Sternen besteht, nur eine unter vielen «Welteninseln» – Galaxien – ist. Jenseits der Milchstraße gibt es Millionen anderer Galaxien, die über den leeren Raum verstreut sind wie Koralleninseln über den pazifischen Ozean. Jede dieser Galaxien, die in den besten Teleskopen der Erde oft nur als kleine, verwaschene Flecken erscheinen, besteht aus vielen Sternen – aus etwa so vielen Sternen wie die Milchstraße.

Der erste atemberaubende Schritt von der Milchstraße in die Tiefen des Universums erfolgte Mitte der zwanziger Jahre. Untersuchungen der hellsten veränderlichen Sterne in einem dieser Lichtflecken, dem

Andromedanebel, ergaben, daß es sich um eine Galaxie handelt, die, wie wir heute wissen, etwa 2 Millionen Lichtjahre von uns entfernt ist. Zum Vergleich: Das gesamte Milchstraßensystem ist eine abgeplattete Scheibe mit einem Durchmesser von etwa 100 000 Lichtjahren, und die Sonne mit ihren Planeten liegt etwa 30 000 Lichtjahre vom Zentrum entfernt, irgendwo in einem Vorort unserer Milchstraße. (Ein Lichtjahr ist die Entfernung, die das Licht, das 300 000 Kilometer in der Sekunde durchläuft, in einem Jahr zurücklegt.) Das Licht von der Andromeda-Galaxie braucht mehr als 2 Millionen Jahre, um zu uns zu gelangen. Doch dieser atemberaubende Schritt hinaus in den Raum war nur die erste, bescheidene Annäherung an die Tiefen des Kosmos. Genauere Beobachtungen ergaben, daß viele Galaxien wesentlich weiter entfernt sind, daß sie in Entfernungen von Dutzenden oder Hunderten von Millionen Lichtjahren liegen. Das große Milchstraßensystem, unsere Heimatgalaxis, schrumpfte in der astronomischen Vorstellung zu einem winzigen Stäubchen, das im großen Ozean des Nichts umhertreibt. In den Jahren, die auf diese Entdeckung folgten, bestimmten Edwin Hubble in Kalifornien und andere Astronomen die Entfernungen zu anderen Galaxien bis zu einer Entfernung von etwa einer Milliarde Lichtjahre – dies in einem Raumvolumen, das einige hundert Millionen Galaxien umschließt, von denen freilich nur eine Handvoll genauer untersucht werden konnten.

Die Möglichkeit, kosmische Entfernungen zu messen, die Millionen von Lichtjahren betragen, beruht auf der Entdeckung, daß einige veränderliche Sterne ihre Helligkeit regelmäßig ändern. Die Periode, in der sich diese Änderungen wiederholen, hängt von der mittleren Helligkeit des Sterns ab – diese Sterne gehorchen einer sogenannten «Perioden-Leuchtkraft-Beziehung». Die wichtigsten Sterne, die als solche Entfernungsindikatoren Verwendung finden, sind die Cepheiden. Ein solcher Cepheide wird zuerst heller, dann schwächer, dann wieder heller. Die Periode des Lichtwechsels liegt irgendwo zwischen zwei und vierzig Tagen und hängt vom betrachteten Stern ab, sie ist aber für jeden Stern immer dieselbe. Der genaue Wert der Periodenlänge – nehmen wir an, es seien 22 Tage – liefert uns durch die Perioden-Leuchtkraft-Beziehung den Wert der *absoluten* Helligkeit des Sterns, die ein Maß für seine Leuchtkraft ist. Die *scheinbare* Helligkeit des Sterns, wie sie auf der Erde gemessen wird, resultiert aus der Entfernung, da die scheinbare Helligkeit gleich der absoluten Helligkeit ist, dividiert durch das Quadrat der Entfernung. (Beispielsweise erscheint uns auf der Erde ein Stern, der doppelt so weit entfernt ist wie ein anderer der gleichen absoluten Helligkeit, viermal so schwach.)

1929 gab es genügend Entfernungsbestimmungen zu anderen Galaxien, und Hubble bemerkte ein merkwürdiges Phänomen. Abgesehen von unseren allernächsten Nachbarn, wie der Andromeda-Galaxie, die «nur» 2 Millionen Lichtjahre entfernt ist, schienen sich alle Galaxien von uns wegzubewegen. Außerdem schien die Geschwindigkeit, mit der sich eine Galaxie wegbewegte (ihre Fluchtgeschwindigkeit), proportional zur Entfernung von uns zu sein (eine Galaxie, die doppelt so weit entfernt ist, bewegt sich zweimal schneller von uns weg). Je weiter eine Galaxie entfernt war, um so größer war ihre Fluchtgeschwindigkeit.

Hubble kannte aufgrund von Cepheidenbeobachtungen die Entfernungen zu einigen Galaxien, und er konnte aus der Analyse der Spektren ermitteln, wie schnell sie sich bewegten. Das Licht eines Objekts kann mit Hilfe eines Prismas in die Farben des Regenbogens aufgespalten werden. Wenn solch ein Spektrum mittels der Kombination eines Mikroskops und eines Prismas (man bezeichnet ein solches Gerät als Spektrograph) untersucht wird, erscheinen die hellen Farben des Regenbogens mit schmalen Linien durchzogen zu sein, von denen einige dunkel, andere hell sein können. Diese Linien sind charakteristisch für die Atome, die das Licht aussenden, und sie können als «Fingerabdrücke» der chemischen Elemente angesehen werden: Jedes Element sendet seinen bestimmten Satz von Linien aus. Die Linien treten bei ganz bestimmten Wellenlängen auf, die im Licht von Substanzen in einem irdischen Laboratorium gemessen werden können; das gleiche Element (Wasserstoff, Sauerstoff, Kohlenstoff oder irgendein anderes) erzeugt immer das gleiche Linienmuster bei den gleichen Wellenlängen. Das Licht entfernter Galaxien zeigt das gleiche Muster wie das Licht der Sonne oder der Sterne der Milchstraße. Doch das gesamte Linienmuster ist zum roten Ende des Spektrums hin verschoben – man bezeichnet dieses Phänomen als «Rotverschiebung».

Die Farben des Spektrums des sichtbaren Lichts sind der Reihe nach rot, orange, gelb, grün, blau, indigo und violett. Das rote Licht besitzt die längste Wellenlänge, das violette Licht die kürzeste, und das Spektrum geht in Wirklichkeit in beiden Richtungen über den Bereich, der von unseren Augen registriert werden kann, hinaus. Zu längeren Wellenlängen hin liegen die Infrarotstrahlen, die Mikrowellen und der Radiobereich, zu kürzeren die Ultraviolettstrahlen, Röntgen- und Gammastrahlen. Die Rotverschiebung in den Spektren weit entfernter Galaxien bedeutet, daß das Licht eine längere Wellenlänge hat, als es eigentlich sollte; es ist auf seiner Reise durch den Kosmos in die Länge gezogen worden. Wie kann so etwas geschehen?

Die einfachste Erklärung wäre die, daß sich entfernte Galaxien von uns wegbewegen. Die Lichtwellen, die von einem Objekt ausgesandt werden, das sich von uns fortbewegt, werden in der Tat in die Länge gezogen und damit rotverschoben. Die Größe der Rotverschiebung ist ein Maß für die Geschwindigkeit, mit der sich das Objekt von uns wegbewegt. Auf die gleiche Weise emittiert ein Objekt, das sich auf uns zubewegt, Licht, das durch diese Bewegung blauverschoben wird, da die Wellen gestaucht werden. Der Prozeß entspricht demjenigen, dem wir in der Akustik begegnen: Die Tonhöhe der Sirene eines Kranken- oder Polizeiwagens scheint tiefer zu sein, wenn sich der Wagen von uns entfernt, und höher, wenn der Wagen näherkommt. Dieses Phänomen wird als Doppler-Effekt bezeichnet und tritt auf, weil Schallwellen auf die gleiche Art und Weise gestreckt und gedehnt werden, wie ich es eben für die Lichtwellen beschrieben habe; tiefere Töne haben längere Wellenlängen als höhere Töne.

Falls sich die Galaxien regellos durch den Weltraum bewegen, sollte man erwarten, daß sich etwa die Hälfte der Galaxien auf uns zubewegt und die andere Hälfte von uns weg; die Astronomen sollten also etwa gleich viele Rot- wie Blauverschiebungen beobachten. Schon vor Hubble hatte man jedoch entdeckt, daß in den Galaxienspektren außerhalb unserer unmittelbaren kosmischen Nachbarschaft keine Blauverschiebungen auftreten. Man findet nur Rotverschiebungen, und die Rotverschiebung einer Galaxie ist proportional ihrer Entfernung. Diese Eigenschaft wird heute als Hubblesches Gesetz bezeichnet.

Das Hubblesche Gesetz wurde Ende der zwanziger Jahre entdeckt und bewirkte zweierlei: Zum einen brauchten die Astronomen, nachdem das Gesetz mittels der Cepheideneichung an relativ nahen Galaxien kalibriert worden war, nur noch die Rotverschiebung einer Galaxie zu messen, um ihre Entfernung berechnen zu können – selbst wenn die Galaxie so weit entfernt ist, daß ihre Cepheiden zu schwach sind, als daß man sie einzeln beobachten könnte. Entfernungen im Weltraum konnten nun relativ zuverlässig bis zu Milliarden von Lichtjahren gemessen werden. Doch die zweite Folgerung, die sich aus dem Hubbleschen Gesetz ergab, war noch dramatischer: Sie besagte, daß das ganze Universum expandiert – daß jede Galaxie sich von jeder anderen Galaxie entfernt. Mit fortschreitender Zeit bewegen sich die Galaxien voneinander weg und der Raum zwischen ihnen wird größer. Wenn wir in der Zeit zurückblicken, waren die Galaxien näher beisammen, und es befand sich weniger Raum zwischen ihnen. Die logische Folgerung aus dieser Entdeckung ist, daß es eine Zeit gegeben haben muß, zu der sich alle Galaxien aufeinandertürmten und kein Raum zwischen ihnen existierte. Diese Interpretation des Hubbleschen Gesetzes führte zu dem noch heute so heftig diskutierten Modell des Urknalls – zu der Vorstellung, daß das Universum zu einem ganz bestimmten Zeitpunkt in einem superdichten Feuerball geboren wurde.

Die außergewöhnlichste Eigenschaft des Hubbleschen Gesetzes ist vielleicht, daß sowohl sein Inhalt als auch die Tatsache, daß das Universum expandieren muß, etwa zwölf Jahre vorher durch Albert Einsteins Allgemeine Relativitätstheorie vorhergesagt worden sind. Doch Einstein selbst hatte kein Vertrauen in seine Gleichungen. Er veröffentlichte seine Erkenntnisse nicht, sondern führte eine zusätzliche Größe in seine Berechnungen ein, eine «kosmologische Konstante», um die Expansion des Universums zu verhindern, die sich aus seinen Gleichungen ergab. Er bezeichnete dies später als die «größte Dummheit» seiner wissenschaftlichen Laufbahn. Aber im Jahre 1917 war die Meinung, daß das Universum unveränderlich und ewig sei, so weitverbreitet, daß selbst Einstein es vorzog, seine Theorie zu ändern, statt zu akzeptieren, was sie ihm lieferte. Aber als Hubbles Arbeiten zeigten, daß das Universum in der Tat expandiert, lieferte die ursprüngliche Version der Einsteinschen Gleichungen den Kosmologen das Rüstzeug, um zu erklären, was im Weltall vor sich geht.

Einsteins Allgemeine Relativitätstheorie erklärt und beschreibt das Verhalten von Raum, Zeit und Materie. Sie beschreibt also das gesamte Universum. Einstein hatte 1905 schon die Natur von Raum und Zeit im Rahmen seiner Speziellen Relativitätstheorie erklärt. Diese Theorie beweist unter anderem, warum sich nichts schneller als das Licht bewegen kann, und warum die Lichtgeschwindigkeit (*c*) eine absolute Konstante ist. Nehmen wir an, ich bewege mich mit halber Lichtgeschwindigkeit nach Norden, und der Leser bewegt sich mit halber Lichtgeschwindigkeit nach Süden. Wenn er mit einer Taschenlampe ein Lichtsignal sendet, bestimmen wir beide die Geschwindigkeit dieses Lichtsignals zu *c*. Der Leser erhält nicht das Resultat, daß sich der Lichtstrahl nur mit 0,5*c* vorwärts bewegt, weil er schon mit der halben Lichtgeschwindigkeit dem Lichtstrahl nachläuft, und ich sehe nicht, daß der Lichtstrahl mit einer Geschwindigkeit von 1,5*c* auf mich zukommt, obwohl ich mit der halben Lichtgeschwindigkeit auf ihn zulaufe: Die Lichtgeschwindigkeit ist für jeden Beobachter dieselbe. Einstein erkannte auch, daß Masse und Energie unmittelbar miteinander zusammenhängen ($E = mc^2$). Es ist wichtig festzustellen, daß all dies untersucht und viele Male durch Experimente bestätigt worden ist. Wenn auch Einsteins Beschreibung des Universums manchmal dem «gesunden Menschenverstand» widerspricht, so hat seine Theorie doch jede Prüfung mühelos bestanden, und sie ist zweifellos eine gute Beschreibung dessen, was im Kosmos vor sich geht.

Die Spezielle Relativitätstheorie verknüpft Raum und Zeit miteinander und beschreibt diese Raumzeit durch einen Satz von Gleichungen. In der Welt der Relativität stellt die Zeit eine Dimension dar, gleich den drei wohlvertrauten Dimensionen des Raumes (oben – unten, links – rechts, vor – zurück). Die drei Dimensionen des Raumes stehen rechtwinklig aufeinander, und wir können uns nicht vorstellen, wie eine vierte Dimension ebenfalls rechtwinklig dazu verlaufen kann, weil unser Gehirn dafür nicht geschaffen ist. Aber die Gleichungen besagen, daß die Raumzeit so beschaffen ist, mit der zusätzlichen Komplikation, daß die Zeitdimension in manchen Fällen negative Distanzen liefert – in diesen Gleichungen tritt ein Minuszeichen vor der Zeitgröße auf.

Glücklicherweise brauchen wir uns keine Gedanken über die mathematischen Einzelheiten zu machen, da die Relativistiker ein einfaches, leicht darzustellendes Modell für diese Vorgänge entwickelt haben. Anstatt zu versuchen, in vier Dimensionen zu denken, beschränken wir uns auf zwei. Wir stellen uns die Raumzeit als ein flaches, aufgespanntes Stück Gummi vor – wie ein Trampolin oder ein Trommelfell. Wir können zwei der Raumdimensionen vernachlässigen, da sie alle mathematisch gleichwertig sind, und können uns vorstellen, daß eine Richtung entlang der gedehnten Gummifläche der Bewegung durch den Raum entspricht, während die Richtung senkrecht dazu die Bewegung in der Zeit darstellt. Wenn man eine Murmel über die Fläche rollen läßt, hat man ein Bild der Bahn eines Objektes durch die Raumzeit.

Hier setzt die Allgemeine Relativitätstheorie ein. Die Spezielle Theorie befaßt sich nur mit der flachen Raumzeit (also einer flachen Trampolinoberfläche). Einstein benötigte zehn Jahre, um die Wirkung der Gravitation in seine Theorie einzubauen, um also den Einfluß der Materie zu berücksichtigen. Der Erfolg seiner Bemühungen wurde im Jahre 1915 angekündigt. Wieder können wir die Gleichungen und die Gedankengänge in den Begriffen der Geometrie der Raumzeit beiseite lassen; wir können die verbesserte Theorie verstehen, indem wir uns vorstellen, was passiert, wenn wir ein schweres Gewicht auf das Trampolin legen. Die gespannte Fläche biegt sich durch und bildet an der Stelle des Gewichts eine Vertiefung. Wenn wir nun eine Murmel über die Fläche rollen, wird sie einer gekrümmten Bahn folgen – in die Vertiefung hinein und dann wieder heraus. Genau dies bewirkt die Materie, wenn sie auf die vierdimensionale Raumzeit im wirklichen Universum einwirkt: Die Raumzeit wird durch das Vorhandensein massereicher Objekte (wie der Sonne) gekrümmt und verformt, und alles, was in der Nähe des massereichen Objekts entlangläuft, wird einer gekrümmten Bahn in dem verzerrten Gebiet der Raumzeit folgen.

Wieder ist zu sagen, daß all dies gründlich geprüft und gemessen wurde. Schon 1919 waren Astronomen in der Lage, die gebogene Bahn der Lichtstrahlen zu messen, die in unmittelbarer Nähe an der Sonne vorbeilaufen: Sie maßen Photographien von hinter der Sonne stehenden Sternen aus, die während einer totalen Sonnenfinsternis aufgenommen wurden, als das strahlende Licht der Sonne durch den Mond verfinstert worden war. Die von ihnen gemessene Lichtablenkung war exakt von Einsteins Theorie vorhergesagt worden. Es besteht überhaupt kein Zweifel daran, daß die Allgemeine Relativitätstheorie eine gute Beschreibung des Universums darstellt. Man macht sich dies am leichtesten klar, indem man sich folgendes vorstellt: Die Materie sagt der Raumzeit, wie sie sich krümmen soll, und die Krümmung der Raumzeit sagt der Materie, wie sie sich bewegen soll. Was wir für die Schwerkraft halten, die Objekte zu Boden fallen läßt oder Planeten in ihren Bahnen um die Sonne hält, ist in Wirklichkeit die Krümmung der Raumzeit, die Objekte von der geradlinigen Bewegung ablenkt, welcher sie folgen würden, wenn die Raumzeit flach wäre.

All dies ist schon äußerst faszinierend. Aber die große Überraschung kam im Jahre 1917, als Einstein seine Gleichungen benutzte, um eine mathematische Beschreibung des Universums selbst zu entwickeln. Wie würde sich die Raumzeit krümmen, wie würde sich Materie bewegen, wenn das Universum gleichförmig mit Materie erfüllt wäre? Dies war der Punkt, an dem Einstein seinen eigenen Gleichungen nicht mehr traute. Sie besagten nämlich, daß sich unter diesen Umständen der Raum nicht nur krümmen würde, sondern daß er sich auch ausdehnen würde – das Universum würde also nicht expandieren, weil sich die Materieklumpen *durch den Raum* voneinander wegbewegen würden, sondern weil sich der Raum selbst ausdehnen würde. Es wäre, als ob die Seiten unseres Trampolins im zweidimensionalen Modell des Universums sich immer weiter voneinander entfernen, indem sie den Gummi der Trampolinoberfläche ständig immer mehr dehnten. In der Tat besagten die Gleichungen auch, daß das Universum sich zusammenziehen würde; das einzige, was die Gleichungen nicht zuließen, war die Möglichkeit eines statischen Universums, das sich in aller Ewigkeit nicht änderte.

Einsteins Entschluß, ein zusätzliches Glied in seine Gleichungen einzufügen, um das Universum in einem Ruhezustand zu halten, ist aus der Perspektive des Jahres 1917 verständlich. Doch als Hubble die Expansion des Universums entdeckt hatte, war dieses Zusatzglied überflüssig, und die Kosmologen konnten Einsteins ursprüngliche Gleichungen als eine Beschreibung des wirklichen Universums verwenden.

Die grundlegende Eigenschaft dieser Beschreibung ist schon erwähnt worden. Die Galaxien bewegen sich nicht voneinander fort, indem sie sich durch den Raum bewegen, sie werden statt dessen voneinander weggetragen, weil sich der Raum zwischen den Galaxien ausdehnt. Einzelne Galaxien weisen zusätzlich einen gewissen Betrag von zufälligen Bewegungen durch den Raum auf. Dies ist der Grund, weshalb unser nächster großer Nachbar, die Andromedagalaxie, sich in Wirklichkeit auf uns zubewegt und eine Blauverschiebung zeigt. Aber sobald wir Objekte jenseits unserer unmittelbaren Nachbarschaft betrachten, werden diese lokalen Zufallsgeschwindigkeiten kleiner als die Fluchtgeschwindigkeiten, die durch die Expansion des Raumes selbst verursacht werden. Dieses Verhalten erzeugt genau das gleiche Rotverschiebungsgesetz, bei dem die Rotverschiebung mit der Entfernung proportional zunimmt. Allerdings handelt es sich nicht um einen echten Doppler-Effekt. Die Rotverschiebung tritt viel mehr auf, weil die Lichtwellen von entfernten Objekten auf ihrem Weg zu uns zu längeren Wellenlängen auseinandergezogen werden.

Es gibt eine andere wichtige Eigenschaft dieses Einstein-Hubble-Universums[1].

Wenn wir in den Raum hinausschauen, sehen wir entfernte Galaxien, die gleichförmig in alle Richtungen auseinanderstreben, so als ob sie sich alle von der Milchstraße wegbewegten. Dies bedeutet jedoch nicht, daß wir uns im Mittelpunkt des Universums befinden. Das Hubblesche Gesetz, in dem die Rotverschiebung proportional zur Entfernung ist, ist das einzige Rotverschiebungs-Entfernungs-Gesetz, das immer genau das gleiche Bild des expandierenden Universums ergibt, gleichgültig, von welcher zufällig ausgewählten Galaxie aus man es betrachtet. Man kann sich dies klarmachen, indem man sich z.B. Farbflecken auf der Oberfläche eines Ballons vorstellt. Wenn man den Ballon auf das Doppelte seiner ursprünglichen Größe aufbläst, verdoppelt sich der Abstand zwischen den Flecken. Je weiter voneinander entfernt zwei Flecken ursprünglich waren, um so mehr haben sie sich auseinanderbewegt, indem sie Hubbles Rotverschiebungsregel genau nachahmen. Zwei Flecken, die vorher 2 Zentimeter voneinander entfernt waren, sind jetzt 4 Zentimeter voneinander entfernt; bei ursprünglich 4 Zentimeter sind es jetzt 8 Zentimeter. Aber man kann nicht auf einen Fleck weisen und behaupten, daß er sich im Mittelpunkt des Musters befindet. Es ist gleichgültig, von welchem Fleck ausgehend man die Entfernungen mißt, immer findet man, daß sich die Entfernung zu den anderen Flecken vergrößert hat.

Eine andere Modellvorstellung ist, sich die Rosinen in einem Kuchenteig vorzustellen, die sich voneinander wegbewegen, wenn der

---

1 Da in den zwanziger Jahren der russische Mathematiker Alexander Friedmann und der belgische Physiker Georges Lemaître die Eigenschaften eines solchen Universums erforscht haben, bezeichnet man es heute auch als Friedmann-Lemaître-Universum (Anm. d. Übers.).

Teig aufgeht. Diese Vorstellung ist nicht ganz korrekt, weil ein Kuchen eine Mitte und einen Rand besitzt. Einsteins Gleichungen hingegen besagen, daß das wirkliche Universum nicht notwendigerweise einen Rand haben muß, da der Raum schwach in sich gekrümmt ist und das vierdimensionale Äquivalent einer Kugeloberfläche darstellt. Wie die Erdoberfläche oder die Oberfläche des mit Flecken bedeckten Ballons kann der Raum, in dem wir leben, «geschlossen» sein und keinen Rand haben. Wenn man hier auf der Erde zu einer Reise aufbricht und immer in die gleiche Richtung läuft, wird man schließlich einmal um die Erde herumgelaufen sein und zum Ausgangsort zurückkehren. In gleicher Weise kann man, wenn man im Universum immer in die gleiche Richtung reist, schließlich das Universum durchmessen und zum Ausgangspunkt zurückkehren. Es gibt keinen Mittelpunkt des Universums, genausowenig wie es einen Mittelpunkt der Erdoberfläche oder den Mittelpunkt der Oberfläche einer Seifenblase gibt.

In den dreißiger und vierziger Jahren unseres Jahrhunderts begannen die Kosmologen sich damit auseinanderzusetzen, welche Folgerungen aus all diesen Beobachtungen zu ziehen sind. Der revolutionärste Aspekt der neuen Kosmologie war die Vorstellung, daß das Universum zu einem ganz bestimmten Zeitpunkt entstanden sein muß. Wenn man seine Expansion «zurückdreht», kann man sich vorstellen, daß der Raum immer kleiner wird und sich die Galaxien übereinandertürmen. Im Grunde genommen besagten die Einsteinschen Gleichungen, daß alles im Universum, Raum, Zeit und Materie, von einem einzigen Punkt ausgegangen sein muß: der Singularität.

Zuerst nahm niemand den Begriff der Singularität allzu ernst. Aber man versuchte, sich eine Zeit vorzustellen und mathematisch zu beschreiben, zu der alle Materie des Universums auf einem Fleck zusammengedrückt war, eine Art «Uratom» oder «kosmisches Ei». Dieses zerplatzte und wurde zu dem Universum, das wir heute kennen, und in ihm bildeten sich aus den Überresten der Explosion Sterne und Galaxien, die sich auseinanderbewegen, während der Raum zwischen ihnen expandiert. Beachten Sie jedoch, daß diese Urexplosion nicht das Ergebnis eines superdichten Materieklumpens war, der sich mitten im leeren Raum befindet und sich dann wie eine Bombenexplosion in diesen Raum hinein ausbreitet; der leere Raum war nämlich auch in dieses Urteilchen hineingedrückt gewesen und expandierte nach der

Geburt des Universums in alle Richtungen. In den dreißiger Jahren sahen sich die Kosmologen nun einer großen Frage gegenübergestellt: Wenn das Universum zu einem bestimmten Zeitpunkt geboren wurde, wann war dieser Zeitpunkt?

Mit Hilfe des Hubbleschen Gesetzes kann man leicht herausfinden, zu welcher Zeit sich die Galaxien übereinandertürmten. Unter der Voraussetzung, daß die auf den Cepheidenveränderlichen beruhenden Entfernungsbestimmungen korrekt sind, muß man die Entfernung einer Galaxie durch ihre Fluchtgeschwindigkeit dividieren (Astronomen verwenden immer noch den Begriff der «Fluchtgeschwindigkeit», obwohl sie wissen, daß die Rotverschiebung in Wirklichkeit durch die Expansion des Raumes selbst verursacht wird), um herauszufinden, wie lange die Galaxie brauchte, um sich so weit von uns zu entfernen. Genau die gleiche Rechnung erhält man, wenn man ein Auto betrachtet, das 300 Kilometer zurückgelegt hat und mit 100 Stundenkilometern gefahren ist: Es muß also seit drei Stunden unterwegs sein. Wegen der einfachen Natur des Hubbleschen Gesetzes, bei dem die Rotverschiebung (oder Fluchtgeschwindigkeit) proportional der Entfernung ist, erhält man für jede Galaxie das gleiche Ergebnis.

Als Hubble selbst diese Rechnung in den dreißiger Jahren ausführte, ergab sich, daß das Universum nur etwa 2 Milliarden Jahre alt ist. Aber in den vierziger Jahren fand man heraus, daß es in Wirklichkeit zwei Sorten von Cepheidenveränderlichen gibt, die unterschiedlichen Perioden-Leuchtkraft-Gesetzen gehorchen, und daß Hubble die beiden in seinen Untersuchungen durcheinandergebracht hatte. Durch die Untersuchung sehr schwacher Sterne in der Andromeda-Galaxie mit dem 100-Zoll-Teleskop der Mount-Wilson-Sternwarte – die Untersuchung wurde durch die kriegsbedingte Verdunklung der nahegelegenen Stadt Los Angeles begünstigt – fand Walter Baade eine verbesserte Entfernungsskala, durch die die Entfernungen aller Galaxien mehr als verdoppelt werden mußten. Im Lauf der vergangenen 50 Jahre wurde die kosmische Entfernungsskala immer weiter verbessert. So kann das Alter des Universums immer genauer geschätzt werden. Unsere gegenwärtig beste Schätzung besagt, daß seit dem Urknall zwischen 13 und 20 Milliarden Jahre vergangen sind.

Das Universum ist also ungefähr 15 Milliarden Jahre alt. Unser Sonnensystem ist nur etwas mehr als 5 Milliarden Jahre alt, sein Alter entspricht also einem Drittel des Gesamtalters des Universums. Die entferntesten bekannten Objekte, Quasare mit sehr hoher Rotverschiebung, sind so weit von uns entfernt, daß ihr Licht ausgesandt wurde, als das Universum erst 10 Prozent seines heutigen Alters besaß. Das Licht ist mehr als 10 Milliarden Jahre unterwegs gewesen (und ist doppelt so alt wie unser Sonnensystem). Die entferntesten Objekte, die man mit modernen optischen Teleskopen beobachten kann, sind also mehr als 10 Milliarden Lichtjahre entfernt. Aber Astronomen können auch Strahlung von noch weiter entfernten Gegenden beobachten, die noch früher ausgesandt worden ist. Es handelt sich nicht um Licht, sondern um Radiostrahlung. Sie wurde im Feuerball des Urknalls in Form von Licht und von hochenergetischer Röntgen- und Gammastrahlung ausgesandt, aber durch die Expansion des Raumes ist sie rotverschoben worden: durch das ganze optische Spektrum und die Infrarotstrahlung hindurch in den Wellenlängenbereich der Mikrowellen-Radiostrahlung. Dieses schwache Rauschen der Radiostrahlung erfüllt das gesamte Universum und wird von Radioteleskopen auf der Erde und von Instrumenten an Bord von Satelliten wie COBE aufgefangen. Es bestätigt unsere Vermutung, daß es einen Urknall gab, und gibt uns Hinweise darauf, wie das Universum 300000 Jahre nach dem Urknall beschaffen war (der genaue Zeitpunkt, zu dem die Strahlung freigesetzt wurde, stellt das Ende der Feuerball-Phase des Urknalls dar, der fast gleichförmigen anfänglichen Expansion, die aufgrund einfacher physikalischer Gesetze etwa 300000 Jahre gedauert haben muß). Doch bevor ich diese Geschichte bis zur heutigen Zeit weitererzähle, möchte ich einen Blick in die Vergangenheit werfen. Die Entdeckung, daß das Universum nicht ewig und unveränderlich ist, sondern geboren wurde und sterben wird, traf die Astronomen in den zwanziger Jahren unseres Jahrhunderts wie ein Schlag. Es hätte aber kein solcher Schock zu sein brauchen, wenn sie einige philosophische Spekulationen über die Natur des Universums gekannt bzw. ernstgenommen hätten. Spekulationen, die der Entdeckung des Hubbleschen Gesetzes ganze 350 Jahre vorausgingen: Um 1570 stellte sich Thomas Digges – wie im Laufe der nächsten drei Jahrhunderte auch andere Philosophen – die Frage, warum der Himmel nachts dunkel ist.

Sie denken vielleicht, daß die Antwort einfach ist: weil sich unsere Hauptlichtquelle, die Sonne, nachts unter dem Horizont befindet. Doch das wäre nur korrekt, wenn es keine anderen Lichtquellen am Himmel gäbe. Das Rätsel des dunklen Nachthimmels ist mit der Natur der Unendlichkeit verknüpft – der Unendlichkeit des Raumes *und* der Unendlichkeit der Zeit. Und es war Digges, der den Begriff des unendlichen Raumes in die Kosmologie einbrachte.

Vor Digges war die Standarderklärung des nächtlichen Sternhimmels diejenige, die auf Ptolemäus zurückging, und nach der die Sterne kleine Lichter an der Innenseite einer Kristallkugel sind, die sich alle in der gleichen Entfernung von der Erde befinden. Digges stellte die offenkundige Frage, was sich in einem solchen Fall außerhalb der Kristallkugel befinden würde, und kam zu folgendem Schluß: Die Sterne können nicht alle die gleiche Entfernung von der Erde haben, sie sind keineswegs an irgendetwas befestigt, sondern sind über die Schwärze des unendlichen Raumes verstreut. Dies beseitigt das Rätsel des Randes des Universums. Denn der unendliche Raum besitzt keinen Rand. Doch Digges erkannte, daß in einem unendlichen, mit Sternen erfüllten Raum unser Blick überall auf einen Stern treffen müßte. Jeder Punkt des Himmels müßte im Sternenlicht erglänzen. Er umging dieses Problem, indem er sagte, daß die entfernteren Sterne zu schwach seien, um gesehen zu werden, und daß die für uns sichtbaren Sterne einfach die am nächsten stehenden sind.

Doch dieses Argument ist nicht korrekt. Johannes Kepler erkannte Anfang des 17. Jahrhunderts, daß in einem wirklich unendlichen, überall mit Sternen erfüllten Universum der Nachthimmel gleißend hell sein müßte. Obwohl entfernte Sterne schwach sind, muß es in solch einem Universum eine unendliche Zahl sehr schwacher Sterne geben, und ihr Gesamtbeitrag zum Licht würde den Himmel unendlich hell machen, gleichgültig, wie schwach jeder einzelne Stern ist. Kepler glaubte, damit den Beweis für einen «Rand» des Universums geliefert zu haben, eine Grenze, jenseits derer es keine Sterne mehr gab, wo nur noch Dunkelheit herrschte.

Erst nachdem Galileos Beobachtungen und Keplers Berechnungen im 17. Jahrhundert bewiesen hatten, daß die Erde ein Planet ist, der die Sonne umkreist, wurde die Vorstellung, daß die Sterne entfernte Sonnen sind, endgültig zur akzeptierten Tatsache. Und erst im 19. Jahrhundert wurden zum ersten Mal die Entfernungen anderer Sterne genau ermittelt. Dies führte zur allmählichen Erkenntnis der wahren

Helligkeit der Sterne und ermutigte zu weiteren philosophischen Grübeleien über die Dunkelheit des Nachthimmels. Im 18. Jahrhundert dachten sowohl Edmond Halley (der Entdecker der Fixsternbewegungen, der definitiv zeigte, daß Sterne nicht an einer Kristallkugel befestigt sein können) wie auch der Schweizer Astronom Philippe Lois de Chéseaux über das Problem nach, und im 19. Jahrhundert wurde es von dem Bremer Arzt und Astronomen Heinrich Olbers aufgegriffen. Keiner von ihnen konnte das Rätsel lösen, das heute unter dem Namen Olberssches Paradox bekannt ist. Erst im 20. Jahrhundert kam man nach Hubbles Entdeckung der Expansion des Universums der Antwort schließlich näher: Die Ursache des dunklen Nachthimmels ist nicht das Vorhandensein eines Randes des Universums im Raum, sondern die Existenz eines «Randwertes» der Zeit.

Erinnern wir uns, daß sich Licht mit endlicher Geschwindigkeit fortpflanzt, und sich von jedem hellen Stern in das gesamte Universum hinein ausbreitet. Das Licht eines Sterns, der fünf Lichtjahre entfernt ist, benötigt fünf Jahre, um uns zu erreichen, das Licht von einer 50 Millionen Lichtjahre entfernten Galaxie benötigt 50 Millionen Jahre, um zu uns zu gelangen. Olbers' Paradox in moderner Formulierung lautet: Warum ist der Himmel nachts dunkel, wenn das Universum mit Galaxien erfüllt ist, so daß, wenn wir irgendeine Stelle des Himmels betrachten, unser Blick immer auf eine leuchtende Galaxie fallen sollte? Selbst wenn das Universum «geschlossen» und von endlicher Größe ist – wenn es seit unendlicher Zeit in der gleichen Form, wie wir es heute sehen, existierte, dann sollte das Licht aller Sterne und Galaxien den Raum erfüllt haben, und der Nachthimmel wäre hell. Die Lösung des Rätsels ist, daß in den 15 Milliarden Jahren seit der Entstehung des Universums einfach nicht genug Zeit für alle Sterne in allen Galaxien vorhanden war, mit ihrem Licht das Universum zu erfüllen. Die dunkle Mauer, die Kepler vermutete, liegt in einem gewissen Sinne weit draußen, in einer Entfernung von 15 Milliarden Lichtjahren. Wir werden nie Licht sehen, das aus einer größeren Entfernung kommt, weil solches Licht vor mehr als 15 Milliarden Jahren hätte ausgesandt werden müssen, und es gab zu dieser Zeit noch keine Licht aussendenden Sterne, weil es noch kein Universum gab.

Seltsamerweise war derjenige, der als erster dieser Wahrheit nahe kam, der Schriftsteller und Dichter Edgar Allan Poe. Er wies 1848 darauf hin, daß man beim Hinausschauen in den Raum auch in die Vergangenheit schaut und daß man die Dunkelheit sehen kann, die vor dem Entstehen der Sterne herrschte. Doch selbst diese vorwissenschaftliche Erklärung des Olbersschen Paradoxes war noch einen Schritt von der Wahrheit entfernt. Wenn wir durch die Lücken zwischen den hellen Sternen und den Galaxien den dunklen Nachthimmel betrachten, schauen wir zurück zum Anfang der Zeit, zum Augenblick der Schöpfung, in dem nicht bloß die Sterne, sondern das ganze Universum geboren wurde. Und was wir in den Lücken «sehen», ist das schwache Rauschen der Radiostrahlung, die das Überbleibsel der Strahlung des Urknalls selbst ist, der ältesten Strahlung im Universum.

Nun endlich können wir erkennen, warum diese Strahlung so wichtig ist, und wir können die Entdeckungen des COBE-Satelliten in ihren wirklichen Zusammenhang stellen. Wenn wir nun in die Hochtechnologie-Welt der Radioteleskope und Erdsatelliten eintreten, sollten wir eines nie vergessen: Die einzige Ausrüstung, die wir benötigen, um zu beweisen, daß das Universum zu einem bestimmten Zeitpunkt entstanden und nicht ewig und unveränderlich ist, sind unsere Augen. Denn sie sehen die Schwärze des Nachthimmels, die den Raum zwischen den Sternen erfüllt.

2
COBE im Zusammenhang

Die Strahlung, die den Raum zwischen den Sternen und Galaxien erfüllt, ist ein Überbleibsel aus der Zeit, als alles im Universum in einem heißen Feuerball – dem Urknall – eng zusammengedrängt war. Die kosmologischen Gleichungen, die sich aus Einsteins Allgemeiner Relativitätstheorie ergeben, sagen für den Anfang der Zeit einen Punkt unendlich hoher Dichte voraus – die Singularität. Wir sehen also, daß es eine Zeit gegeben haben muß, in der sich nicht nur die Galaxien überlagerten, sondern auch die einzelnen Sterne in einem einzigen, riesigen Feuerball verschmolzen waren. Zu dieser Zeit war das gesamte Universum so heiß wie das Innere eines Sterns, und es war erfüllt mit heißer Strahlung. Der ganze Raum war von dieser Strahlung erfüllt, weil der ganze Raum in diesem Feuerball enthalten war. Die Strahlung des Urknalls hat sich nicht von einer anfänglichen Explosion in den Raum hinein ausgebreitet, sie hat für alle Zeit den vorhandenen Raum erfüllt, und während der Raum expandierte, ist die Strahlung mit ihm expandiert. Expandierende Strahlung bedeutet: Die Strahlung wird auseinandergezogen, wird rotverschoben. Was ursprünglich Strahlung von sehr kurzer Wellenlänge war, wird durch die Expansion des Universums zu immer längeren Wellenlängen auseinandergezogen.

Der wichtigste Unterschied zwischen kurzwelliger und langwelliger Strahlung ist, daß letztere kühler ist und weniger Energie in sich trägt. Kurzwellige Röntgen- und Gammastrahlen sind viel energiereicher (und damit potentiell gefährlicher) als das langwelligere sichtbare Licht, und das ist seinerseits viel energiereicher als die noch längerwelligen Radiowellen. Die Strahlung, die im Urknall so heiß wie das Innere eines Sterns war, dehnte sich aus und kühlte sich ab, während das Universum expandierte. Heute hat sie eine Wellenlänge, die im Mikrowellenbereich liegt, den Wellen, die bei Radarsystemen oder in Mikrowellenherden verwendet werden. Und diese Strahlung hat eine Temperatur, die ein wenig unter –270 Grad Celsius liegt.

Die tiefstmögliche Temperatur, der absolute Nullpunkt der Temperatur, bei dem alle thermische Bewegung der Atome und Moleküle aufhört, liegt bei −273 Grad Celsius, was als null Grad auf der absoluten Temperaturskala, der Kelvin-Skala (K), definiert wird. Die den gesamten Raum erfüllende kosmische Mikrowellen-Hintergrundstrahlung hat eine Temperatur von 2,7 K. Diese Strahlung rührt direkt vom Urknall her und kann mit Hilfe von Radioteleskopen «gesehen» werden. Sie können dem Klang des Urknalls in Ihrem eigenen Heim lauschen. Da die Hintergrundstrahlung buchstäblich das ganze Universum erfüllt, wird ein Teil davon zusammen mit anderen Störsignalen von gewöhnlichen Fernsehantennen aufgefangen. Wenn Sie Ihr Fernsehgerät auf eine Frequenz einstellen, die zwischen denen der Fernsehsender liegt, sehen Sie auf dem Schirm «Schneegestöber», und aus dem Lautsprecher dringt ein Zischen, was manchmal als «statisches Rauschen» bezeichnet wird. Etwa 1 Prozent des empfangenen Signals, das dieses Rauschen hervorruft, ist tatsächlich die kosmische Mikrowellen-Hintergrundstrahlung, die direkt vom Urknall in Ihr Wohnzimmer gelangt.

Diese Strahlung wurde in den sechziger Jahren entdeckt. Aber erst am 24. April 1992 kam sie in die Schlagzeilen, als überall auf der Welt die Zeitungen auf der ersten Seite über die Entdeckung berichteten, die tags zuvor bei einer Konferenz der Amerikanischen Physikalischen Gesellschaft in Washington D.C. verkündet worden war: Die Hintergrundstrahlung ist nicht völlig gleichförmig. In der Hintergrundstrahlung fanden sich schwache Fluktuationen: die «Ripples». Sie entsprechen kleinen Unterschieden in der Temperatur der Mikrowellenstrahlung, die uns aus verschiedenen Richtungen des Himmels erreicht.

Die Entdeckung wurde von in Kalifornien arbeitenden Wissenschaftlern gemacht, die Instrumente an Bord eines unbemannten, erdumkreisenden NASA-Satelliten namens COBE benutzten. COBE ist wie bereits bemerkt die Abkürzung für Cosmic Background Explorer. Die Schlagzeilen bezeichneten die Entdeckung der «Ripples» als den «heiligen Gral» der Kosmologie, die Antwort auf das «Rätsel des Universums»; sie berichteten über den «Nachweis des kosmischen Ursprungs» und fragten gleichzeitig: «Beherrscht der Mensch nun das Universum?» Man zitierte ekstatische Wissenschaftler: «was wir gesehen haben, ist ein Hinweis auf die Geburt des Universums» (George Smoot, Berkeley), «eine der größten Entdeckungen des Jahrhunderts, in der Tat eine der größten Entdeckungen der Wissenschaft» (Joel Primack, Santa Cruz), «unglaublich wichtig» (Michael Turner, Chicago), «das fehlende Glied in der Kosmologie» (Joseph Silk, Berkeley). Und der Kommentar, der am meisten über das Ziel hinausschoß, stammt von Stephen Hawking (Cambridge), der meinte, die COBE-Resultate seien «die Entdeckung des Jahrhunderts, wenn nicht gar aller Zeiten».

Dies ist jedoch übertrieben. Selbst im Zusammenhang mit der Beschreibung des Universums, die ich auf den vorhergehenden Seiten des Buches gegeben habe – und ohne mich auf eine Diskussion darüber einzulassen, ob irgendeine ganz anders geartete Entdeckung, wie z.B. die des Penicillins, mit größerem Recht auf «Platz eins» der wissenschaftlichen Ergebnisse zu setzen wäre –, können die COBE-Resultate nicht als das Ereignis des Jahrhunderts angesehen werden. COBE hat entdeckt, daß die Temperatur der Hintergrundstrahlung, die fast dreißig Jahre vorher gefunden worden war, sich von Ort zu Ort des Himmels ändert. Die Entdeckung der Hintergrundstrahlung selbst ist sicherlich höher zu bewerten als die von Schwankungen innerhalb dieser Strahlung, obwohl erstere in den sechziger Jahren weit weniger das Interesse der Öffentlichkeit und der Medien erregte, als es 1992 bei den Ergebnissen von COBE der Fall war. Und *die* Entdeckung des Jahrhunderts ist – zumindest in der Kosmologie – die durch die Einsteinschen Gleichungen vorhergesagte Erkenntnis von Hubble und anderen, daß das Universum nicht ewig, statisch und unveränderlich ist, sondern daß es sich ausdehnt und deshalb vor Milliarden Jahren in einem überdichten Zustand geboren wurde. Aber als Schlagzeile ist «die drittwichtigste kosmologische Entdeckung des Jahrhunderts» natürlich nicht so reißerisch wie «die dramatischste wissenschaftliche Entdeckung aller Zeiten».

War somit die ganze Geschichte nur Schaumschlägerei, lanciert von einem NASA-Team, das auf öffentliche Aufmerksamkeit aus war und auf diese Weise versuchte, eine bessere Finanzierung künftiger Forschungsprojekte zu erhalten? Bei weitem nicht, wenngleich man die Übertreibungen nicht leugnen kann. Was COBE fand, war ein fehlender Baustein in der Urknalltheorie der Weltentstehung, ein Teilchen des Puzzlespiels, das vorhanden sein *mußte*, wenn die Theorie richtig sein sollte, das aber, wie man wußte, sehr schwierig zu finden war.

Wenn COBE nicht diese Fluktuationen in der kosmischen Hintergrundstrahlung gefunden hätte, wäre die Urknalltheorie in große Schwierigkeiten gekommen. Es hätte angezweifelt werden müssen, was die Astronomen seit Hubbles Zeiten über das Universum herausgefunden haben – und es hätte keine zufriedenstellende alternative Theorie an Stelle der Urknalltheorie treten können. COBEs Entdeckung ist in der Tat ein wesentlicher Teil der Geschichte des Urknalls, ein Teil, der den Weg zu neuen kosmologischen Ideen freimacht. George Smoot, der Leiter des Entdeckungsteams aus Berkeley, wies bei einem Treffen in Washington darauf hin, «daß dies *der Anfang* (meine Hervorhebung) des goldenen Zeitalters der Kosmologie ist. Es wird unsere Sicht des Universums ändern, wie es auch unseren Platz im Universum ändern wird».

Die Entdeckung dieser Fluktuationen stellt das Ende des Anfangs der Kosmologiegeschichte dar – und nicht den Anfang vom Ende der Geschichte. Denn das Standardmodell der Weltentstehung, die einfache Urknalltheorie, ist als zuverlässiger Führer für die Entwicklung des Universums in den letzten 15 Milliarden Jahren bestätigt worden, und es ist jetzt an der Zeit, Fragen über die Zeit vorher (wo kommt das Universum her?) und nachher (wie wird das Universum sterben?) zu stellen. Die Antworten auf diese Fragen, so vorläufig sie heute noch sind, erfordern eine dramatische Änderung der Betrachtungsweise des Kosmos – die Wissenschaft sollte ihn weniger als Maschine ansehen, die blind unveränderlichen und unveränderbaren mechanischen Verhaltensweisen folgt, sondern als ein sich entwickelndes Wesen, das sich einer sich wandelnden Umgebung anpaßt und mit anderen, ähnlichen Wesen um sein Lebensrecht wetteifert. Doch bevor ich mich in solche Einzelheiten vertiefe, möchte ich die COBE-Resultate in ihrem tatsächlichen Zusammenhang als «bloß» drittwichtigste kosmologische Entdeckung des 20. Jahrhunderts beschreiben.

Die erste große kosmologische Entdeckung des Jahrhunderts war das Thema des ersten Kapitels. Doch in den dreißiger Jahren, als man anfing, die Idee vom «kosmischen Ei» oder vom «Uratom» zu diskutieren, erkannte niemand, daß die Energie dessen, was wir heute den Urknall nennen, eine Spur im beobachtbaren Universum hinterlassen haben mußte. Es ist eine erstaunliche Tatsache, daß schon weniger als zehn Jahre nach Hubbles Entdeckung des expandierenden Universums beobachtende Astronomen mit konventionellen Mitteln der Spektroskopie die Temperatur der Hintergrundstrahlung bestimmten, während die Theoretiker nicht erkannten, welche Bedeutung diese Beobachtungen für den Ursprung und die Entwicklung des Universums haben (und es für ein weiteres Vierteljahrhundert nicht erkennen würden).

Die Spektroskopie ist das wesentliche Werkzeug der Astronomie, weil jedes Element und jede Molekülsorte im Spektrum einen bestimmten «Fingerabdruck» hinterläßt. Damit können die Astronomen herausfinden, aus welchen Elementen die Sterne und die Gas- und Staubwolken zwischen den Sternen zusammengesetzt sind. Man kann Sternspektren analysieren, weil Sterne Licht aussenden, das man spektral zerlegen kann. Doch selbst Wolken kalten Materials im Weltraum zeigen ihre Anwesenheit und Zusammensetzung, weil sie einige zusätzliche Linien aus den Spektren der Sterne, die hinter ihnen liegen, herausfiltern. Das Licht wird also vom Wolkenmaterial, Atomen und Molekülen, bei ganz bestimmten Wellenlängen absorbiert. Solch kalte Wolken erzeugen Absorptionslinien, während heiße Gaswolken, die sich in der Nähe heller Sterne befinden, Emissionslinien erzeugen können.

Die Stärken der Absorptionslinien und weitere feine Details in der Struktur dieser Linien versetzten die Astronomen in die Lage, nicht nur die Zusammensetzung der Wolken, sondern auch ihre Temperatur zu ermitteln. In den dreißiger Jahren unseres Jahrhunderts identifizierten die Astronomen in einigen interstellaren Wolken unter anderem Spektrallinien einer Substanz, die Zyan genannt wird, eines Moleküls (CN), das aus Kohlenstoff (C) und Stickstoff (N) besteht. Routinemäßig analysierten sie die Spektren und ermittelten die Temperatur dieser Wolken. Sie erhielten einen Wert von etwa 2,3 K. 1940 erschien dieser Wert in wissenschaftlichen Zeitschriften, 1950 stand er schon in den Lehrbüchern der Astronomie. Niemand erkannte zu dieser Zeit die tiefe Bedeutung der Tatsache, daß kalte Wolken zwischen den Sternen nicht eine Temperatur von null Grad K haben, sondern mehr als zwei Grad wärmer als der absolute Nullpunkt sind. Heute ist es «klar», daß die Wolken durch die Energie des kosmischen Mikrowellen-Hintergrunds bei dieser Temperatur gehalten werden. Sie werden sozusagen in einem sehr kühlen Mikrowellenofen «aufgewärmt» – dem Universum. 1940 hatte niemand die Vorstellung, daß es so etwas wie einen kosmischen Mikrowellen-Hintergrund gibt.

Doch schon vor 1950 war dies erkannt worden. Der führende Wissenschaftler des Teams, das diese Vorstellung entwickelte, erkannte einige Jahre später auch beinahe die Bedeutung der Temperatur des interstellaren Zyans. Es war George Gamow, der 1904 in der Ukraine zur Welt kam, 1933 aus der Sowjetunion floh und in die USA übersiedelte. Er war ausgebildeter Physiker, war jedoch so fasziniert von der Entdeckung des expandierenden Universums, daß er versuchte, seine physikalischen Kenntnisse anzuwenden, um zu erklären, wie der Baustoff der Sterne im Feuerball des frühen Universums entstanden ist. Gamows grundlegende Idee, die durch neuere Rechnungen voll bestätigt worden ist, besagte, daß der Urstoff, aus dem das Universum einige Sekunden nach seiner Entstehung bestand, eine heiße, dichte Mischung aus Protonen und Elektronen war, die miteinander und mit der Strahlung des Feuerballs wechselwirkten.

Unter den Bedingungen, die heute auf der Erde herrschen, bilden ein Elektron und ein Proton zusammen ein Atom des leichtesten und einfachsten Elements, des Wasserstoffs. In einem Wasserstoffatom stellt das relativ massereiche Proton den Kern dar, der von dem relativ massearmen Elektron umkreist wird. Die Masse eines jeden Protons ist fast 2000mal größer als die eines Elektrons, jedes Proton trägt eine positive elektrische Elementarladung, während jedes Elektron eine negative Elementarladung besitzt. In einem Wasserstoffatom, das elektrisch neutral ist, wird das den Kern umkreisende Elektron von der Anziehungskraft der elektrischen Ladungen mit ungleichem Vorzeichen in seiner Bahn gehalten. Doch unter den Bedingungen hohen Drucks und hoher Temperatur, die im kosmischen Feuerball des frühen Universums herrschten, konnten keine stabilen Atome existieren, sie wären durch Stöße auseinandergerissen worden. Die vorhandenen, frei beweglichen Elektronen und Protonen bildeten einen Zustand, der als Plasma bezeichnet wird. Genau dieser Zustand herrscht heute im Innern der Sterne und der Sonne. Die elektrisch geladenen Teilchen des Plasmas wechselwirkten ständig mit der elektromagnetischen Strahlung des Feuerballs, so daß die Teilchen und die Strahlung bei gleicher Temperatur blieben. Doch dieses enge Band zwischen den Teilchen und der Strahlung ist nur möglich, wenn die Teilchen nicht an Atome gebunden und elektrisch geladen sind. Als die Temperatur des Feuerballs unter 6000 K sank (was etwa der Oberflächentemperatur der Sonne entspricht), verbanden sich Elektronen und Protonen zu elektrisch neutralen Atomen und waren anschließend nicht mehr in der Lage, frei mit der Strahlung wechselzuwirken. In diesem Augenblick wurden Strahlung und Materie «entkoppelt» und gingen getrennte Wege. Aus der Materie bildeten sich Sterne, Planeten und schließlich wir selber, die Strahlung hingegen schwand zu einem sich immer mehr abkühlenden Hintergrund von Mikrowellenstrahlung.

Von den ältesten Sternen der Milchstraße nimmt man an, daß sie mehr oder weniger aus dem Urmaterial, aus dem der Feuerball des Urknalls bestand, aufgebaut sind. Die Spektroskopie verrät uns nun, daß diese Sterne zu etwa 75 Prozent aus Wasserstoff und zu 25 Prozent aus Helium, dem nach dem Wasserstoff einfachsten Element, bestehen. Ein Heliumatom setzt sich aus zwei Protonen und zwei Neutronen zusammen. Letztere besitzen große Ähnlichkeit mit den Protonen, tragen jedoch keine elektrische Ladung. Ein solcher Kern mit einer elektrischen Gesamtladung von +2 wird von zwei Elektronen umkreist, die eine Gesamtladung von -2 haben, so daß die elektrische Gesamtladung des Heliumatoms wiederum 0 ist. Kompliziertere, schwere Elemente wie der Kohlenstoff in unseren Körpern und der Sauerstoff, den wir atmen, enthalten mehr Protonen und Neutronen im Kern, doch immer eine entsprechende Zahl von Elektronen, die den Kern umkreisen, um die Atome elektrisch neutral zu halten. Spektroskopische Untersuchungen ergaben, daß der Stoff, aus dem wir bestehen – der Stoff, aus dem die Erde selbst aufgebaut ist und alle erdähnlichen Planeten, die im Universum existieren mögen –, weniger als 1 Prozent des Materials darstellt, das im Universum in der Form heller Sterne gefunden wird. Selbst heutzutage sind die Sterne hauptsächlich aus Wasserstoff und Helium zusammengesetzt. Schwere Elemente sind selten – und doch bestehen wir zum großen Teil aus schweren Elementen.

Gamow und sein Kollege Ralph Alpher hatten Berechnungen angestellt, auf welche Weise 25 Prozent des Urstoffs im Feuerball der Schöpfung sich in Helium verwandeln konnten, bevor das expandierende Universum zu kühl wurde und diese Reaktion nicht mehr ablaufen konnte. Wenn wir uns noch einmal an die Analogie zwischen dem expandierenden Universum und dem Rosinenkuchen erinnern, können wir uns vorstellen, daß man durch die Analyse eines Kuchenstücks sowohl die Backzutaten wie auch die Backtemperatur ermitteln kann. Diese Analyse führten Gamow und seine Mitarbeiter für das Universum aus: Sie ermittelten die Temperatur des Feuerballs und die Art und Weise, wie die Elemente «gebacken» wurden.

Der Prozeß besteht im wesentlichen darin, Protonen und Neutronen zusammenzubringen, um Heliumkerne zu erzeugen. Im heutigen Universum würde ein alleingelassenes Neutron in einem Prozeß, den man als Betazerfall bezeichnet, nach ein paar Minuten ein Elektron aussenden und sich in ein Proton verwandeln. Unter den im Feuerball herrschenden Bedingungen entstehen Neutronen, wenn Protonen und Elektronen miteinander verschmelzen und ein einzelnes, elektrisch neutrales Teilchen bilden. Dieser Prozeß wird logischerweise als inverser Betazerfall bezeichnet. Unter der Annahme, daß es im frühen Universum Protonen und Neutronen gab, konnten Gamow und Alpher erklären, wie 99 Prozent der Materie des Universums – der Wasserstoff und das Helium – entstanden sind. Sie mußten jedoch voraussetzen, daß die Temperatur des Feuerballs bei einem bestimmten Wert lag. Doch wenn der Feuerball viel heißer oder kühler gewesen wäre, hätte der Prozentsatz des im Feuerball erzeugten Heliums nicht bei den 25 Prozent gelegen, die wir in alten Sternen finden. Sie konnten nicht erklären, woher das restliche 1 Prozent (einschließlich der Elemente, aus denen wir aufgebaut sind) kommt – das blieb, wie wir sehen werden, Fred Hoyle in den fünfziger Jahren vorbehalten –, doch ihre Arbeit war trozdem eine bedeutende Leistung.

Gamow hatte einen ausgeprägten Sinn für Humor. Als er die Ergebnisse seiner Arbeit mit Alpher veröffentlichte, ließ er sich zu einem Scherz hinreißen. Die Namen Alpher und Gamow auf dem Manuskript erschienen ihm «dem griechischen Alphabet zuwiderzulaufen», und so fügte er den Namen eines weiteren Physikers, Hans Bethe, hinzu, bevor er das Manuskript zur Veröffentlichung einreichte. Bethe erfuhr davon erst, als die Arbeit in der Zeitschrift *Physical Review* abgedruckt wurde. Zu Gamows großem Entzücken war es das Heft vom 1. April 1948, und bis zum heutigen Tag ist diese Arbeit bei den Astronomen als der Alpha-Beta-Gamma-Artikel bekannt. Der Scherz hat sogar noch eine zweite Pointe, denn ein Alpha-Teilchen stellt eine andere Bezeichnung für den Heliumkern dar, Beta-Strahlung eine andere Bezeichnung für Elektronen (daher die Bezeichnung «Betazerfall») und Gamma-Strahlung ist eine andere Bezeichnung für energiereiche elektromagnetische Strahlung.

Im Laufe des Jahres 1948 arbeiteten Alpher und Robert Herman, ein anderer junger Mitarbeiter von Gamow, die Idee eines heißen Feuerballs weiter aus, indem sie überlegten, wieviel Helium durch die Verschmelzung von Wasserstoffkernen erzeugt wurde. Um die im Feuerball entstandene Heliummenge mit der in den alten Sternen gefundenen Menge in Einklang zu bringen, mußte die Temperatur des Feuerballs in einem sehr engen Bereich liegen. Es stellt sich heraus, daß es sehr einfach ist, die Temperatur der Strahlung, die im Feuerball freigesetzt wurde, zu allen späteren Zeiten zu berechnen. Man nimmt die Temperatur des eine Sekunde alten Universums (sie ergibt sich aus der Heliumsynthese zu 10 Milliarden Grad K) und dividiert sie durch die Quadratwurzel des Alters des Universums in Sekunden. Alpher und Herman berechneten, daß die Temperatur der Strahlung aus dem Feuerball heute etwa 5 K betragen sollte. Die gleiche Rechnung ergibt, daß die Ära der Entkopplung, als die Materie und die Strahlung begannen, getrennte Wege zu gehen, und die Temperatur des gesamten Universums auf 6000 K gefallen war, etwa 300000 Jahre nach dem Urknall eintrat. Da die kosmische Hintergrundstrahlung zu dieser Zeit zum letzten Mal mit Materie wechselwirkte, erkannte Gamows Team, daß, wenn immer diese Strahlung mit einer Temperatur von 5 K entdeckt und analysiert werden würde, sie ein Bild des Universums zu jener Zeit liefern würde. Doch Alpher, Herman und Gamow hielten es für unmöglich, eine solche Strahlung niedriger Temperatur nachzuweisen, und keiner von ihnen brachte die schon damals bekannte Temperatur des Zyans in den interstellaren Wolken mit ihren Berechnungen in Zusammenhang.

Zu der Zeit, als Alpher und Gamow ihre Untersuchungen anstellten, beobachtete ein anderer junger Physiker, Robert Dicke, die Hintergrundstrahlung des Himmels. Er hatte im zweiten Weltkrieg an der Entwicklung des Radars mitgearbeitet und dann in Princeton seine Kenntnisse benutzt, um ein Instrument zu entwickeln, das in der Lage war, Mikrowellenstrahlung aus dem Weltraum zu messen. Dieses Dicke-Radiometer richtete er zum Himmel, um festzustellen, ob es die Spur einer Mikrowellenstrahlung von entfernten Galaxien gibt (er dachte keinen

Augenblick daran, daß eine solche Strahlung auch aus dem leeren Raum kommen könnte). Er fand ein schwaches Radiorauschen, das einer Strahlung mit einer Temperatur von unter 20 K entsprach, was den genauesten Wert darstellte, der mit den damaligen Instrumenten zu ermitteln war. Diese Entdeckung wurde 1946 in der *Physical Review* veröffentlicht, doch niemand sah einen Zusammenhang zwischen dieser Messung und der Arbeit von Gamow und seiner Gruppe. Gamow wußte, daß das Universum mit kühler Mikrowellenstrahlung erfüllt ist, aber er wußte nicht, daß die technischen Möglichkeiten bestanden, eine solche Strahlung zu messen. Dicke hatte die Nachweisgeräte, aber er erkannte nicht, daß die Strahlung von so großer Bedeutung war, daß es sich lohnen würde, ihre genaue Temperatur zu bestimmen.

Es scheint fast so, daß die kosmische Mikrowellen-Hintergrundstrahlung sich alle Mühe gab, entdeckt zu werden, daß aber die Forscher zu begriffsstutzig waren. 1956 stand sie wieder kurz vor der Entdeckung, die Forscher scheiterten jedoch erneut.

Damals war Fred Hoyle ein führender Vertreter der im Vorwort erwähnten Steady-State-Theorie und hatte der konkurrierenden kosmologischen Theorie den abfällig gemeinten Namen «Big Bang» (auf deutsch prägte sich der Name «Urknall» ein) gegeben. Gamow war ein glühender Verfechter der Urknall-Theorie. Er hatte zusammen mit anderen diese Bezeichnung von Hoyle übernommen und sie auf die eigenen Fahnen geschrieben. Ungeachtet der wissenschaftlichen Rivalität, die in den fünfziger Jahren zwischen den beiden kosmologischen Lagern herrschte, hielten Gamow und Hoyle ihre guten persönlichen Beziehungen aufrecht. Hoyle erinnerte sich in einem Artikel der Zeitschrift *New Scientist* aus dem Jahr 1981, wie die beiden Freunde es «versäumten», die kosmische Hintergrundstrahlung zu entdecken, als sie im Sommer 1956 in einem funkelnagelneuen Cadillac im kalifornischen La Jolla herumkutschierten. Vergegenwärtigen wir uns: Zu dieser Zeit dachte Gamow, daß die Temperatur der Hintergrundstrahlung mindestens 5 K betragen müßte. Hoyle war der Meinung, daß es überhaupt keine Hintergrundstrahlung gäbe, da er nicht an die Existenz eines Urknalls und des daraus resultierenden Feuerballs glaubte. Er berichtet:

«Es gab Zeiten, in denen George und ich loszogen, um Diskussionen unter vier Augen zu führen. Ich erinnere mich, daß George mich im weißen Cadillac herumfuhr und dabei seiner Überzeugung Ausdruck gab, daß das Universum einen Mikrowellen-Hintergrund haben müsse. Ich erinnere mich weiter, wie ich George sagte, daß das Universum keinen Mikrowellen-Hintergrund hätte, dessen Temperatur so hoch sei, wie er behauptete, weil Beobachtungen der *CH*- und *CN*-Radikale von Andrew McKellar eine obere Grenze von 3 K für einen solchen Hintergrund lieferten. Ob nun der übergroße Komfort des Cadillac daran schuld ist, oder ob es daran liegt, daß George eine Temperatur von mehr als 3 K wollte, während ich eine Temperatur von 0 K wollte – wir versäumten unsere Chance.»

In den frühen sechziger Jahren schrie der Mikrowellen-Hintergrund förmlich danach, entdeckt zu werden. Theoretiker in England und der Sowjetunion hatten darauf aufmerksam gemacht, daß es möglich sei, solch eine Strahlung nachzuweisen, und eine von Robert Dicke geleitete Arbeitsgruppe in Princeton war eifrig mit dem Bau einer neuen Version des Dickeschen Radiometers beschäftigt, um die nötigen Beobachtungen zu machen. Dicke selbst hatte alle Einzelheiten seiner Messung der Himmelsstrahlung aus dem Jahre 1946 vergessen! Die Ironie der Geschichte ist, daß die zweitwichtigste kosmologische Entdeckung des Jahrhunderts, die Entdeckung der Hintergrundstrahlung, schließlich nicht von den Astronomen gemacht wurde, die wußten, daß es eine solche Strahlung geben müsse und die versuchten, sie nachzuweisen. Sie wurde vielmehr von zwei jungen Forschern gefunden, die bei den Bell Laboratorien in New Jersey arbeiteten, und die nicht die geringste Ahnung hatten, was sie entdeckt hatten, bis Dicke es ihnen erklärte.

Die Bell-Telefongesellschaft hat eine lange Tradition sowohl in der Förderung wissenschaftlicher Grundlagenforschung als auch in der angewandten Forschung, etwa bei der Verbesserung der weltweiten Nachrichtenübermittlung. Als Teil der Entwicklung eines weltweiten Fernmelde-Netzwerks hatte man bei Bell eine Art Radioempfänger in Form einer Hornantenne auf Crawford Hill bei Holmdell in New Jersey aufgebaut. Diese Antenne wurde benutzt, um erste Experimente mit Radiosignalen, die von künstlichen Erdsatelliten reflektiert und so um die ganze Erde transportiert wurden, zu machen. Heute gehört es zum Alltag, wenn Radio-, Fernseh- und Telefonsignale mit Hilfe von Satelliten weit über der Erde weitergegeben werden. Die Satelliten fangen das Signal auf, verstärken es und senden es zur Erde zurück. Und die Signale sind so stark, daß viele Haushalte eine Antenne besitzen, die in der Lage ist, sie aufzufangen.

Aber in den frühen sechziger Jahren lagen die Dinge anders. Die in den ersten Experimenten verwendeten Satelliten waren einfach große Ballons, die in der Erdbahn auomatisch aufgeblasen wurden und mit einem dünnen Metallfilm überzogen waren, so daß sie Radiosignale reflektieren konnten. Man nannte sie Echo-Satelliten, weil sie nur in der Lage waren, das von einer Bodenstation ausgesandte Signal zu reflektieren. Man konnte also ein Signal von Kalifornien zum Satelliten schicken und es zu einer Empfangsantenne in New Jersey zurückwerfen lassen. Da die Echo-Satelliten das Signal nicht aktiv empfangen, verstärken und wieder aussenden konnten, war das vom Metallballon auf die Erde zurückgeworfene Signal sehr schwach. Bell benötigte also eine große und effiziente Antenne und ein empfindliches Empfängersystem, um die auf der Erde ankommenden Signale aufzufangen. Die Antenne auf Crawford Hill war für diesen Zweck entwickelt worden, und sie war darauf ausgelegt, besonders empfindlich für Mikrowellenstrahlung in den Wellenlängenbereichen zu sein, die bei den Echo-Experimenten verwendet wurde. Die Antenne sah wie ein überdimensionales altmodisches Hörrohr aus: Sie besaß eine rechteckige Öffnung mit einer Seitenlänge von 6 Metern, um die Mikrowellen einzufangen, und auf einer Seite einen sich verjüngenden, hohlen Arm, der diese Wellen zum Verstärker leitete.

Als die Versuchsserie mit den Echo-Satelliten beendet war, machte Bell die Hornantenne für radioastronomische Experimente zugänglich. Das Prinzip eines Radioteleskops ist das gleiche wie das einer Nachrichtenantenne mit Verstärker – es fängt ein Radiosignal auf und verstärkt es. Astronomen verwenden den Ausdruck «Signal» übrigens für jedes Radiorauschen, das aus dem Weltraum zu uns gelangt; die Verwendung dieses Wortes besagt nicht, daß eine Intelligenz hinter diesem Signal verborgen sein könnte – genausowenig wie es eine Intelligenz hinter dem Sonnenlicht gibt, das wir sehen. In der Radioastronomie stammen die untersuchten Signale also aus den Tiefen des Raumes, und nicht von Satelliten in einer Erdumlaufbahn.

Arno Penzias und Robert Wilson waren daran interessiert, die Hornantenne auf Crawford Hill zu benutzen, um das von der Milchstraße ausgesandte Radiorauschen zu messen, und zwar aus Richtungen, die weit vom Zentrum der Milchstraße entfernt sind. Sie erwarteten Radiostrahlung nicht von einzelnen aktiven Sternen, sondern von den Beiträgen einzelner Wasserstoffatome, die mit dem Magnetfeld der Milchstraße wechselwirken. Die Analyse solcher Signale sollte es ermöglichen, die Verteilung des Wasserstoffgases zwischen den Sternen zu kartieren. Doch Penzias und Wilson hatten Probleme. Im Frühjahr 1964, als sie die Hornantenne in ein Radioteleskop umgebaut und mit ihren Beobachtungen begonnen hatten, fanden sie ein Signal, das viel stärker war, als sie erwartet hatten: Radiorauschen bei einer Wellenlänge von etwas mehr als 7 Zentimetern, das gleichförmig aus allen Richtungen des Himmels kam.

Wochen und Monate vergingen, und die Wissenschaftler von Bell fanden keine Änderung des Signals, weder im Lauf eines Tages noch im Lauf der Jahreszeiten. Da die Erde sich um ihre Achse dreht und sich um die Sonne bewegt, zeigt eine auf dem Erdboden feststehende Antenne ständig in andere Richtungen. Und da sich das Signal nicht veränderte, bedeutete dies, daß es aus allen Richtungen gleichförmig auf der Erde ankommt. Es war so stark, daß, wenn es seinen Ursprung im interstellaren Gas der Milchstraße hatte, diese wie ein Radioleuchtturm ins Universum scheinen müßte. Es gibt keinen Grund zu der Annahme, daß unsere Milchstraße eine besondere Galaxie ist – wenn also die Milchstraße tatsächlich im Radiobereich so hell wäre, müßten es andere Galaxien auch sein. Doch diese anderen Galaxien – beispielsweise der Andromedanebel – zeigen keine Spur einer solch starken Radioemission.

Obwohl das Signal, gemessen an konventionellen Fernsehsignalen, schwach war, war es doch viel stärker als alles, was Penzias und Wilson erwartet hatten, und sie dachten zuerst, daß irgendetwas mit ihren Apparaten nicht in Ordnung sei. Doch alle Tests ergaben, daß ihr Empfängersystem perfekt funktionierte. Sie befürchteten, daß in der Hornantenne angesammelter Taubendreck ihre elektrischen Eigenschaften beeinflussen könnte; die gesamte Antenne wurde sorgfältig auseinandergebaut, gereinigt und wieder zusammengesetzt – es ergab sich keine Änderung der Signalstärke. Penzias und Wilson beobachteten in der Tat Mikrowellensignale aus dem Weltraum, die einer Temperatur von etwas weniger als 3 K entsprachen. Sie waren völlig verblüfft.

Im Dezember 1964 erwähnte Penzias das merkwürdige Signal in einem Gespräch mit Bernard Burke, einem Wissenschaftler am Massachusetts Institute of Technology. Im folgenden Monat rief Burke Penzias an, um ihn zu informieren, daß ein anderer Astronom, Ken Turner von der Carnegie Institution in Washington D.C., ihm vom Vortrag eines Forschers aus Princeton namens Jim Peebles berichtet habe. Dieser habe vorausgesagt, daß das Universum mit Radiowellen erfüllt sein sollte, die einer Temperatur von weniger als 10 K entsprechen. Peebles war ein Mitarbeiter in Dickes Team in Princeton, das nur 50 Kilometer von den Bell-Laboratorien entfernt war. Ein Telefongespräch zwischen Penzias und Dicke brachte bald alle vier Mitarbeiter des Princeton-Teams nach Holmdell, wo sie ihre eigenen Voraussagen mit den Messungen des Bell-Teams verglichen. Endlich, nach zwanzig Jahren, waren die Urknalltheorie und die Beobachtungen eines kosmischen Mikrowellen-Hintergrundes zusammengefügt worden.

Die Neuigkeit breitete sich rasch unter den Astronomen aus, und die zwei Gruppen aus New Jersey veröffentlichten zwei aufeinanderfolgende Arbeiten in der Zeitschrift *Astrophysical Journal*. Außerhalb von Astronomenkreisen fand die Entdeckung der Hintergrundstrahlung nur wenig Aufmerksamkeit. Doch für die Astronomen im allgemeinen und die Kosmologen im besonderen war die Welt buchstäblich eine andere geworden. An verschiedenen Radiosternwarten durchgeführte Beobachtungen bestätigten, daß die von Penzias und Wilson gefundene Strahlung wirklich die von den Urknalltheoretikern vorhergesagte Hintergrundstrahlung war, und der Temperaturwert konnte auf 2,7 K verbessert werden. Kosmologen erkannten, daß die an die Tafel gekritzelten und in Computern untersuchten Gleichungen wirklich die Geburt des Universums beschrieben. Es war nun klar, daß das Universum wirklich geboren worden war und daß die Kombination der Temperatur-Messungen von Hintergrundstrahlung und Heliumanteil in alten Sternen wirklich entschleiern konnte, wie das Universum in der Feuerball-Ära beschaffen war – Minuten, ja Sekunden nach seiner Geburt. Die Entdeckung der kosmischen Mikrowellen-Hintergrundstrahlung war für die Astronomen damals so dramatisch und beeindruckend, wie für die ganze Welt fast dreißig Jahre später COBEs Entdeckung der Fluktuationen in der Hintergrundstrahlung.

Heute ist es schwer zu verstehen, welch erschütternde Entdeckung die Hintergrundstrahlung war. Von Hubbles Zeit bis zum Jahr 1964/65 war Kosmologie nichts weiter als ein mathematisches Spiel. Die Kosmologen konnten Gleichungen entwickeln, die verschiedene Urknallmodelle mathematisch beschrieben, oder sie entwarfen konkurrierende Modelle wie die Steady-State-Hypothese. Doch niemand, die Gruppe um Gamow vielleicht ausgenommen, glaubte wirklich ernstlich daran, daß diese Modelle irgendeine Wahrheit beinhalteten. Es war wie ein kosmisches Schachspiel, in dem Forscher versuchten, bestimmte Beobachtungen zu erklären (beispielsweise die Tatsache, daß das Universum expandierte), doch mehr aus Interesse für die Mathematik der Gleichungen als in der Hoffnung, herauszufinden, wie das Universum *wirklich* seinen Anfang nahm. Der Physiker Steven Weinberg schildert dies treffend in seinem 1976 erschienenen Buch *Die ersten drei Minuten*: «Es war für Physiker außerordentlich schwierig, in diesen Tagen *irgendeine* Theorie des frühen Universums ernstzunehmen. Unser Fehler ist nicht, daß wir unsere Theorien zu ernst nehmen, sondern daß wir sie nicht ernst genug nehmen. Es ist immer schwierig, sich vorzustellen, daß diese Zahlen und Gleichungen, mit denen wir am Schreibtisch herumspielen, etwas mit der wirklichen Welt zu tun haben.» Diesen Gedanken weiterspinnend, erweist er der Pionierarbeit von Gamow und Mitarbeitern seine Reverenz. Diese waren tief verletzt, als die «Entdeckungsartikel» im *Astrophysical Journal* keinen Hinweis auf ihre grundlegenden Arbeiten enthielten, es wurde ihnen aber später vollständig Anerkennung zuteil:

«Gamow, Alpher und Herman verdienen vor allem deshalb sehr viel Anerkennung, weil sie willens waren, das frühe Universum ernst zu nehmen, weil sie ausarbeiteten, was uns die bekannten physikalischen Gesetze über die ersten drei Minuten sagen können. Doch selbst sie taten nicht den letzten Schritt – die Radioastronomen zu überzeugen, daß sie nach einer Mikrowellen-Hintergrundstrahlung Ausschau halten sollten. Das Wichtigste, was uns die Entdeckung der 3-K-Hintergrundstrahlung im Jahre 1965 brachte, war der Zwang, uns ernsthaft mit dem Gedanken der Existenz eines frühen Universums auseinanderzusetzen.»

Die Macht dieser neuen Erkenntnis wurde im Verlauf der Jahre, die auf die Entdeckung der Hintergrundstrahlung folgten, sichtbar. Da sich aus ihrer Temperatur genaue Daten über die Eigenschaften des Urknalls ergaben (wie auch durch bessere Informationen über die Kernreaktionen, durch die Wasserstoff in Helium und schwerere Elemente umgewandelt wird), waren die Forscher nun in der Lage, die Prozesse zu beschreiben, durch die die ursprünglichen Zutaten zusammengekocht wurden.

Einer der führenden Köpfe auf diesem Gebiet war in den sechziger Jahren Fred Hoyle, der zehn Jahre zuvor in La Jolla mit einem Cadillac herumgefahren war und George Gamow zu überzeugen versucht hatte, daß der Urknall gar nicht stattgefunden habe. Doch Hoyle interessierte sich schon lange Zeit für die Entstehung der chemischen Elemente – dies war auch der Grund, weshalb er sich 1956 in Kalifornien aufhielt; das Studium der Nukleosynthese im Urknall war eine logische Folge dieses Interesses.

Es war Gamow gelungen zu erklären, woher 99 Prozent der Materie im sichtbaren Universum – der Wasserstoff und das Helium – kamen, doch er konnte nicht nachweisen, woher das restliche Prozent schwerer Elemente stammte. Seit 1946 war Hoyle das Problem auf eine andere Weise angegangen, indem er untersuchte, wie sich schwerere und komplexere Elemente durch Nukleosynthese in Sternen aus Wasserstoff bilden können. Die Nukleosynthese kommt im Verlauf des Urknalls zum Stillstand – wenn das Universum nämlich so weit expandiert und so stark abgekühlt ist, daß leichte Kerne nicht mehr mit der nötigen Wucht kollidieren, um aneinanderzuhaften und auf diese Weise komplexere Kerne zu bilden. Die Ära der Urknall-Nukleosynthese endet einige Minuten nach der Geburt des Universums. Temperatur und Druck im Innern eines Sterns sind so extrem wie in den ersten Augenblicken, aber ein Stern hat den großen Vorteil, daß er lange Zeit – manchmal Milliarden Jahre lang – existiert, und während dieser ganzen Zeit kann in seinem Innern «tröpfchenweise», Atom für Atom, die Nukleosynthese ablaufen.

Hoyle berechnete, wie im Sterninneren die schwereren Elemente wie Kohlenstoff und Sauerstoff sich aus leichteren Kernen wie Helium aufbauen können. Seine Theorie konnte nur getestet werden, indem Messungen der Wechselwirkung leichter Kerne beim Zusammenstoß in Teilchenbeschleunigern auf der Erde durchgeführt wurden. Solche Messungen wurden von Forschern am California Institute of Technology durchgeführt, wo Hoyles enger Freund und Kollege Willy Fowler arbeitete (und dies war der Grund, warum Hoyle im Sommer 1956 Kalifornien einen Besuch abstattete). Die Experimente zeigten, daß Hoyle recht hatte: Ein Stern, der aus drei Vierteln Wasserstoff und einem Viertel Helium besteht und der Spuren von ein paar anderen Elementen wie Lithium enthält, würde ständig in seinem Inneren schwerere Elemente erzeugen, und zwar in der richtigen Weise, um unsere eigene Existenz zu erklären. Diese schwereren Elemente würden von den Sternen, die am Ende ihres Lebens explodieren und Material ausschleudern, im Raum verstreut werden. Schließlich könnten sich neue Sterne und Planeten bilden. Dies war eine sehr wichtige Entdeckung, aber sie ließ eine Frage unbeantwortet: Woher kommen der ursprüngliche Wasserstoff, das Helium und die Spuren anderer Elemente wie Lithium, aus denen sich die erste Sterngeneration bildete? Es sah so aus, als ob Gamows Ideen über die Urknall-Nukleosynthese doch gebraucht würden.

In den sechziger Jahren wandte sich das Interesse der Gruppe am California Institute of Technology Nukleosynthesereaktionen zu, die während des Urknalls haben ablaufen können. Sie untersuchten mehr als 100 Kernreaktionsprozesse im Labor, und sie konnten mit den neuen Kenntnissen Gamows Arbeit in wesentlichen Teilen verbessern und eine exakte Temperatur des Feuerballs ermitteln. In einer gewaltigen, 1967 erschienenen Arbeit bewiesen Fowler, Hoyle und ihr junger Mitarbeiter Robert Wagoner, daß das Verhältnis von Wasserstoff, Helium und Lithium, das sich im Urknall einstellt, genau dem Verhältnis entspricht, das man in alten Sternen findet. Sie konnten zeigen, wie in einem zweistufigen Prozeß aus den ursprünglichen Protonen und Elektronen das heute sichtbare Universum entstand: Die leichten Elemente wurden im Urknall zusammengekocht, die schwereren anschließend langsam im Innern der Sterne.

Die Arbeit von Wagoner, Fowler und Hoyle beruhte entscheidend auf dem Konzept des heißen Urknalls, wie es sich aus dem Mikrowellen-Hintergrund ergab. Astronomen, die der Entdeckung des Hintergrundes noch skeptisch gegenüberstanden, sahen jetzt alle Zweifel über seine Erklärung wie weggeblasen. Sir William McCrea, der im gleichen Jahr wie Gamow zur Welt kam, sagt, «daß es diese Arbeit war, die viele Physiker überzeugte, so daß sie die Kosmologie des heißen

Urknalls als ernsthafte quantitative Wissenschaft akzeptieren konnten.»

In den siebziger und achtziger Jahren wurde diese ernsthafte quantitative Wissenschaft das beliebteste Spielzeug der Physiker. Die Hintergrundstrahlung wurde mit Instrumenten auf dem Erdboden, in Ballons und hochfliegenden Flugzeugen, in Raketen und Satelliten immer genauer gemessen und mit immer größerer Zuversicht als das «Echo des Urknalls» aufgezeichnet. Die Berechnungen zur Nukleosynthese im Urknall und im Innern von Sternen wurden verbessert und verfeinert. Sie wurden der Hintergrundstrahlung angepaßt und dazu benutzt, eine immer genauere und detailliertere Beschreibung der Frühphasen des Urknalls zu liefern. Das Interesse an der Kosmologie vergrößerte sich, es ging über den engen Kreis der Kosmologen und selbst über den Kreis der Astronomen hinaus, als Physiker wie Steven Weinberg die Theorien der Wechselwirkung von Teilchen unter extremen Bedingungen mit der Entstehung des Universums in einem Urknall zusammenführten.

Während all diese Untersuchungen durchgeführt wurden, erschienen zwei Wolken am Horizont. Anfänglich waren sie recht klein, aber sie wurden größer und zogen immer mehr Aufmerksamkeit auf sich. Das erste Problem war, daß mit immer mehr und besseren Beobachtungen die Hintergrundstrahlung einfach *zu* gleichförmig erschien. Erinnern wir uns: Diese Strahlung liefert uns eine Art Radiobild des Universums zu der Zeit, als Materie und Strahlung entkoppelten, etwa 300 000 Jahre nach der Geburt des Universums. Bis zu jenem Zeitpunkt waren Materie und Strahlung eng miteinander verbunden. Die Gleichförmigkeit der Strahlung besagt, daß zur Zeit der Entkopplung die gesamte Materie im Universum (Wasserstoff und Helium) sehr, sehr gleichförmig verteilt war. Heute jedoch sind Wasserstoff und Helium in Sternen zusammengeklumpt, die sich in Galaxien zusammenfinden, und selbst Galaxien zeigen eine Tendenz, in Haufen aufzutreten, zwischen denen riesige Bereiche scheinbar leeren Raumes liegen. Doch wie haben sich aus einem sehr gleichförmig verteilten Brei aus Wasserstoff und Helium, der sich in einem expandierenden Universum abkühlte, in der zur Verfügung stehenden Zeit Klumpen von der Größe von Galaxien und Galaxienhaufen bilden können? Computersimulationen der Wechselwirkung von Galaxien unter dem Einfluß ihrer eigenen

Schwerkraft besagen, daß dies unmöglich ist – das Universum ist, wenn man von einer anfänglichen Gleichförmigkeit ausgeht, viel zu jung, als daß Galaxien und Sterne (und damit wir Menschen) hätten entstehen können.

Das andere Rätsel betrifft die Bewegung von Galaxien durch den Raum. Galaxien sind zwar zu weit von uns entfernt, als daß man ihre Bewegungen am Himmel messen könnte, doch in der Sichtlinie können sie mittels Spektroskopie aus dem Doppler-Effekt ermittelt werden. In einem Galaxienhaufen sind alle Mitglieder etwa gleichweit von uns entfernt, jede Galaxie hat also die gleiche kosmologische Rotverschiebung, die durch die Expansion des Raumes hervorgerufen wird. Alle Unterschiede in den Rotverschiebungen der Galaxien eines Haufens müssen folglich durch den Doppler-Effekt ihrer wahren Bewegungen durch den Raum hervorgerufen werden. Die gemessenen Geschwindigkeiten scheinen zu groß zu sein, als daß die Galaxien durch die Schwerkraft in ihren gemeinsamen Bahnen gehalten werden könnten. Selbst wenn die Zeit zur Bildung von Galaxien ausgereicht hätte, dürften doch keine Haufen existieren. Die Galaxien sollten voneinander wegfliegen, wenn nicht zusätzlich unsichtbare Materie in einem solchen Galaxienhaufen vorhanden wäre, die die sichtbaren hellen Galaxien in den Krallen ihrer Schwerkraft hält. Dazu benötigt man aber eine Menge dunkler Materie. Die immer besseren Urknallrechnungen besagen, daß sich praktisch der ganze im Urknall erzeugte Wasserstoff und das ganze Helium in den Sternen befindet. Wenn es diese dunkle Materie geben sollte, müßte es eine ganz andere Materieform sein, die sich weder auf der Erde noch in den hellen Sternen findet.

Diese beiden Rätsel wurden in den achtziger Jahren durch eine wunderschöne Theorie namens Inflation gelöst, die auch einen Hinweis darauf liefert, daß der Raum zwischen den Galaxien mit großen Mengen dunkler Materie erfüllt ist. Die Inflation besagt, daß in den ersten Bruchteilen einer Sekunde nach der Geburt des Universums der winzige Samen, der die gesamte Materie und Energie des beobachtbaren Universums enthält, von einer Größe, die kleiner als die eines Protons ist, auf die Größe eines Basketballs aufgeblasen wurde. Eine solche sehr rasche Inflation würde alle Ungleichförmigkeiten in der Verteilung von Materie und Energie (und selbst Ungleichförmigkeiten in der Struktur des Raumes) ausgeglichen haben wie eine in Wasser gelegte Backpflaume beim Aufquellen ihre Runzeln verliert. Am Ende der inflationären Phase wäre dann die Energie der raschen Expansion in Materie-Energie umgewandelt worden. Die Expansion des Raumes wäre anschließend in einem gemächlicheren Tempo vonstatten gegangen, so wie wir es heute beobachten. Jegliche Standard-Nukleosynthese und alle Wechselwirkungen zwischen Materie und Strahlung im Feuerball wären dann in dem sehr gleichförmigen Universum abgelaufen, das, von der Größe eines Basketballs ausgehend, im Verlauf von 300000 Jahren immer weiter expandierte und dann die bis zum heutigen Tage nachweisbare sehr gleichförmige Hintergrundstrahlung abstrahlte. Inflation erfordert, daß ein großer Teil der Energie, die die anfängliche Expansion hervorrief, gemäß $E = mc^2$ in Materie umgewandelt und mit den Protonen und Elektronen des Standard-Urknallmodells durchmischt wurde. Diese zusätzliche Materie würde nicht in Form von Protonen und Elektronen vorliegen, sondern wäre vollkommen anders strukturiert. Im Gegensatz zu Protonen und Elektronen sollte sie keine elektrische Ladung haben, würde nicht durch den Einfluß der Strahlung gleichförmig verteilt bleiben und könnte daher zusammenklumpen und Unregelmäßigkeiten im expandierenden Universum erzeugen, bevor die gewöhnliche Materie und die Strahlung entkoppelten. Nach dieser neuen Idee sollte zur Zeit der Entkopplung etwa 10- bis 100mal mehr Materie in Form dieses dunklen Stoffs vorhanden gewesen sein als Wasserstoff und Helium, und sie sollte schon in Form von Unregelmäßigkeiten vorgelegen haben, die in der Folge Wasserstoff und Helium durch die Schwerkraft angezogen hat. Diese Materie zog Gaswolken zu Sternen, Galaxien und Galaxienhaufen zusammen und hält bis zum heutigen Tag diese Haufen zusammen, trotz der großen Bahngeschwindigkeiten der vielen Galaxien, die in Galaxienhaufen zu finden sind.

Beide Konzepte, das der Inflation und das der dunklen Materie, können erklären, warum zum einen die Hintergrundstrahlung 300000 Jahre nach der Geburt des Universums noch so gleichförmig war, und weshalb zum anderen die Zeit von einigen Milliarden Jahren dafür ausgereicht hat, daß sich aus dieser gleichförmigen Verteilung Galaxien bildeten. Es ergab sich auch eine entscheidende Vorhersage. Wenn das ganze Konzept – Inflation, dunkle Materie und Standard-Urknalltheorie – korrekt ist, sollte es in der Hintergrundstrahlung Ungleichförmigkeiten geben. Diese müßten den Störungen entsprechen, die entstanden, als das Wasserstoff- und Heliumgas am Ende der Feuerball-Ära zu den Klumpen dunkler Materie hingezogen wurde. Die Unregelmäßigkeiten sollten sich als kleine Unterschiede in der Temperatur der Hintergrundstrahlung abzeichnen, als Fluktuationen, als Gekräusel, als «Ripples», die Abweichungen von einigen Zehntel eines Millionstel Grades von der mittleren Temperatur in verschiedene Richtungen des Raumes darstellen. Da die Hintergrundstrahlung 300 000 Jahre nach dem Urknall, vor 15 Milliarden Jahren, zum letzten Mal mit Materie wechselgewirkt hat, sind diese Fluktuationen tatsächlich «Ripples» in der Zeit, und sie vermitteln uns ein Bild davon, wie die Materie vor Milliarden Jahren verteilt war. Diese Fluktuationen sind viel zu klein, um mit irgendeinem Radioteleskop, das bis zum Ende der achtziger Jahre zur Untersuchung der Hintergrundstrahlung eingesetzt wurde, nachgewiesen zu werden. Hier konnte nur COBE weiterhelfen.

Raumsonden haben immer eine sehr lange Entwicklungszeit; Jahre vergehen über der Planung, der Entwicklung, dem Bau der Instrumente und dem Zusammenbau des Satelliten, bevor er den Erdboden verläßt. COBE erlitt noch mehr Verzögerungen, als es bei solchen Projekten ohnehin üblich ist. Die Idee stammte von einem jungen Forscher, John Mather, der 1974 an der Columbia-Universität mit seiner Doktorarbeit beschäftigt war. Sein Vorschlag, der 10 Jahre nach der Entdeckung der Hintergrundstrahlung gemacht wurde, sah eine recht bescheidene Raumsonde vor, die die Strahlung oberhalb der Erdatmosphäre untersuchte. Mather machte der NASA klar, daß ein solcher Satellit, selbst wenn er mit recht kleinen und einfachen Radioteleskopen ausgerüstet wäre, gegenüber erdgebundenen Instrumenten große Vorteile haben würde.

Radioastronomen haben keine Probleme, die Hintergrundstrahlung vom Erdboden aus zu beobachten und ihre Temperatur mit einer Genauigkeit von einem Hundertstel Grad zu messen. Sie haben aber beträchtliche Schwierigkeiten, wenn es darum geht, die kleinen Fluktuationen in der Strahlung nachzuweisen, die zur Erklärung der Entstehung von Galaxien vorhanden sein müssen. Wenn sie Beobachtungen bei einer relativ langen Wellenlänge von einigen Zentimetern machen, geht das schwache Rauschen des kosmischen Hintergrundes in der Radiostrahlung der Milchstraße unter (es handelt sich um die Strahlung, die Penzias und Wilson 1964 finden wollten). Die Fleckenhaftigkeit dieses Milchstraßensignals, das heiße und kühle Bereiche besitzt, maskiert kleine Temperaturunterschiede im Hintergrundsignal aus verschiedenen Richtungen. Bei kürzeren Wellenlängen ist der Beitrag der Milchstraße wesentlich geringer, doch hier haben die Radioastronomen Probleme mit dem Wasserdampf der Erdatmosphäre, der einen Teil der Hintergrundstrahlung absorbiert. Im Laufe der Jahre haben verschiedene Forschergruppen versucht, die Probleme zu umgehen, indem sie Beobachtungen mit Instrumenten in Ballonen, Flugzeugen und Raketen vornahmen. Sie erfolgten von Observatorien auf hohen Berggipfeln, die über dem größten Teil der Wasserdampfabsorption der Atmosphäre gelegen sind, oder in der kalten, trockenen Luft der Antarktis. Doch die beste Antwort auf all diese Probleme war, einen Mikrowellendetektor (ein mit einer Hornantenne verbundener Kurzwellenempfänger) in einen Satelliten einzubauen. Die NASA unterstützte Mathers Idee, aus der sich der Cosmic Background Explorer entwickelte, und lud eine große Zahl von Forschern ein, am Projekt mitzuarbeiten. Mather wurde der Hauptwissenschaftler des Projekts.

In der zweiten Hälfte der siebziger und in der ersten Hälfte der achtziger Jahre entwickelte sich das COBE-Konzept zu einer trommelförmigen Raumsonde, die einen Durchmesser von drei Metern besaß, fünf Tonnen wog und ausgelegt war, im Frachtraum eines Spaceshuttle Platz zu finden. Sie war im Januar 1986 startbereit und fest für einen Flug eingeplant, als der Shuttle Challenger kurz nach dem Start durch eine Explosion zerstört wurde.

Nach diesem Unglück wurden die Shuttleflüge für längere Zeit eingestellt, und viele Satellitenprojekte mußten auf andere Trägerraketen ausweichen. Im Fall von COBE bedeutete dies, ihn mit einer Delta-Rakete in den Weltraum zu befördern. Damit der Satellit in die Nase einer Delta-Rakete paßte, durfte er höchstens einen Durchmesser von 2,4 Metern haben. Und damit er mit einer Delta-Rakete in eine vernünftige Bahn gelangen konnte, mußte sein Gewicht halbiert werden.

Der Satellit wurde also wieder auseinandergenommen und neu zusammengesetzt, wobei ein Teil der Ausrüstung entfernt wurde, um Gewicht zu sparen. Doch die Verwendung einer Delta-Rakete hatte auch einen Vorteil. COBE sollte in eine Bahn mit einer Höhe von 900

Kilometern gebracht werden. Da der Shuttle nur auf einer viel niedrigeren Bahn fliegen kann, enthielt die Originalkonstruktion einen Raketenantrieb, der den Satelliten nach dem Aussetzen aus der Ladebucht in eine höhere Umlaufbahn bringen sollte. Da die Delta-Rakete den Satelliten direkt in eine Höhe von 900 Kilometern bringen konnte, konnte dieser zusätzliche Raketenmotor eingespart werden, was das Gewicht um eine Tonne reduzierte. Änderungen in den Solarzellen und in der Abschirmung, die die Instrumente vor kosmischer Strahlung schützen, führten zu einer weiteren Gewichtseinsparung, und so wurde der neukonstruierte COBE-Satellit am 18. November 1989 erfolgreich in seine Umlaufbahn gebracht.

Alles arbeitete fehlerfrei. Nach kurzer Zeit hatte COBE die Temperatur des Mikrowellenhintergrundes genauer als alle früheren Instrumente gemessen, der Wert lag bei 2,735 K. Doch jeder war gespannt darauf, ob es irgendeinen Hinweis auf die winzigen örtlichen Temperaturschwankungen gab, die die Geburtsorte von Galaxienhaufen enthüllen. Man mußte seine Ungeduld zügeln, denn um diese Frage zu beantworten, mußte COBE den ganzen Himmel bei drei unterschiedlichen Wellenlängen abtasten. Die Messungen zur Temperaturkartierung des Himmels nahmen mehr als ein Jahr in Anspruch, sie umfaßten 70 Millionen Einzelmessungen mit jedem der drei verschiedenen Radiometer. Dann folgten Monate, in denen das 34köpfige Team die Rohdaten verarbeitete und die computerunterstützte Analyse durchführte, die schließlich die Existenz der Fluktuationen enthüllte. Die hellen Flecken der Hintergrundstrahlung am Himmel sind gerade 30 Millionstel eines Grades heißer als der Durchschnitt, und die dunklen Flecken 30 Millionstel eines Grades kühler.

Doch es gibt noch mehr zu berichten. Die COBE-Daten zeigten, daß Fluktuationen mit einer Größe von einem 30 Millionstel Grad auf allen Skalen auftreten. Der kleinste Himmelsfleck, der von den COBE-Detektoren untersucht wurde, hat etwa die 14fache Größe des Vollmondes, und die gleichen Temperaturvariationen werden auf Flecken von dieser Größe aufwärts bis zu einem Viertel der gesamten Himmelskugel gefunden. Große heiße Flecken sind im Mittel nicht heißer als kleine heiße Flecken, und bei den kühlen Flecken verhält es sich genauso. Dieses «skaleninvariante» Muster ist genau das, was die Theorie der Inflation vorhergesagt hat, nach der die Struktur, die wir heute im

Universum sehen, diesem von Quantenprozessen aufgeprägt wurde, als es viel kleiner als ein einziges Proton war. Es gibt einen weiteren bizarren Aspekt in dieser Entdeckung, der enorme Verwirrung unter den kritischeren Lesern der begeisterten Zeitungsartikel über die COBE-Resultate stiftete.

Die größte der Fluktuationen in der kosmischen Hintergrundstrahlung, die sich über ein Viertel des Himmels erstreckt, entspricht dünnen Materiewolken, die sich über eine Entfernung von etwa 500 Millionen Lichtjahren ausbreiten. Erinnern wir uns, es sind auch Fluktuationen in der Zeit, die in einer Ära ausgestrahlt wurden, als das Universum erst 300 000 Jahre alt war. Da sich nichts schneller als das Licht bewegen kann, und ein Lichtjahr die Strecke ist, die das Licht in einem Jahr zurücklegt, wie können dann, fragt der verdutzte Leser, Strukturen mit einem Durchmesser von 500 Millionen Lichtjahren in einem Universum vorhanden sein, das erst 300 000 Jahre alt ist? Die Antwort ist, daß sich zwar nichts schneller als Licht durch den Raum bewegen kann, doch die Expansion des Universums wird, wie im ersten Kapitel erklärt wurde, nicht durch die Bewegung der Galaxien durch den Raum verursacht, sondern der Raum expandiert selbst und trägt die Galaxien mit sich. Während der ersten 300 000 Jahre des Universums expandierte der Raum, in dem sich die Fluktuationen befinden, schneller als das Licht, so daß ein winziger Feuerball aus Masse und Energie in 300 000 Jahren zu einer Größe von mehr als 500 Millionen Lichtjahren Durchmesser expandieren konnte, während die kleinen Quantenfluktuationen in diesem Feuerball auseinandergezogen und zu den Fluktuationen in der Hintergrundstrahlung wurden, die wir nun nachweisen können.

Die Fluktuationen in der Zeit wurden durch winzige Konzentrationen von Wasserstoff- und Heliumgas hervorgerufen, die nach der Entkopplung durch starke Konzentrationen dunkler Materie, die den Fluktuationen zugrunde liegen, angezogen werden. Diese Konzentrationen dunkler Materie sind die «Samen», aus denen sich Galaxien und Galaxienhaufen entwickelten. Die dunkle Materie wird manchmal von Kosmologen und Teilchenphysikern als «exotische» Materie bezeichnet, weil sie in einer Form vorliegen muß, die sich von der aus Protonen, Neutronen und Elektronen bestehenden Materie, aus der jedes Atom hier auf der Erde gebildet ist, stark unterscheidet. Aber die

Bezeichnung «exotische» Materie ist im Grunde falsch, da sie in Wirklichkeit 99 Prozent der Masse des Universums ausmacht. Hingegen stellt unsere alltägliche Materie die exotische Minderheit dar. Wir selbst sind auf zweifache Weise exotisch, da zum einen nur ein Prozent der Masse des Universums aus Protonen, Neutronen und Elektronen besteht, und zum anderen nur ein Prozent dieser alltäglichen Materie nicht als Wasserstoff und Helium in den Sternen vorkommt. Die Erde, auf der wir leben, die Luft, die wir atmen, und unsere eigenen Körper bestehen aus Materie, die nur ein Prozent eines Prozentes der Masse des Universums darstellt.

Das Vorhandensein einer solch großen Menge dunkler Materie im Universum hat noch eine weitere wichtige Konsequenz. Obwohl das Universum heute noch expandiert, geschieht dies mit einer geringeren Rate als in den hektischen ersten Tagen des Urknalls. Der Grund dafür ist, daß die Schwerkraft der gesamten Materie im Universum die Expansion verlangsamt. Ein einfacher Vergleich ist ein in die Luft geworfener Ball: Er bewegt sich zuerst rasch nach oben, verlangsamt seine Geschwindigkeit, kommt am Scheitelpunkt seiner Bahn zur Ruhe und fällt mit größer werdender Geschwindigkeit zur Erde zurück. Wenn man einen Ball kräftig genug in die Luft werfen könnte, würde er völlig der Erdanziehung entkommen können und in den Weltraum fliegen. Die Astronomen stellten sich vor, daß die Expansion des Universums in gleicher Weise erfolgt, da sie annahmen, daß nicht genügend leuchtende Materie im Form von hellen Sternen und Galaxien vorhanden ist, um mit ihrer Anziehung die Expansion anzuhalten. Wenn man aber den Einfluß der dunklen Materie berücksichtigt, scheint es so zu sein, daß es genug Materie gibt, um die Expansion schließlich zum Stillstand zu bringen.

Eines Tages, viele Jahrmilliarden in der Zukunft, werden die Galaxien sich nicht weiter voneinander entfernen. Zuerst langsam und dann mit immer höher werdender Geschwindigkeit wird sich der Raum zusammenziehen, alles wird sich aufeinander zubewegen, bis nach weiteren Jahrmilliarden das gesamte Universum in einem heißen Feuerball verschwindet – in einem Spiegelbild des Urknalls, das als Endknall bekannt ist. In der Begriffswelt gekrümmter Räume und Einsteins Allgemeiner Relativitätstheorie bedeutet das, daß der Raum leicht gekrümmt und in sich geschlossen ist, so daß das Universum endlich und in sich abgeschlossen ist – ein dreidimensionales Äquivalent der gekrümmten, geschlossenen zweidimensionalen Erdoberfläche und, wie ich in Teil IV dieses Buches diskutieren werde, äquivalent zu einem Schwarzen Loch, in dessen Inneren wir uns befinden.

COBE sagt uns, daß das Universum in der Tat mit einem Urknall begann, daß es sich entwickelt und daß es altert – und eines Tages wird es sterben. Es besteht die unwiderstehliche Versuchung, eine Parallele zu einem lebenden Wesen zu ziehen. Ich hoffe, daß ich Sie an einer späteren Stelle des Buches überzeugen kann, daß ein solcher Vergleich mehr als nur eine Parallele ist. Doch bevor ich dies tun kann, scheint es mir eine gute Idee zu sein, zu untersuchen, was wir unter dem Begriff «Leben» verstehen.

Teil II
Was ist Leben?

3
Das Leben

J.B.S. Haldane machte einst die Bemerkung, daß selbst der Erzbischof von Canterbury zu 65 Prozent aus Wasser bestehe. Er wollte darauf hinaus, daß lebendige Dinge aus gewöhnlichen chemischen Substanzen – Atomen und Molekülen – aufgebaut sind, die, wie Wasser, nicht notwendigerweise selbst lebendig sind. Was unterscheidet bestimmte Anordnungen von Atomen und Molekülen von anderen, was macht diese Anordnungen lebendig, während ein Glas Wasser nicht lebendig ist?

Der Begriff «Leben» ist so schwer zu definieren wie der Begriff «Zeit». Wir wissen alle, was Zeit ist, bis zu dem Augenblick, wo uns jemand bittet, sie zu erklären. Mit dem Leben ist es genauso. Die offenkundigste, die Standarddefinition des Lebens ist, daß lebendige Dinge die Fähigkeit haben, sich zu reproduzieren, zu wachsen und sich auf Änderungen ihrer Umwelt einzustellen. Ein Felsbrocken ist offenkundig nicht lebendig, da er sich nicht reproduziert oder wächst oder genug Verstand besitzt, bei Regen ins Haus zu kommen. Doch diese Definition von «Leben» befriedigt nicht, weil wir uns Dinge vorstellen können, die alle unsere Kriterien erfüllen und trotzdem nicht lebendig sind. Ein Kristall, z.B. Kochsalz, wird in einer geeigneten Lösung wachsen; eine Flamme kann sowohl wachsen wie sich vervielfältigen; eine in der Luft schwebende Seifenblase scheint externen Einflüssen unterworfen zu sein, scheint vor einer sich nach ihr ausstreckenden Hand zurückzuweichen.

Eine bessere Definition von Leben wäre sicherlich das Konzept der Komplexität – der Erzbischof von Canterbury ist, chemisch gesprochen, sicherlich eine komplexere Struktur als ein Glas Wasser. Ein Salzkristall, eine Flamme oder eine Seifenblase sind allesamt, auch wenn sie Eigenschaften haben, die dem Leben ähnlich sind, einfache chemische Strukturen. Aber wir stoßen auf eine andere, möglicherweise fundamentalere Verwischung des Unterschiedes zwischen dem Belebten und dem Unbelebten, wenn wir eine Skala herauszufinden versuchen, auf der wir eine Trennlinie ziehen können. Ein Mensch ist sicher eine lebendige Kreatur mit einem komplexen chemischen Aufbau; ein Glas Wasser hat eine sehr einfache chemische Zusammensetzung und ist sicher nicht lebendig. Aber ein Lebewesen muß bei weitem nicht die Komplexität eines menschlichen Wesens aufweisen. Geschöpfe wie wir sind aus vielen einzelnen Zellen aufgebaut, und jede mikroskopisch kleine Zelle besitzt alle Eigenschaften, die man von einem Lebewesen erwartet, einschließlich der, sich zu reproduzieren und der Umgebung anzupassen. Haldane hat 1929 darauf hingewiesen, daß es etwa so viele Zellen im menschlichen Körper gibt, wie Atome in einer Zelle. Einzelne Atome sind sicher nicht lebendig, und Haldane bemerkte: «Die Grenzlinie zwischen lebender und toter Materie liegt deshalb irgendwo zwischen einer Zelle und einem Atom.»

Irgendwo in diesem Bereich gibt es Dinge, die man als Bakteriophagen bezeichnet. Es handelt sich dabei um eine Art Viren. Bakterien sind einzelne Zellen, die ihre Lebenszyklen durchlaufen, ohne daß sie sich zu komplexeren Organismen zusammenfinden. Bakteriophagen sind kleiner als Zellen, aber chemisch gesehen recht komplexe Strukturen, die nicht lebendig zu sein scheinen, wenn sie isoliert existieren. Sie können aber die Reproduktionschemie einer Bakterie «kapern» und die Maschinerie der Zelle dazu verwenden, weitere Kopien von Bakteriophagen herzustellen, die dann andere Bakterien infizieren können. Bakteriophagen können sich ohne Hilfe nicht selbst fortpflanzen. Sie überleben, wie Haldane feststellte, «große Erhitzung und andere unangenehme Dinge, die die Mehrzahl der Organismen abtöten würden». Unsere tägliche Erfahrung lehrt uns, daß etwas, das nicht getötet werden kann, nie lebendig war. Doch Bakteriophagen können sich durch die «Übernahme» von Bakterien reproduzieren. Leben sie oder leben sie nicht?

Die vernünftigste Antwort ist, daß ein Bakteriophage nicht als eigentlich lebendiges Wesen angesehen werden kann, daß aber eine Kombination von Bakteriophage und Bakterie definitiv lebt (obwohl das «Kapern» des Biochemismus der Bakterie unvermeidlich deren Tod herbeiführt). Wenn wir nach dem Niveau der Komplexität Ausschau halten, bei dem Leben «in Erscheinung tritt», sollte die Trennlinie irgendwo zwischen einer Bakteriophage und einer Bakterie gezogen werden. Doch dieses Beispiel besitzt eine tiefere Bedeutung, es zeigt nicht nur die Grenzlinie zwischen der belebten und der unbelebten Welt auf. Lediglich die Tatsache, daß man sie nicht als isolierte Dinge betrachten kann, ist Anlaß für den Streit über die Einordnung der Bakteriophagen. Dieses extreme Beispiel zeigt schon, daß Leben immer eine Wechselwirkung mit der Umwelt einschließt. Lebewesen müssen Rohmaterialien aus der Außenwelt aufnehmen, um mit ihnen die komplexen Chemikalien aufzubauen, die eine Eigenschaft der Lebewesen sind. Bakteriophagen mögen dies in extremem Maße betreiben, aber wir alle praktizieren es – wir essen, trinken und atmen. Auch unsere lebendigen Körper brauchen Dinge, die nur von anderen Lebewesen hergestellt werden – nicht nur die lebenswichtigen Aminosäuren, die Teil unserer Nahrung sind (Nahrung, die selbst einmal lebendig war), sondern auch den Sauerstoff in unserer Atemluft, der durch Prozesse anderer Lebewesen erzeugt wurde.

Paul Davies und ich haben in unserem Buch *Auf dem Weg zur Weltformel* darauf hingewiesen, daß diese komplexe gegenseitige Abhängigkeit der Lebewesen ein wesentlicher Bestandteil des Lebensprozesses ist. Es ist nicht sinnvoll, sich einen individuellen, isolierten Organismus als «lebendig» vorzustellen. Wenn man ein Lebewesen, ein menschliches oder irgendein anderes, von seiner Umgebung isoliert, wird es in kurzer Zeit tot sein. Das einzige wahre Lebenssystem, das wir aus eigener Erfahrung kennen, ist die Biosphäre der Erde, und es ist zweifelhaft, ob irgendein einzelner Organismus dieser Biosphäre weiterleben könnte, wenn er beispielsweise auf die trockene, luftlose Oberfläche des Mondes gebracht würde. Wir alle hängen buchstäblich mit unserem Leben an unserer Umgebung und unserer Wechselwirkung mit anderen Lebewesen, in genau der gleichen Weise, wie ein Bakteriophage mit seinem Leben an einer Bakterie hängt.

In Kapitel 5 werde ich genauer auf diese Wechselwirkung aller irdischen Lebewesen, die einen «Superorganismus» bilden, eingehen. Dieser Organismus wird – nach der Vorstellung von James Lovelock – Gaia genannt. Hier wollen wir nur folgendes festhalten: Obwohl wir sicher sagen können, daß das Minimalniveau der Komplexität, das belebte und unbelebte Dinge voneinander trennt, irgendwo zwischen einem Atom und einer Einzelzelle, vielleicht zwischen den Bakteriophagen und den Bakterien liegt, *kennen wir keine obere Grenze der Kom-*

plexität belebter Systeme. Gegner der Gaia-Hypothese argumentieren manchmal, daß die gesamte Biosphäre eines Planeten nicht im eigentlichen Sinn des Wortes lebendig sein kann, weil sie sich nicht reproduziert und im gesamten Universum ausbreitet. Auch muß man seine Phantasie noch mehr strapazieren, um sich vorzustellen, daß es noch größere lebende Strukturen gibt. Es besteht sogar eine wissenschaftliche Basis für die Vermutung, daß nicht nur Gaia, unsere Biosphäre, in der Lage ist, sich zu reproduzieren, sondern daß das Leben auf der Erde selbst das Ergebnis eines «Aussaatprozesses» ist, so daß unsere einzelne Biosphäre weder den Anfang noch das Ende der Geschichte des Lebens im Universum darstellt. Das Thema dieses Buches ist die Komplexität und der Reichtum der Struktur, die mit der Entwicklung der Lebewesen einhergeht. Doch um die Grundlagen des Lebens verstehen zu können, machen wir zunächst einen kurzen Ausflug in die Chemie und beschäftigen uns mit den Atomen und Molekülen, aus denen das Leben, wie wir es kennen, zusammengesetzt ist.

Die Wissenschaft, die die Verbindung von Atomen zu Molekülen beschreibt, ist die Chemie. Ein Element, wie beispielsweise Wasserstoff oder Helium, ist eine Substanz, die aus Atomen einer einzigen Sorte aufgebaut ist. Verbindungen enthalten Atome von zwei oder mehr verschiedenen Elementen, die durch elektrische Kräfte zusammengehalten werden. Im Innern eines Sterns werden die Kerne verschiedener Elemente aufgebaut, indem die Grundbausteine (Protonen und Heliumkerne), die vom Urknall stammen, verschmolzen werden. Die große Hitze und der hohe Druck im Innern eines Sterns bewirken, daß diese positiv geladenen Kerne sich frei in einem See negativ geladener Elektronen bewegen. Diesen Zustand nennt man ein Plasma. Bei der irdischen Temperatur und dem irdischen Druck hat jeder Atomkern seinen Anteil an den Elektronen, den er braucht, damit er ein elektrisch neutrales Atom bilden kann. Die Art und Weise, in der Kerne und Elektronen einander zugeordnet sind, ist mit normaler Logik zunächst nur schwer zu erfassen.

Elektronen tragen negative Ladung, und Kerne sind positiv geladen. Da sich entgegengesetzte Ladungen anziehen, sollte man meinen, daß beide sich einander nähern – daß die Elektronen in die Kerne stürzen und die Ladungen sich neutralisieren sollten. In Wirklichkeit halten die Elektronen einen merklichen Abstand von den zugehörigen

Kernen und bilden eine negativ geladene Wolke um das positiv geladene Zentrum.

Noch seltsamer scheint es, daß selbst das einzelne Elektron des einfachsten Atoms (Wasserstoff) den Kern, also das einzelne Proton «umgibt». In unserer alltäglichen Vorstellungswelt scheint dies ein bizarres Verhalten zu sein, nicht zuletzt, weil das Elektron viel kleiner als das Proton ist. Es ist, als ob man sagen würde, daß ein Golfball einen Fußball umschließt und gleichzeitig so weit von ihm Abstand hält, daß sich beide nicht berühren. Die Erklärung dafür ist, daß sich auf der Skala der Elektronen und Protonen «Teilchen» nicht wie Objekte des täglichen Lebens verhalten. Auf der atomaren und subatomaren Skala wird der Unterschied zwischen Teilchen und Wellen verwischt. Man kann sich ein einzelnes Elektron als ein ausgedehntes Wellengebilde vorstellen, wie Wasserwellen auf der Oberfläche eines Teiches. Dieses Wellengebilde umgibt den Atomkern, und die Eigenschaften dieser Wellen verhindern es, daß ein Elektron in den Kern stürzen kann.

Dieses seltsame Verhalten von Dingen auf atomaren Skalen kann durch die Quantenmechanik beschrieben werden. Sie besagt, daß jedes Ding – selbst ein Golfball oder dieses Buch – sowohl Teilchen- wie Wellennatur besitzt. Dieser Welle-Teilchen-Dualismus ist auf der alltäglichen «makroskopischen» Skala nicht augenscheinlich, und er gründet sich auf Untersuchungen, die seit den zwanziger Jahren unseres Jahrhunderts gemacht wurden, als die Quantentheorie entwickelt wurde.

Der entscheidende Punkt ist der: Obwohl Elektronen sowohl Wellen- wie Teilcheneigenschaften haben, gibt es eine genaue Beziehung zwischen der Teilchenmasse und der Teilchenwellenlänge. Man kann mit Experimenten die Wellenlänge eines «Elektronenstrahls» messen, und durch andere Experimente kann man den Impuls einzelner Elektronen bestimmen. Der Impuls ist das Produkt aus der Masse und der Geschwindigkeit eines einzelnen Teilchens, er ist eine typische Teilcheneigenschaft. Die Messung des Impulses eines Elektronenstrahls ist, als messe man die Schläge, die eine Zielscheibe empfängt, die von vielen kleinen Kugeln getroffen wird. Die Quantentheorie liefert das seltsame Ergebnis, daß das Produkt von Impuls und Wellenlänge immer dasselbe ist. Das Produkt ist immer eine Zahl, die man als Plancksche Konstante bezeichnet, benannt nach einem der Pioniere der

Quantenmechanik. In alltäglichen Begriffen erscheint die Plancksche Konstante sehr klein: $6{,}626 \times 10^{-27}$ erg Sekunde (das bedeutet, daß hinter dem Dezimalpunkt noch 26 Nullen stehen müssen, bevor die Zahl 6626 erscheint). Aber sie bestimmt das Verhalten der Elektronen genau. Wenn die Elektronen in einem Strahl doppelt so schnell fliegen, wird der Impuls eines jeden Elektrons verdoppelt, und folglich wird seine Wellenlänge halb so groß: das Produkt von Impuls und Wellenlänge bleibt gleich. Weil die Masse eines Elektrons nur wenig mehr als 9×10^{-28} Gramm beträgt, sind alle Zahlen, die in den Gleichungen der Wellen-Teilchen-Eigenschaften der Elektronen auftreten, etwa von der gleichen Größenordung, und sowohl die Wellen- wie die Teilcheneigenschaften des Elektrons sind entscheidend für sein Verhalten.

Die gleichbleibende Beziehung zwischen Welle und Teilchen, wie auch die Plancksche Konstante, besitzt für alle Dinge Gültigkeit. Bei Elektronen, die die gleiche Masse haben, muß zur Vergrößerung des Impulses die Geschwindigkeit erhöht werden; der Impuls (Masse x Geschwindigkeit) wäre auch größer (und die Wellenlänge kleiner), wenn die Elektronen durch massereichere Teilchen ersetzt worden wären. Ein Objekt wie dieses Buch hat eine Masse von einigen hundert Gramm – andere Objekte des täglichen Lebens haben Massen von einigen Kilogramm. Wegen der Kleinheit der Planckschen Konstanten können die Gleichungen nur erfüllt werden, wenn man solchen Objekten winzige Wellenlängen zuordnet. Für alle praktischen Zwecke ist das Wellenäquivalent dieses Buches oder irgendeines anderen Objekts des täglichen Lebens so klein, daß es vernachlässigt werden kann. Dies bedeutet nicht, daß ein Buch, ein Mensch, ein Auto oder sonst etwas keine Wellennatur besitzt, aufgrund der Kleinheit der Planckschen Konstanten überwiegt jedoch sein Teilchenaspekt.

Damit kommen wir zu der interessanten Frage, warum die Plancksche Konstante so klein ist. Die traditionelle Antwort ist, daß dies eine Konstante wie viele andere Naturkonstanten ist, eine Zahl, die zur Struktur des Universums gehört, die wir als Teil der Natur akzeptieren müssen. In letzter Zeit haben sich viele Physiker gefragt, warum die Naturgesetze die Form haben, die sie haben, und ob das Universum irgendeine Wahl hatte, den Konstanten wie der Planckschen Konstanten die genauen Zahlen zuzuordnen, die sie haben. Wie ich später ausführlich diskutieren werde, wird die Möglichkeit, daß die Konstanten und Gesetze der Physik nicht immer so waren, wie wir sie heute vorfinden, ernst genommen. Dies hat weitreichende Konsequenzen sowohl für die Existenz von Lebensformen, wie den Menschen, als auch für die Möglichkeit, daß das Universum selbst Leben trägt.

Wenn man das Elektron als eine kleine Blase auffaßt, die Wellenenergie in sich trägt, kann man sich leicht vorstellen, wie es sich um ein Proton herum verteilt. Wie Schallwellen, die im Innern einer Orgelpfeife schwingen, oder wie die Vibrationen einer gezupften Gitarrensaite kann die Elektronenwelle eine besonders stabile, stehende Welle aufbauen, eine Resonanz. Bei Konstanthaltung anderer Dinge stellt sich in einem System von Teilchen immer ein stabiler Zustand ein, und ein Elektron wird einen Atomkern in Form einer stehenden Welle umlagern. Es ist unmöglich, einen Ort der Wellensystems herauszugreifen und zu sagen: «Das Elektron ist hier.» Alles, was wir sagen können, ist: «Die Energie und Ladung eines Elektrons sind über diesen Raumbereich um den Kern verteilt.» Dieser Bereich, über den sich ein Elektron als stehende Welle ausbreitet, wird «Hülle» genannt. Und diese Hülle ist wirklich ausgedehnt. Wenn der Kern die Größe eines Sandkorns hätte, wäre die Elektronenwolke um den Kern so groß wie ein Opernhaus. Weil die Elektronenwolke den Kern weitgehend von der Außenwelt abschirmt, hängt die Chemie, die Art und Weise, wie sich Atome zu Molekülen zusammensetzen, fast vollständig von der Zahl und Verteilung der Elektronen in den Schalen in den Außenbereichen der Atome ab. (Die Zahl der Elektronen in einem Atom ist gleich der Zahl der Protonen im Atomkern.)

Atome des gleichen Elements können in leicht unterschiedlichen Sorten vorkommen, die man Isotope nennt, die aber die gleichen chemischen Eigenschaften haben. Das einfachste Atom, der Wasserstoff, hat nur ein Proton im Kern, der von einem Elektron umgeben ist. Es gibt eine andere Art von Wasserstoff, «schwerer Wasserstoff» oder Deuterium, dessen Kern sich aus einem Proton und einem Neutron zusammensetzt, und dieser Kern ist von einem einzelnen Elektron umgeben. Heliumkerne besitzen zwei Protonen und sind von zwei Elektronen umgeben. Manche Heliumkerne besitzen bloß ein Neutron, andere zwei. Die Neutronen sind wichtig, da sie für den Zusammenhalt des Kerns mitverantwortlich sind, während die Protonen aufgrund ihrer positiven Ladung versuchen, den Kern auseinanderzutreiben.

Protonen und Neutronen «spüren» eine Kraft, die sie zusammenhält, die sogenannte starke Kernkraft. Aber es ist für ein Proton leichter, an einem Neutron zu «kleben», als an einem Proton, wegen der Abstoßungskraft von Ladungen gleichen Vorzeichens. Somit gibt es keinen Heliumkern, der nur aus zwei Protonen aufgebaut ist. Abgesehen vom einfachen Wasserstoffkern, der aus einem einzigen Proton besteht, sind alle Atomkerne aus Protonen und Neutronen aufgebaut; mit Ausnahme der leichtesten Kerne besitzen Atomkerne mehr Neutronen als Protonen.

Außerhalb des Atomkerns gibt es in der nächstgelegenen Elektronenschale Platz für zwei Elektronen. Die beiden Elektronen in der Schale eines Heliumkerns haben effektiv den gleichen Abstand vom Kern. Bei schwereren Elementen, die mehr Protonen im Kern und mehr Elektronen in der Schale haben, ist es etwas komplizierter. Die nächsten acht Elektronen finden in einer Schale Platz, die den Kern und die innerste Elektronenschale umgibt; weitere Elektronen befinden sich in Schalen, die noch weiter draußen liegen. Was das Leben auf der Erde betrifft, sind wir vor allem an der Chemie des Kohlenstoffs interessiert. Kohlenstoff hat einen Kern, der sechs Protonen (und zusätzliche Neutronen) enthält. Dieser Kern ist von sechs Elektronen umgeben, von denen zwei in der innersten Schale Platz finden und vier die nächste Schale halb auffüllen. Es ist also nicht notwendig, sich hier mit den Schwierigkeiten bei der Anordnung von mehr als zehn Elektronen um einen Atomkern zu befassen.

Welche Möglichkeiten zur Bildung von Molekülen aus Atomen bestehen, hängt von der Anzahl der Elektronen in der äußersten Schale ab. Aus Gründen, auf die ich hier nicht eingehen werde, die aber durch die Quantentheorie erklärt werden können, sind Anordnungen, bei denen die äußerste Schale vollständig mit Elektronen aufgefüllt ist, besonders stabil. Atome setzen sich daher zu Molekülen zusammen, um eine solche besonders stabile Anordung zu erreichen. Im Falle des Wasserstoffs, der ein Elektron in der Hülle hat, wäre eine solche Anordung das Zusammengehen von zwei Atomen, die ein Wasserstoffmolekül bilden, das als H_2 bezeichnet wird. Beide Kerne teilen sich die beiden Elektronen, und das schafft die Illusion, daß in jedem Atom die innerste Elektronenschale mit zwei Elektronen aufgefüllt ist. Helium andererseits ist sehr zufrieden mit seinen beiden Elektronen und hat kein chemisches Bestreben, diesen Zustand zu verändern. Das macht Helium zu einer chemisch sehr trägen Substanz, die kaum mit anderen Stoffen reagiert. Heliumgas besteht aus einzelnen Atomen (*He*), nicht aus Molekülen.

Kohlenstoff ist etwas Besonderes, weil er sechs Elektronen besitzt, zwei, die eng an den Kern gebunden sind, und vier in der nächstäußeren Hülle, in der die ideale Anzahl acht wäre. Mit einer halbgefüllten Schale hat Kohlenstoff das größtmögliche Repertoire chemischer Aktivität. Da er vier Elektronen mit anderen Atomen teilen kann, kann er sich mit vier Atomen verbinden. Wenn er nur zwei oder drei Atome in der äußeren Hülle hätte, könnten die Atome nur zwei oder drei Verbindungen mit anderen Atomen eingehen. Etwas schwieriger zu verstehen ist, daß auch bei fünf oder sechs Elektronen in der äußeren Hülle das Atom nur drei oder zwei Verbindungen eingehen könnte, da die gewünschte Quote von acht nur durch die Zahl der mit anderen Atomen geteilten Elektronen erreicht wird.

Die Verbindung von Atomen zu Molekülen wird chemische Bindung genannt und beruht auf Elektronen, die jeweils zwei verschiedenen Atomen angehören und sie auf diese Weise zusammenhalten. Jedes Kohlenstoffatom kann vier chemische Bindungen eingehen, und die einfachste Kohlenstoffverbindung liegt vor, wenn vier einzelne Wasserstoffatome sich einem Kohlenstoffatom anlagern, so daß ein Elektronenpaar von einem jeden der Wasserstoffatome und dem Kohlenstoffatom geteilt wird. Jedes Wasserstoffatom hat die Illusion, daß es eine mit zwei Elektronen gefüllte innere Schale besitzt, das Kohlenstoffatom hat die Illusion, daß seine zweite Schale mit acht Elektronen aufgefüllt ist. Kohlenstoffatome können auch mit ihresgleichen Verbindungen eingehen und lange Kettenmoleküle bilden, in denen eine Art Rückgrat aus Kohlenstoffatomen auftritt, bei dem jedes mit zwei seiner Nachbarn Elektronenpaare teilt und Wasserstoffatome oder andere Atome sich an den Seiten der Kette anlagern. Für jedes einzelne Kohlenstoffatom in der Kette werden zwei der vier zur Verfügung stehenden Bindungen benutzt, die nächstgelegenen Kohlenstoffatome festzuhalten, während die beiden restlichen sich mit allen möglichen Atomen oder Molekülen auf den beiden Seiten verbinden können. Am Anfang und Ende einer solchen Kette haben die Kohlenstoffatome natürlich drei überzählige Bindeglieder. Solche Ketten können auch Ringe bilden. Die stabilste Ringkonfiguration besteht aus sechs Kohlenstoffatomen, die auf diese Art und Weise «Händchen halten» und andere Atome an der Außenseite des Rings anlagern können. Für die Geschichte des Lebens auf der Erde sind jedoch die langen Ketten, in denen Tausende von Kohlenstoffatomen aneinander und an andere Atome oder Moleküle (einschließlich solcher Ringverbindungen oder sogar anderer Ketten) gebunden sind, von allergrößter Bedeutung. Die Chemie des Lebens ist im Grunde genommen die Kohlenstoffchemie, insbesondere die Chemie langer Kohlenstoffketten, an denen interessante andere Strukturen angelagert sind.

Wir erinnern uns: Die einfachste Unterscheidung zwischen lebenden und nicht lebenden Substanzen ist, daß lebendige Dinge in der Lage sind, sich zu reproduzieren – sie können aus Rohmaterial ihrer Umgebung Kopien von sich anfertigen. Die heutigen Schlüsselmoleküle des Lebens, die sich in unseren Zellen finden, sind lange Ketten mit einem Kohlenstoff-Rückgrat, die in Form zweier Spiralen miteinander verflochten sind und ein einzelnes Molekül der Desoxyribonukleinsäure (DNS) bilden. DNS besitzt die außerordentliche Fähigkeit, sich aufzuwinden und zwei einzelne spiegelbildliche Spiralen zu bilden, von denen eine jede die notwendigen Chemikalien auflesen kann, um das Gegenstück aufzubauen, so daß zwei DNS-Doppelhelixe an einer Stelle entstehen, wo es vorher nur eine einzige gab. Dies geschieht beispielsweise, wenn sich eine Zelle in zwei Teile spaltet. Wie wir weiter sehen werden, kann DNS noch andere Dinge tun, die für das Leben, wie wir es kennen, wesentlich sind, doch diese Eigenschaft, sich selbst zu reproduzieren, ist der Schlüssel zum Leben. Das Leben entstand, als – irgendwo, irgendwie – eine Kette chemischer Reaktionen ein Molekül entstehen ließ, das imstande war, sich selbst zu kopieren, indem es weitere chemische Reaktionen hervorrief. Seit dieser Zeit ist die Geschichte des Lebens eine Geschichte des Wettbewerbs zwischen unterschiedlichen Lebensformen, die sich um die vorhandene «Nahrung» streiten: um all die chemischen Elemente und Verbindungen, die für die Bildung weiterer Kopien benötigt werden. Die grundlegenden Lebensmoleküle sind heute von einem Schutzschirm umgeben – sie bilden Zellen. Im Fall der Bakterien beispielsweise sind die Zellen selbst vollständige, lebende Organismen; in anderen Fällen bilden viele Millionen Zellen ein Lebewesen, sei es ein menschliches Wesen oder ein Baum. Wie sich solche Ansammlungen entwickelten, soll das Thema des nächsten Kapitels sein – es ist jedoch alles recht einfach, nachdem sich die ersten Lebensmoleküle einmal gebildet hatten. Wie und wo das Leben entstanden ist, darüber wird noch gestritten, auch wenn viele Schulbücher oder populäre Darstellungen, die nur eine Seite der Debatte darstellen, den Eindruck erwecken, daß alles geklärt ist.

Die am meisten verbreitete Theorie über die Entstehung des Lebens stammt aus den zwanziger Jahren unseres Jahrhunderts, als der Engländer J.B.S. Haldane und der Russe Alexander Oparin unabhängig voneinander vorschlugen, daß geeignete Kohlenstoffverbindungen (wegen der Bedeutung der Kohlenstoffchemie für das Leben werden sie «organische Verbindungen» genannt) sich über einen langen geologischen Zeitraum in den Ozeanen der Erde aufgebaut haben. Die Komplexität der Verbindungen, die durch die chemischen Reaktionen gebildet wurden, erreichte schließlich den Punkt, an dem die ersten lebendigen Moleküle entstanden, Moleküle, die in der Lage waren, sich selbst zu kopieren. Man kann sich vorstellen, daß es ein erstes lebendiges Molekül gegeben hat, aus dem sich das gesamte Leben auf der Erde entwickelte. Diese Idee kann in die Vergangenheit zurückverfolgt werden, denn Charles Darwin schrieb 1871 an seinen Kollegen Joseph Hooker:

«Man sagt oft, daß alle Bedingungen für die Entstehung des ersten lebenden Organismus heute vorhanden sind und zu jeder Zeit vorhanden sein konnten. Aber wenn (ach, welch großes Wenn!) wir uns vorstellen würden, daß sich in irgendeinem warmen, kleinen Tümpel, in dem alle Sorten von Ammoniak und Phosporsalzen, Licht, Wärme, Elektrizität etc. vorhanden sind, eine Proteinverbindung chemisch bildete, und sie wäre imstande, weitere komplexere Veränderungen durchzumachen, so würde eine solche Substanz heutzutage sofort verschlungen und absorbiert. Dies wäre aber zu einer Zeit, als es noch keine Lebewesen gab, nicht der Fall gewesen.»

Zu Darwins Zeit kannte noch niemand die Bedeutung der DNS als Molekül des Lebens; Proteine sind ebenfalls komplexe Moleküle, die aus Kohlenstoffketten aufgebaut sind und für die Funktion lebender Zellen von großer Bedeutung sind, sie können sich aber nicht reproduzieren. Sehen wir über die Tatsache hinweg, daß Darwin noch nichts von der Rolle der DNS wußte, ist dieser kurze Absatz in mehrfacher

Hinsicht prophetisch. Der wichtigste Punkt ist der: Bevor es auf der Erde Leben gab, war nichts vorhanden, das Anhäufungen organischen Materials, das sich aufgrund chemischer Reaktionen gebildet hatte, beispielsweise Protein, aufessen konnte. Haldane formulierte es so: Vor dem Auftauchen von Leben konnten sich die Produkte chemischer Reaktionen ungestört in den Urozeanen der Erde (oder in Darwins kleinem, warmen Tümpel) ansammeln, bis diese die Konsistenz einer warmen, dünnen Suppe aufwiesen – eine ziemlich dünne Hühnerbrühe, wie der Wissenschaftler Leslie Orgel unlängst abgeschätzt hat.

Wenn man heute einen Teller mit Hühnerbrühe herumstehen läßt, wird sie sehr schnell «schlecht», da sie von Mikroorganismen angegriffen wird. Die Mikroorganismen verwenden den reichen Vorrat komplexer Kohlenstoffverbindungen dazu, Kopien von sich selbst anzufertigen – sich zu vermehren. Doch bevor das erste «lebendige» Molekül auftauchte, blieb die Ursuppe ungegessen; als es jedoch auftrat, fand es eine Riesenmenge von Rohmaterial vor und konnte sich vielfach kopieren, bevor das Problem auftrat, daß es aufgrund schwindender Ressourcen mit anderen Molekülen in Wettbewerb treten mußte.

Viele Experimente haben gezeigt, daß sich eine solche Ursuppe in den Ozeanen und Tümpeln der jungen Erde unter den damals herrschenden Bedingungen wirklich bilden konnte. Sehr wahrscheinlich entstand die Erdatmosphäre durch die Emission von Gasen aus Vulkanen. Sie setzte sich zum großen Teil aus den Gasen zusammen, die auch heute von Vulkanen emittiert werden, vor allem aus Verbindungen wie Methan und Ammoniak, mit kleineren Beimischungen von Stickstoff, Kohlendioxid und Wasserdampf, aber nur sehr geringen Spuren von freiem Sauerstoff. Ohne das Vorhandensein von Sauerstoff konnte sich keine Ozonschicht bilden, und die ultraviolette Strahlung der Sonne drang bis zur Erdoberfläche. In der sich bildenden Atmosphäre traten heftige elektrische Stürme auf, die Energie in Form von Blitzen lieferten. Energie beschleunigt chemische Reaktionen. Heute ist ultraviolette Strahlung für Lebewesen schädlich, weil sie DNS zerstört (deshalb verursacht sie Hautkrebs, und man sollte sich über die durch menschliche Aktivitäten verursachte Zerstörung der Ozonschicht Gedanken machen). Aber wenn nur einfache Verbindungen vorhanden sind, kann die Einwirkung von Energie die Moleküle dazu bringen, sich einander anzulagern und komplexere Substanzen zu bilden.

Schon 1929 hatte Haldane auf Experimente hingewiesen, bei denen die Einwirkung ultravioletter Strahlung den Aufbau organischer Verbindungen in einer Mischung von Wasser, Kohlendioxid und Ammoniak beschleunigt. In seit den fünfziger Jahren durchgeführten, sorgfältiger ausgelegten Experimenten wurden elektrische Entladungen und ultraviolette Strahlung durch versiegelte Glasbehälter geschickt, die verschiedene Mixturen der Gase enthielten, aus denen sich die Uratmosphäre der Erde vermutlich zusammensetzte. Solche Experimente lieferten zwar nicht die Proteine, über die Darwin Mutmaßungen anstellte, und erst recht nicht DNS, aber sie produzieren einfachere Verbindungen, die man als Aminosäuren bezeichnet. Diese bestehen auch aus Kohlenstoffketten und sind selbst die Bausteine für die Proteine.

Ein Grund, weshalb Bausteine des Lebens aus solch einfachen Ingredienzen wie Kohlendioxid, Wasser und Ammoniak hergestellt werden können, liegt darin, daß diese Ingredienzen die vier Atomsorten enthalten, die in der Struktur der Lebewesen vorherrschen. Der Erzbischof von Canterbury besteht wie jeder andere Mensch aus 65 Prozent Wasser (H_2O), das restliche Drittel setzt sich hauptsächlich aus nur vier Arten von Atomen zusammen, aus Wasserstoff (H) und Sauerstoff (O), aus denen auch schon das Wasser besteht, dazu kommen Kohlenstoff (C) und Stickstoff (N). Es kann kaum ein Zufall sein, daß Kohlenstoff, Stickstoff und Sauerstoff zu den häufigsten Produkten der Kernverschmelzung in Sternen zählen. Kohlenstoff reagiert mit allen möglichen Substanzen, und wenn (neben dem allgegenwärtigen Wasserstoff) Stickstoff und Sauerstoff zur Verfügung stehen, beruht jede komplexe Chemie im Universum, die Chemie des Lebens eingeschlossen, in erster Linie auf diesen vier Elementen. Insgesamt 96 Prozent des menschlichen Körpers bestehen aus diesen vier Atomsorten in verschiedenen Kombinationen. Die Komplexität lebender Moleküle beruht also nicht darauf, daß sie sich auf eine Vielfalt unterschiedlicher Atome aufbaut, sondern auf der Möglichkeit, daß diese vier Arten von Atomen in einer großen Zahl unterschiedlicher Kombinationen angeordnet werden können. Der Grund hierfür liegt vor allem in der Fähigkeit des Kohlenstoffs, chemische Verbindungen einzugehen. Die

Kombination einfacher Moleküle zusammen mit der Energie für chemische Reaktionen reicht zur Bildung komplexer Moleküle aus. Diese Moleküle können als Vorläufer des Lebens angesehen werden, die vielleicht nur eine oder zwei Stufen unterhalb der Schwelle des Lebens selbst stehen. Es bleibt jedoch festzustellen, daß bisher noch kein sich selbst reproduzierendes Molekül in einem der oben genannten Experimente gebildet worden ist.

Obwohl solche Experimente darauf hindeuten, daß einfache Verbindungen zusammen mit Energie zur Bildung lebender Moleküle führen können, zeigen sie nicht, daß das Leben auf der Erde auf diese Weise entstanden sein muß. Wir stehen hier vor einem Rätsel. Man sollte erwarten, daß all diese Vorgänge – die Entstehung der Erde und ihrer Atmosphäre, das Auffüllen der Tümpel und Ozeane mit Wasser, das Zusammenbrauen der Ursuppe – eine recht lange Zeit in Anspruch nahmen. Man kann versuchen, diese Zeit abzuschätzen und sie mit anderen Dingen in Beziehung zu setzen. Unser Planet entstand zusammen mit der Sonne und den anderen Mitgliedern des Sonnensystems vor etwa viereinhalb Milliarden Jahren. Diese Zahl läßt sich aufgrund verschiedener geologischer und astronomischer Fakten recht genau angeben. Die Erde bildete sich durch Ansammlung von Felsmaterial, das miteinander kollidierte, unter dem Einfluß der Schwerkraft aneinanderhaftete und so einen größeren Körper bildete. Zuerst wurde die junge Erde durch den Aufschlag immer neuer felsiger Asteroiden umgepflügt, aufgeheizt und steril gehalten, aber schließlich war der Bereich ihrer Bahn um die Sonne leergefegt, sie begann abzukühlen und sich zu stabilisieren.

Aufgrund fossiler Funde kann man genauso sicher feststellen, daß schon vor vier Milliarden Jahren auf der Erde Leben in Form einfacher Bakterien existierte, und es gibt Anzeichen dafür, daß es schon einige Zeit vorher vorhanden war. Damit bleiben höchstens einige hundert Millionen Jahre für die Umwandlung von Methan, Ammoniak und anderen Substanzen nicht nur zum ersten lebenden Molekül, sondern zu echten, lebenden Zellen, in denen die wichtige Lebenschemie innerhalb der Zellwand abläuft. Ist es möglich, daß sich das Leben so schnell aus dem Nichts entwickelt hat?

Die Antwort auf diese Frage werden wir vielleicht nie mit Sicherheit geben können. Eine der bedeutsamsten Entwicklungen der letzten

Jahre in unserem Verständnis der Zusammenhänge von Leben und Universum ist die Erkenntnis, daß vermutlich keine Notwendigkeit für die Entwicklung von Leben auf der Erdoberfläche bestanden hat. Wir sind sicher, daß auf dem neugeborenen Planeten Moleküle niedergingen, die komplexer als Methan und Ammoniak waren – vielleicht ist das Leben sogar aus dem Weltraum auf die Erde gekommen.

Es wurde schon erwähnt, daß man in den vierziger Jahren durch Untersuchungen des Spektrums des Zyan, einer Verbindung von Kohlenstoff und Stickstoff, die man in interstellaren Wolken findet, die kosmische Mikrowellen-Hintergrundstrahlung hätte nachweisen können, wenn einer der Astronomen, der das Zyan-Spektrum und Gamows Version der Urknalltheorie kannte, zwei und zwei zusammengezählt hätte. Zyan ist ein Bestandteil riesiger Wolken aus Gas und Staub, die man zwischen den Sternen unserer Milchstraße findet. Andere Galaxien weisen ähnliche Wolken kühlen Materials auf. Bis zum Ende der sechziger Jahre hielten die Astronomen diese Wolken für ziemlich langweilige Gebiete: kühl, dunkel und nur mit einfachen chemischen Verbindungen erfüllt, mit molekularem Wasserstoff, Zyan und dem Hydroxylradikal. Letzteres ist ein Molekül, das aus einem Wasserstoff- und einem Sauerstoffatom besteht (*OH*). Diese einfachen Verbindungen werden ständig in energiereicher Strahlung gebadet: in Sternlicht, das nicht durch eine Atmosphäre oder Ozonschicht abgeschwächt ist, und in kosmischer Strahlung. So wie man in den vierziger Jahren den kosmischen Mikrowellenhintergrund nicht entdeckte, so übersah man in den fünfziger und sechziger Jahren die Tatsache, daß in Laborexperimenten auf der Erde aus einfachen chemischen Verbindungen unter Energiezufuhr komplexere Moleküle gebildet worden waren, und machte keine Voraussage über das Vorhandensein komplexer Moleküle in interstellaren Wolken. 1968 war man überrascht, als ein Neuling auf dem Gebiet der Erforschung interstellarer Wolken plötzlich alle möglichen komplexen Moleküle im Weltraum fand.

Woher stammt das Material in diesen interstellaren Wolken? Die COBE-Daten zeigen, daß es kurz nach dem Urknall im Universum riesige Wolken heißen Gases gab. Aufgrund physikalischer Prozesse, die in den letzten Stadien des heißen Feuerballs abliefen, waren diese Wolken in einer hierarchischen Haufenbildung geklumpt. Sie enthielten sehr viel Wasserstoff, weniger Helium und sonst fast nichts und zogen sich in Gebieten des Universums zusammen, wo sich dunkle Materie konzentriert hatte. Ein Großteil der Materie in diesen Wolken kollabierte, es bildeten sich die Sterne der ersten Generation. Viele dieser Sterne waren sehr massereich und durchliefen ihren Lebenszyklus sehr schnell. In ihrem Innern wurde Wasserstoff und Helium durch Kernfusion in schwerere Atomkerne umgewandelt. Das Leben dieser Sterne endete in heftigen Explosionen, und die schweren Elemente wurden überall im interstellaren Material zerstreut. Aus diesen Gaswolken bildeten sich neue Sterne, die in der Milchstraße und vielen anderen Galaxien ein Spiralmuster formen. Auf die bei der Geburt und dem Ende der Sterne ablaufenden Prozesse und die Erhaltung des Spiralmusters in der Milchstraße soll später eingegangen werden. Jetzt ist nur zu beachten, daß im Verlauf des Alterns der Milchstraße die Prozesse der Sternentstehung, der Nukleosynthese und der Sternexplosionen weiter abliefen, wenngleich mit geringerer Häufigkeit. Es gibt zwischen den Sternen Wolken, in denen die Elemente angereichert sind, die sich im Innern der Sterne durch Nukleosynthese gebildet haben, beispielsweise Kohlenstoff, Stickstoff, Sauerstoff und dazu eine große Menge von unverbrauchtem, ursprünglichem Wasserstoff. Diese Wolken sind Orte, wo sich neue Sterne und Planeten bilden. Alle Bestandteile einer solchen Wolke können zur Bildung eines neuen Sonnensystems verwendet werden. Jegliches Material auf der Erde, auch in unseren Körpern, ist durch diesen komplexen Schöpfungszyklus hindurchgegangen. Das Lied «Woodstock» sagt es genau: Wir bestehen aus «Sternenstaub – Milliarden Jahre altem Kohlenstoff». Der Kohlenstoff in unseren Körpern wurde nicht nur vor einer, sondern vor mehr als 4,5 Milliarden Jahre gebildet, er entstand vor der Geburt unseres Sonnensystems.

Es war Charles Townes, der die Augen der Astronomen und Biologen für die chemischen Vorgänge in interstellaren Wolken öffnete. Townes ist ein Physiker, der sich für Mikrowellen interessierte und 1964 als Mit-Erfinder des Masers den Nobelpreis gewann. Ein Maser erzeugt einen intensiven Strahl von Mikrowellen. Die Bezeichnung ist eine Abkürzung für Microwave Amplification by Stimulated Emission of Radiation – Mikrowellenverstärkung durch erzwungene Emission von Strahlung. Diese Erfindung war der Vorläufer eines anderen Geräts, das anstelle von Mikrowellen Licht erzeugt – des Lasers (hier werden die Mikrowellen durch Licht ersetzt). Townes war an der kurzwelligen Radioastronomie interessiert, dem Mikrowellengebiet bei Wellenlängen von einigen Zentimetern. Mikrowellen werden in der Fernmeldetechnik und beim Radar verwendet; Strahlung in diesem Bereich war Ende der sechziger Jahre als Echo des Urknalls entdeckt worden. Aber Townes war nicht sehr an der Strahlung interessiert, die aus allen Himmelsrichtungen ankommt. Er wollte interstellare Wolken erforschen, indem er das Spektrum ihrer Strahlung im Mikrowellenbereich untersuchte.

Radiowellen gehören wie Röntgen-, Gammastrahlen und Licht zum elektromagnetischen Spektrum. Der einzige Unterschied zwischen Licht- und Radiowellen ist die Wellenlänge – Radiowellen haben größere Wellenlängen und damit niedrigere Frequenzen (die Frequenz ist umgekehrt proportional der Wellenlänge). Man kann sich Radiowellen als ein Wellenmuster im Ozean vorstellen: Die Wellenlänge ist die Entfernung zwischen dem Kamm einer Welle und dem der nächsten. Die Prozesse, durch die Atome und Moleküle Strahlung absorbieren oder aussenden, sind das elektromagnetische Äquivalent des Zupfens einer Gitarrensaite, die bei einer bestimmten Note schwingt – die Note entspricht einer bestimmten Wellenlänge (oder einer bestimmten Frequenz) von Schallwellen in der Luft. Eine kürzere Gitarrensaite erzeugt einen höheren Ton, einen Ton kürzerer Schallwellenlänge. Analog dazu schwingt ein kleineres Molekül bei einer kürzeren Wellenlänge der elektromagnetischen Strahlung. Einzelne Atome oder sehr kleine Moleküle sind so klein, daß sie Resonanzen bei den kurzen Wellenlängen des sichtbaren Lichts besitzen, größere, komplexere Moleküle schwingen bei kurzwelligen Radiowellen oder im Infrarotbereich des Spektrums.

In beiden Fällen kann eine solche Resonanz entweder zur Emission elektromagnetischer Strahlung bei einer bestimmten Wellenlänge führen, wenn das Atom oder Molekül Energie abgibt (so wie eine gezupfte Gitarrensaite einen Ton abgibt), oder sie kann die Absorption elektromagnetischer Strahlung bei einer bestimmten Wellenlänge verursachen (so wie ein lauter Ton, der von einem Lautsprecher abgegeben wird, eine Gitarrensaite in Schwingungen versetzen kann). Bei Atomen hat dies das charakteristische Spektrum zur Folge, das in Kapitel 2 beschrieben wurde, bei dem ein bestimmtes Muster von hellen oder dunklen Linien im Regenbogenspektrum des sichtbaren Lichts erscheint. Große Moleküle erzeugen solche Linien im Mikrowellenspektrum – Spitzen des Radiorauschens bei bestimmten Frequenzen oder Lücken, Wellenlängenbereiche, bei denen relativ wenig Rauschen zu hören ist, weil Radiostrahlung, die sich hinter interstellaren Wolken befindet, durch die Resonanz der Moleküle in den Wolken nicht zum Beobachter gelangen kann. All dies ergibt sich schon aus Townes' Arbeiten über die Mikrowellenemission, die ihm den Nobelpreis einbrachte. Er hatte die nötige Erfahrung, die schwachen Mikrowellensignale aus dem Weltraum einzufangen und ihre Bedeutung zu erkennen – was zwar einfach scheint, aber technisch sehr kompliziert ist.

Zwei Probleme treten bei der Beobachtung komplexer, «polyatomarer» Moleküle mit Radioteleskopen auf. Um das Spektrum der Radiostrahlung zu untersuchen, ist es natürlich nötig, die Antenne und das Empfängersystem auf einen bestimmten Wellenlängenbereich einzuregeln, und dann das Mikrowellenband durchzu«stimmen», um Maxima und Minima des Radiosignals zu finden, dem Äquivalent der optischen Spektrallinien. Das erste Problem liegt darin, daß für den Nachweis eines schwachen Signals eine große Antenne erforderlich ist, aber um die Intensität der Strahlung bei einer bestimmten Wellenlänge zu messen, muß die Antenne eine sehr gleichmäßige Oberfläche haben – je kürzer die Wellenlänge, um so genauer muß die Antenne sein. Wenn man Strahlung mit einer Wellenlänge von etwa 1 Zentimeter beobachten will, muß die Form der Antenne über die gesamte Fläche auf mindestens 1 Zentimeter genau sein, andernfalls wird die einfallende Strahlung nicht richtig auf den Empfänger fokussiert, sondern von der «rauhen» Antennenoberfläche zerstreut. Optische Teleskope müssen eine Genauigkeit aufweisen, die mit der Wellenlänge des Lichtes vergleichbar ist, die unter einem Tausendstel Millimeter liegt. Die Herstellung eines optischen Spiegels mit einer so hohen Genauigkeit ist nur bis zu einer bestimmten Größe möglich. Diese Grenze beschränkt die lichtsammelnde Wirkung optischer Teleskope. In ähnlicher Weise verformt sich ein Radioteleskop unter seinem eigenen Gewicht, und die Genauigkeit der Oberfläche ist nicht mehr gewährleistet. Mikrowellenstrahlung aus dem Weltraum ist schwächer als das Licht der sichtbaren Sterne. Eine Antenne muß so groß wie möglich sein, um so viel wie möglich von dieser schwachen Strahlung einzufangen. Eine Mikrowellenantenne stellt immer einen Kompromiß zwischen Größe und Genauigkeit dar. Das Verstärkersystem des Empfängers muß das schwache Signal auf ein nachweisbares Niveau verstärken, ohne daß die in ihm enthaltene Information verzerrt wird. Erst in den sechziger Jahren wurden geeignete Empfänger- und Antennensysteme entwickelt, die auf beim Einsatz der ersten Fernmeldesatelliten gewonnenen Erkenntnissen aufbauten.

Das zweite Problem ist auch heute noch vorhanden, war aber in den sechziger Jahren besonders groß. Obwohl man anhand der Radiolinien im Mikrowellenbereich ein polyatomares Molekül mit der gleichen Sicherheit identifizieren kann wie einen Menschen anhand seines Fingerabdrucks, ist es nötig, zuerst den «Fingerabdruck» aufzunehmen – also die entsprechende Substanz im Labor herzustellen und ihre Mikrowellenstrahlung zu untersuchen. Alle Spektren einzelner Atome sind seit langem in Labors auf der Erde analysiert worden. Man findet Einzelheiten in den Lehrbüchern, und die optischen Astronomen können darauf zurückgreifen. Aber die einzelnen elektromagnetischen Resonanzen sind um so schwieriger zu unterscheiden, je komplizierter die atomare Struktur eines Moleküls ist. Es wird immer aufwendiger und schwieriger, genaue Kalibrationen durchzuführen. Erst als einige komplexe Moleküle im Weltraum entdeckt worden waren, schien der Aufwand, andere zu identifizieren, gerechtfertigt zu sein – niemand möchte Stunden im Labor verbringen, um den Mikrowellen-Fingerabdruck eines Moleküls aufzuzeichnen, bloß um dann bei seinen Radiobeobachtungen festzustellen, daß dieses Molekül im Weltraum nicht vorkommt. Als 1968 eine Gruppe an der Universität Berkeley den Nachweis polyatomarer Moleküle im Weltraum in Angriff nahm, begann man in kleinem Maßstab. Ihr rascher Erfolg ermunterte bald andere Forschergruppen, und das Projekt nahm in den siebziger Jahren immer größere Ausmaße an, als immer mehr Moleküle in interstellaren Wolken gefunden wurden. Am Ende der siebziger Jahre waren es fast 100 Sorten.

Zuerst entdeckte man Ammoniak, ein relativ einfaches Molekül, das aus einem Stickstoff- und drei Wasserstoffatomen besteht (NH_3). Es wurde im Dezember 1968 durch seine Strahlung bei einer Wellenlänge von 1,26 Zentimetern nachgewiesen. Ammoniak kann kaum als polyatomares Molekül angesehen werden, aber der Nachweis zeigte, daß die Forschung auf dem richtigen Weg war, denn es war vorher nicht im Weltraum gefunden worden. Ammoniak stellt einen etablierten Vorboten des Lebens dar, es ist eine wesentliche Zutat bei der Herstellung von Aminosäuren. Dann fand das gleiche Forscherteam den Mikrowellenfingerabdruck von Wasser (H_2O) im Weltraum – immer noch keine große Überraschung. Anfang 1969 fand dann ein anderes Team ein Muster von Radiolinien im Weltraum, das genau dem des Moleküls Formaldehyd entsprach – eines der wenigen Moleküle, das man zuvor schon im Labor untersucht hatte.

Formaldehyd war nicht nur ein für damalige Standards sehr komplexes Molekül in den interstellaren Wolken, sondern es ist auch eine organische Verbindung (es enthält also Kohlenstoff; die chemische Formel ist H_2CO), von der man wußte, daß sie sich leicht bei Energiezufuhr aus einfachen Substanzen im Labor herstellen läßt. Bei einigen Astronomen «fiel der Groschen»: 1969 war das Jahr, in dem ein neuer Zweig der Astronomie, die «Astrochemie» ihren Anfang nahm. Sie erkannte, daß einfache Substanzen in interstellaren Wolken bei Energiezufuhr dort die gleichen Vorstufen des Lebens erzeugen wie hier auf der Erde. Dies ist eine recht bedeutsame Erkenntnis, denn die gesamte Erdgeschichte ist nur 4,5 Milliarden Jahre lang, von denen 500 Millionen für den Aufbau komplexer chemischer Verbindungen zur Verfügung standen, aus denen sich dann das Leben entwickeln konnte. Eine interstellare Wolke hingegen konnte schon Milliarden von Jahren vor der Entstehung der Erde existiert haben. In ihr haben sich die chemischen Prozesse abspielen können, die erforderlich waren, damit sich das Leben hat entwickeln können. Wenn man von der sehr plausiblen Annahme ausgeht, daß in der frühen Erdgeschichte komplexe chemische Verbindungen aus dem Weltall auf die Erde gelangten, konnte so das Zeitintervall, das zur Entwicklung des Lebens auf der Erde benötigt wurde, stark verkürzt werden.

Es ist bespielsweise möglich, daß dieser Prozeß vonstatten ging, kurz nachdem die Erde durch Kometeneinschläge entstanden war. Man kann sich Kometen als riesige, schmutzige Schneebälle vorstellen, Ansammlungen von verschiedenen Eissorten, die von Zeit zu Zeit in den inneren Bereich des Sonnensystems gelangen, sich um die Sonne bewegen und dann wieder in den Tiefen des Weltraums verschwinden. Die Astronomen haben berechnet, daß es eine große Kometenwolke geben muß, die das Sonnensystem umgibt und die sich bis in Bereiche erstreckt, die weit außerhalb der Bahn des äußersten Planeten liegen. Man bezeichnet sie als Oortsche Wolke. Von Zeit zu Zeit wird die Bahn eines dieser interplanetaren Eisberge durch den Vorübergang eines anderen Körpers gestört (beispielsweise durch die gravitative Wechselwirkung mit einem nahen Stern), und er taucht nach langer Zeit schließlich in die inneren Bereiche des Sonnensystems ein.

Manchmal kollidiert ein solcher Komet auf seiner Reise mit der Erde – ein solches Ereignis verursachte möglicherweise am 30. Juni 1908 die riesige Explosion über Tunguska in Sibirien. Ein anderes faszinierendes Schauspiel war die Kollision des Kometen Shoemaker-Levy 9 mit dem Planeten Jupiter im Juli 1994. Kometen enthalten, kühl gelagert, den fast unveränderten Baustoff des interstellaren Materials, der bei der Entstehung des Sonnensystems übriggeblieben ist. Es muß zu der Zeit, als sich das Sonnensystem bildete, ein Vielfaches solcher Kometen gegeben haben, wobei es zu häufigen Kollisionen der neugeborenen Planeten mit solchen aus der Oortschen Wolke geworfenen Kometen kam. Man vermutet, daß all die komplexen Moleküle, die man in interstellaren Wolken findet, auch in Kometen vorkommen. Sie gelangten zur Erde, als diese Eisbälle mit der jungen Erde kollidierten. Selbst recht zerbrechliche Moleküle können die Reise durch die Erdatmosphäre und den Aufprall auf der Oberfläche überstehen, wenn sie in Eisstücken eingelagert sind. Solche Eisstücke wirken wie der Hitzeschild eines auf die Erde zurückkehrenden Raumfahrzeugs, der die Astronauten beschützt. Eine weitere Möglichkeit besteht darin, daß die flockigen Körner aus dem Schweif eines Kometen gleich Löwenzahnsamen langsam durch die Atmosphäre zur Erde fallen. In jedem Fall würde sich die junge Erde – wie jeder andere geeignete neugeborene Planet – mit organischem Material anreichern.

Christopher Chyba und seine Mitarbeiter an der Cornell- und der Yale-Universität haben abgeschätzt, daß kurz nach der Entstehung der Erde die Menge des herabregnenden organischen Materials bis zu 10 000 Tonnen pro Jahr betragen haben kann; im Zeitraum von 300 000 Jahren wäre das so viel wie die Masse aller heute auf der Erde vorhandenen Lebewesen. Edward Anders von der Universität Chicago setzt die Zahlen in einen etwas anderen Zusammenhang: In den wenigen 100 Millionen Jahren zwischen dem letzten katastrophalen Einschlag eines Asteroiden, wie sie bei der Bildung der Erde auftraten, und dem Zeitpunkt, der dem Auftauchen der ersten Lebensspuren bei den Fossilien entspricht, könnte genügend organisches Material aus Kometen auf die Erde gelangt sein, um sie mit einer Schicht zu bedecken, die 20 Gramm pro Quadratzentimeter beträgt. Wie man die Sache auch betrachtet, die Vorläufer des Lebens auf der Erde finden sich selbst in der allerersten Ursuppe. Und es hätte, verglichen mit dem Alter der heutigen Erde, nicht lange gedauert, bis die ersten sich selbst reproduzierenden Moleküle entstanden. Die große Frage ist jedoch, wie komplex die Moleküle waren, die aus dem Weltraum auf die junge Erde herunterregneten.

Dutzende polyatomarer Moleküle sind inzwischen im Weltraum identifiziert worden. Es handelt sich bei fast allen um Kohlenstoffverbindungen, die sich – wie es vom Kohlenstoff allgemein bekannt ist – in mannigfacher Weise mit anderen Elementen und mit sich selbst verbinden können. Einige dieser Moleküle, Formaldehyd eingeschlossen, sind mittlerweile sogar in der Mikrowellenstrahlung anderer Galaxien nachgewiesen worden. Man hat allen Grund zu der Annahme, daß die auf dem Kohlenstoff beruhende Komplexität eine allgemeine Eigenschaft ist, die nicht nur auf der Erde und in unserer Milchstraße, sondern überall im Universum vorkommt. Wenn auf Kohlenstoff beruhende Lebensformen wie die Menschen sich in der Milchstraße entwickeln können, gibt es keinen Grund, warum sich solche Lebensformen nicht beispielsweise in der Galaxie NGC 253 entwickelt haben, in der unsere Radioteleskope Formaldehyd enthaltende Wolken entdeckt haben. Wir werden vielleicht nie mit letzter Sicherheit wissen, ob es im Universum intelligentes Leben gibt. Doch es ist anzunehmen, daß solches Leben existiert, da alle Entdeckungen belegen, daß die gleichen chemischen Prozesse, bis hin zur komplexen Chemie der Vorläufer des Lebens selbst, überall in der Milchstraße und auch in anderen Galaxien ablaufen. Es ist eine seltsam anmutende, meiner Meinung nach jedoch sehr beruhigende Vorstellung, daß es irgendwo in der Galaxis NGC 253 auf Kohlenstoff beruhende Lebensformen mit DNS oder etwas sehr ähnlichem in ihren Zellen gibt, die den Himmel mit Radioteleskopen untersuchen und über die Bedeutung des Nachweises von Formaldehyd-Emission in einer wenig eindrucksvollen Sternansammlung nachgrübeln, die wir als «Milchstraße» bezeichnen…

Schließlich muß die junge Erde mit Molekülen wie H_2CNH, $HCCCN$, H_3CCOH und anderen bedeckt gewesen sein. Man weiß, daß einige der schon im Weltraum nachgewiesenen Moleküle sich leicht mit anderen der gleichen Sorte verbinden, um noch komplexere Moleküle zu bilden. Ameisensäure ($HCOOH$) und Methanimin (H_2CHN) beispielsweise, die beide in dichten Wolken gefunden wurden, reagieren miteinander und bilden die einfachste Aminosäure, Glyzin (NH_2CH_2COOH), die nur einen Schritt von einem der Moleküle des Lebens entfernt ist. Formaldehyd war die erste wesentliche Entdeckung, weil es ein organisches Molekül ist, das ein üblicher Bestandteil komplexer organischer Verbindungen wie beispielsweise Zucker ist. Solche Moleküle sind für Leben, wie wir es kennen, von großer Bedeutung. Wahrscheinlich existierten in dem Augenblick, als sich auf der abkühlenden Erde die ersten Wasserpfützen bildeten, schon die ersten Aminosäuren in dieser Ursuppe.

In seinem Buch *Gaia – die Erde ist ein Lebewesen* bemerkte James Lovelock, daß es «fast so scheint, als ob unsere Milchstraße ein riesiges Warenlager ist, das all die Artikel enthält, die für das Leben benötigt werden». Wenn man davon ausgeht, daß die frühe Erde tatsächlich ein Planet war, auf dem die Bausteine des Lebens im Überfluß vorhanden waren, könnten chemische Reaktionen im Laufe von 500 Millionen Jahren problemlos ein sich reproduzierendes Molekül erzeugt haben. Die Wahrscheinlichkeit, daß kein erstes, sich reproduzierendes Molekül auftritt, ist zwar astronomisch hoch, aber es ist jetzt klar, daß die zur Verfügung stehende Zeit auch astronomisch lang war. Es gab eine «Vorgeschichte» von etwa 10 Milliarden Jahren, in denen sich die Bausteine durch chemische Reaktionen im Innern interstellarer Wolken haben bilden können, bevor sie sich in den warmen Tümpeln der jungen Erde ansammelten. Wie Lovelock formuliert: «Leben war also ein äußerst unwahrscheinliches Ereignis, dem aber fast unendliche Möglichkeiten zur Verfügung standen, damit es eintrat» – und so trat es schließlich ein.

Diese dramatischen Folgerungen über den Ursprung des Lebens auf der Erde und seine Bezüge zum Universum scheinen fast kommentarlos in die Texte wissenschaftlicher Bücher und Zeitschriften gelangt zu sein. Das ist erstaunlich. Mehr als 20 Jahre nach der Entdeckung des Formaldehyds im Weltraum scheint den meisten

Wissenschaftlern (und den meisten Menschen überhaupt) die buchstäblich lebenswichtige Bedeutung dieser Entdeckung nicht bewußt zu sein. Sie löst nämlich die letzten großen Rätsel in unserem Verständnis vom Ursprung des Lebens: die Schnelligkeit, mit der das Leben auf der Erde entstand, nachdem sich der Planet gebildet hatte, und welche Verbindungen zwischen der lebendigen Erde und dem lebendigen Kosmos bestehen. Dabei scheint diese atemberaubende, aber wohlbegründete Vorstellung, daß auf der jungen Erde organische Moleküle aus dem Weltraum verstreut wurden, die vermutlich die Komplexität von Aminosäuren besaßen, die konsequente Folge der Beobachtungstatsache zu sein, daß Milliarden Jahre lang komplexe chemische Prozesse im Weltraum abliefen, bevor die Erde entstand. Die Vorstellung, daß sich die Vorläufer des Lebens auf der Erde in kleinen, warmen Tümpeln aus den grundlegenden Bausteinen (d.h. Methan, Ammoniak, Kohlendioxid und Energie) entwikkeln mußten, erscheint nicht mehr plausibel zu sein. Wer jetzt noch argumentiert, daß dem Leben nicht genug Zeit zur Verfügung stand, um sich auf der Erde zu entwickeln, vergeudet nur seinen Atem. Es ist kaum nötig, in unserer Untersuchung, wie das Leben auf der Erde entstand, eine weitergehende Annahme zu machen, als daß sich Aminosäuren und andere ähnlich komplexe Moleküle in der noch nicht lebendigen Ursuppe ansammelten. Es gibt jedoch eine Alternative, die von unabhängig denkenden Wissenschaftlern, vorgeschlagen worden ist. Sie besagt, daß nicht nur die Vorläufer des Lebens aus dem Weltraum zu uns gelangten, sondern daß tatsächlich lebende Zellen aus dem Raum auf die Erde niedergingen.

Demnach ist es möglich, daß sich echte Lebensformen – sich reproduzierende Gebilde – in den ersten zehn Milliarden Jahren der Geschichte des Universums in interstellaren Wolken gebildet haben. Diese Vorstellung besagt, daß das Leben im Weltraum entstand, immer noch in interstellaren Wolken anzutreffen ist und schließlich auch auf unseren sich bildenden Planeten gestreut wurde.

Dies hat bemerkenswerte Konsequenzen. Wenn wir uns aus Lebensformen entwickelt haben, die sich zuerst in interstellaren Wolken reproduzierten, ist es sehr wahrscheinlich, daß das Leben überall im Kosmos von den gleichen Lebensformen abstammt. Dieses Argument wurde mit Nachdruck von Fred Hoyle (dem gleichen Fred Hoyle, der

die Erklärung fand, wie Elemente im Innern von Sternen entstehen)
und seinem Kollegen Chandra Wickramasinghe in den siebziger Jahren vorgestellt. Sie waren jedoch so unvorsichtig zu behaupten, daß
sich nicht nur das Leben im interstellaren Raum entwickelt hat, sondern daß Krankheiten wie Grippe und Beulenpest durch Kometen auf
die Erde gelangt seien und große Epidemien unter der Bevölkerung
hervorriefen, die vorher noch nicht mit diesen Erregern in Kontakt
gekommen war. Dies verursachte einen Sturm der Entrüstung unter
den Medizinern, die darüber verärgert waren, daß zwei Astronomen
nun auf ihrem Forschungsgebiet herumtrampelten. Kurze Zeit später
konnten die Mediziner dann fast unzweifelhaft nachweisen, daß solche
Seuchen irdischen Ursprungs sind und nicht von Viren verursacht
wurden, die durch Kometen ausgestreut werden. Als Folge davon
wurden die Ideen, wie sie von Hoyle und Wickramasinghe vorgeschlagen worden waren, insgesamt als verrückte Spinnerei angesehen.

Es ist sogar möglich, daß der durch diesen Vorschlag aufgewirbelte
Staub Hoyle letztendlich um den Nobelpreis gebracht hat. Die Entdeckung, auf welche Weise chemische Elemente in Sternen aufgebaut
werden, war unzweifelhaft eine der größten Leistungen der Astrophysik, und Hoyle war der Leiter des Teams, das diese Entdeckung machte. 1983, bevor sich der Staub des Kampfes um die «Seuchen aus dem
Weltraum» gelegt hatte, wurde der Physik-Nobelpreis für diese Arbeit
an Hoyles langjährigen Freund Willy Fowler verliehen. Man kann sich
unmöglich einen Grund vorstellen, warum das Nobelkomitee Hoyle
so schmählich übergangen hatte, es sei denn aus Furcht davor, daß ein
an Hoyle und Fowler gemeinsam verliehener Nobelpreis Fred Hoyle
eine Basis für neue verrückte Ideen gegeben hätte und damit seine
Hypothese, daß Seuchen durch Kometen hervorgerufen werden, auf-
gewertet hätte.

Dies war eine doppelte Ungerechtigkeit. Erstens stellen die Arbeiten
über Nukleosynthese eine wundervolle physikalische Erkenntnis dar,
die einen Nobelpreis verdient, ungeachtet dessen, wie verrückt (oder
auch nicht) Hoyles spätere Arbeiten auch sind. Zum anderen scheint das
Nobelkomitee, wie viele andere damals und auch heute, einen wichtigen
Punkt übersehen zu haben. Zwar sind Hoyle und Wickramasinghe mit
ihren Ideen über das Leben und das Universum über das Ziel hinaus
geschossen, wenn sie glaubten, daß Seuchen aus dem Weltraum stam-

men und daß die Evolution auf der Erde durch die ständige Ankunft neuer Arten lebenden Materials aus den Kometen beeinflußt wird. Aber der ihrer Arbeit zugrundeliegende Gedanke, daß das Leben zuerst im interstellaren Raum entstand und sich dort bis zu der Stufe einzelliger Bakterien entwickelte, ist gut durchdacht, steht auf solider wissenschaftlicher Grundlage und kann sehr wohl richtig sein. Ich sage nichts über die verrückteren Aspekte der Ideen von Hoyle und Wickramasinghe. Ihre Theorie muß vielleicht sehr stark abgeändert werden, wenn neue Entdeckungen gemacht werden und andere Astronomen und Evolutionsbiologen den Mut haben, die Ideen ernst zu nehmen und Forschungen auf den Spuren dieser beiden Pioniere durchzuführen. Aber ich bin davon überzeugt, daß ihre Theorie die beste augenblickliche Antwort auf die Frage darstellt, wo die ersten sich selbst reproduzierenden Moleküle herstammen, und ich möchte sie hier kurz vorstellen.

Die Theorie geht von der Tatsache aus, daß es zwischen den Sternen nicht nur Gas-, sondern auch Staubwolken gibt. Diese Staubwolken schirmen das Licht der dahinterliegenden Sterne von unseren Blicken ab, und die dichtesten von ihnen erscheinen als schwarze Flecken auf dem Hintergrund des sternübersäten Himmels. Aber selbst wenn es keine Wolke genügend hoher Dichte in der Sichtlinie gibt, um das Sternlicht völlig auszulöschen, gibt es doch kaum Sternlicht, das uns erreicht, ohne daß es zu einem bestimmten Grad durch die dünneren Staubwolken beeinflußt worden ist. Es wird durch den allgegenwärtigen Staub im Weltraum ein bißchen abgeschwächt, und zusätzlich ändert sich seine Farbe. Kurze Lichtwellenlängen – am blauen Ende des Spektrums – werden durch den Staub leichter gestreut, während längere Wellenlängen am roten Ende relativ wenig beeinflußt werden. Der interstellare Staub rötet also buchstäblich das Licht der dahinterliegenden Sterne. Dieser Effekt unterscheidet sich wesentlich von der schon erwähnten Rotverschiebung, die buchstäblich die Wellenlängen vom blauen Ende zum roten hin verschiebt. Weit entfernte Quasare geben einen Großteil ihrer Strahlung bei ultravioletten Wellenlängen ab, die durch die Rotverschiebung zum Blauen hin verschoben werden. Deshalb erscheinen die Bilder dieser Objekte in unseren Teleskopen sehr blau.

Im Gegensatz dazu ist die Rötung des Sternlichts der gleiche Prozeß wie die Rötung des Sonnenlichts beim Sonnenuntergang durch den

Staub in der Erdatmosphäre, der ebenfalls das blaue Licht streut und das rote fast ungestört passieren läßt. Weil blaues Licht leichter gestreut wird als rotes, erscheint der Himmel blau – das blaue Himmelslicht ist einfach Sonnenlicht, das durch die Erdatmosphäre so stark gestreut wurde, daß es aus allen Richtungen zu uns gelangt (dies wurde, nebenbei bemerkt, in den ersten Jahren unseres Jahrhunderts durch einen jungen Physiker namens Albert Einstein gezeigt).

Der Grad der Schwächung und Rötung des Sternlichts auf dem Weg zu uns ist davon abhängig, wieviel Staub sich im interstellaren Raum befindet, und die Stärke der Abschwächung bei verschiedenen Wellenlängen gibt uns einen Hinweis darauf, welche Teilchensorten die Abschwächung bewirken. Man weiß seit den dreißiger Jahren unseres Jahrhunderts, daß die verursachenden Staubteilchen kleine Körner sind, die etwa so groß sind wie die Wellenlänge des sichtbaren Lichts, das in Nanometern (nm) gemessen wird. Ein Nanometer ist ein Milliardstel Meter oder ein Millionstel Millimeter. Die Wellenlängen des sichtbaren Lichts liegen bei einigen Hundert Nanometern; damit beträgt die Größe eines einzelnen Staubkorns etwa ein Zehntausendstel Millimeter.

Trotz der Kleinheit dieser Körner gibt es eine Riesenmenge von interstellarem Material in der Milchstraße. Etwa 2 Prozent der Masse der interstellaren Wolken besteht aus Staub, während der Rest vorzugsweise aus Wasserstoff- und Heliumgas zusammengesetzt ist. Die großen Wolken sind die Geburtsstätten von Sternen und ganzen Sonnensystemen. Der Staub des interstellaren Materials ist ein Produkt der Nukleosynthese früherer Sterngenerationen, die vorzugsweise Kohlenstoff, Sauerstoff und Stickstoff erzeugten. Die Staubkörner in den interstellaren Wolken müssen also vorzugsweise aus Verbindungen dieser drei Elemente mit dem Wasserstoff bestehen (da das Helium, wie wir uns erinnern, sehr stabil ist, keine zusätzlichen Elektronen braucht und kaum mit anderen Elementen reagiert). Die interstellare Materie, das Gas eingeschlossen, beträgt etwa 10 Prozent der Masse aller hellen Sterne in der Milchstraße, und das sind 10 Milliarden (10^{10}) Sonnenmassen. Selbst 2 Prozent dieser Zahl sind 200 Millionen Sonnenmassen von Material, das in Form kleiner Staubteilchen überall in den interstellaren Wolken unserer Milchstraße verteilt ist.

Seit den dreißiger Jahren sind die Beobachtungen der interstellaren Verfärbung und Abschwächung immer mehr verfeinert worden. Heute liegen auch Messungen der Absorption des interstellaren Staubes bei Wellenlängen im Ultravioletten und Infraroten vor, die man mit Hilfe von Instrumenten an Bord von Satelliten erhalten hat, da die Erdatmosphäre Strahlung solcher Wellenlängen völlig abschirmt. Die Beobachtungen zeigen, daß die Absorption am stärksten im Ultravioletten ist, bei einer Wellenlänge von 220 nm. Vor dieser Entdeckung, die Mitte der sechziger Jahre gemacht wurde, war die am weitesten verbreitete Vorstellung, daß interstellare Staubkörner Eisteilchen seien – aus gefrorenem Wasser, Methan und Ammoniak bestehender Schnee. Aber keine dieser drei Verbindungen absorbiert Strahlung bei dieser Wellenlänge in besonderem Maße, und keine der Spektrallinien, die mit solchen Eisteilchen in Verbindung gebracht werden, ist im geröteten Sternlicht gefunden worden.

Hoyle und Wickramasinghe argumentieren, daß es im allgemeinen sehr schwierig ist, Schnee- oder Eisteilchen im Weltraum zu erzeugen, und es sehr viel einfacher wäre, wenn die Staubwolken aus kleinen Kohlenstoffteilchen beständen – aus Ruß. Dies erscheint zunächst bizarr, aber Kohlenstoff ist eines der Hauptprodukte der stellaren Nukleosynthese. Es gibt eine Gruppe von Sternen, die Kohlenstoffsterne, in deren Spektren man Hinweise darauf findet, daß ihre Atmosphären reich an Kohlenstoff sind. Sie variieren regelmäßig in ihrer Helligkeit, mit Zeitskalen von etwa einem Jahr. Die Erklärung ist, daß viele, vielleicht alle Sterne ein solches Aktivitätsstadium durchlaufen, daß man aber zu einer gegebenen Zeit nur einige wenige in diesem Zustand beobachtet. Alle Sterne verlieren ständig Atmosphärenmaterial, und die periodischen Fluktuationen der Kohlenstoffsterne werden als Anzeichen dafür angesehen, daß sie aus- und einatmen und einen kohlenstoffreichen Sternwind in den Weltraum blasen. Diese Vorstellung wird durch die Entdeckung spektraler Strukturen in der Strahlung der Kohlenstoffsterne gestützt, die Graphit zugeordnet werden. (Graphit, wie man ihn auch in Bleistiften verwendet, besteht aus Kohlenstoffatomen, die auf eine besondere Art verbunden sind.)

Anfang unseres Jahrzehnts fanden die Astronomen Hinweise auf eine noch komplexere Form des Kohlenstoffs im interstellaren Staub. Wissenschaftler vom NASA Ames Research Center erklärten, daß ein zuvor unverstandenes Muster von Spektrallinien von einem Molekül stammt, das sich aus einem Dutzend Kohlenstoffatome und 10 Wasserstoffatomen zusammensetzt und eine Struktur namens Pyren ($C_{12}H_{10}$) bildet. Das NASA-Team untersuchte im Labor das Spektrum von Pyrenen, die mit Substanzen wie Argon und Neon verbunden sind, und fanden, daß die Form des Infrarotspektrums gut mit vorher unidentifizierten Strukturen des Infrarotspektrums von interstellarem Material übereinstimmt. Man benötigt wohl ähnlich komplexe Moleküle, um andere Strukturen dieser interstellaren Absorption der Infrarotstrahlung zu erklären.

Es besteht kein Zweifel, daß der interstellare Staub sich nicht nur aus Kohlenstoffatomen, sondern aus komplexeren Strukturen zusammensetzt, die aus vielen Atomen bestehen. Einige dieser Moleküle mögen aus langen Ketten bestehen, andere aus Ringen. Mit Kohlenstoff läßt sich auch die starke interstellare Absorption bei 220 nm erklären – so gut, daß einige Astronomen behaupten, daß Kohlenstoffkörner allein die interstellare Rötung erklären können. Aber in den Wolken muß es neben dem allgegenwärtigen Wasserstoff auch Stickstoff und Sauerstoff geben. Es sollten Moleküle existieren, die aus all diesen in den Wolken vorhandenen Atomsorten bestehen. Hoyle und Wickramasinghe haben gezeigt, mit welchen Molekülen die Beobachtungen am besten erklärt werden können, und wie sie sich im interstellaren Raum gebildet haben könnten.

An diesem Punkt kommen wir zu Untersuchungen der Infrarotstrahlung von Gas- und Staubwolken, die dabei sind, zu kollabieren und neue Sterne zu bilden, und zu den «Staub-Kokons», die junge Sterne einhüllen. Diese Wolken werden durch die Strahlung aufgeheizt, die von den sich bildenden oder gerade gebildeten Sternen abgestrahlt wird, und erreichen Temperaturen von einigen hundert Grad Kelvin. Unter diesen Bedingungen werden chemische Reaktionen angeregt. Das Strahlungsspektrum dieser Wolken ist überlagert von Emissionsstrukturen, die der Strahlung einzelner Staubteilchen in den Wolken entsprechen. Drei starke Features beherrschen die Infrarotspektren vieler dieser heißen Staubwolken in Sternentstehungsgebieten. Sie treten bei 2–4 Mikrometern, 8–12 Mikrometern und bei 18 Mikrometer auf (ein Mikrometer entspricht einem Millionstel Meter). Verschiedentlich hat man versucht, diese Strukturen zu erklären, indem man jeder eine andere Art chemischer Verbindungen zugeordnet hat. Aber Hoyle und Wickramasinghe fanden heraus, daß eine einzige Verbindung alle Strukturen erklären kann. Diese Entdeckung war für alle anderen Astronomen schwer verdaulich, weil die chemische Verbindung, die das ganze Infrarotspektrum erklären konnte, die Zellulose war – ein Grundbaustein der Pflanzen auf der Erde.

Obwohl Zellulose ein biologisches Molekül ist, gehört sie zu einer großen Molekülfamilie, den Polysacchariden, und es ist möglich, daß Polysaccharide, die der Zellulose sehr ähnlich sind, entstehen können, ohne daß Lebensprozesse ablaufen. Da die Struktur aller Polysaccharide sehr ähnlich ist, besitzen sie sehr ähnliche Infrarotspektren. Hoyle und Wickramasinghe kamen in die wissenschaftlichen Schlagzeilen, weil sie behaupteten, daß Zellulose die Struktur der Strahlung, die aus Staubwolken aus der Umgebung junger Sterne ausgestrahlt wird, erklären konnte (ohne behaupten zu wollen, daß in diesen Staubwolken lebende Pflanzen existieren); die etwas weniger dramatische (und beträchtlich plausiblere) Folgerung ist, daß nicht Zellulose, sondern irgendwelche anderen Moleküle der Polysaccharidenfamilie dafür verantwortlich sind.

Der Grundbestandteil einer Polysaccharidenkette ist ein sogenannter Pyranring, ein Sechseck, das nicht aus sechs Kohlenstoffatomen besteht, die «Händchen halten», sondern aus fünf Kohlenstoffatomen und einem Sauerstoffatom (C_5O). Diese Ringe können sich leicht zu einer Kette anordnen, wobei eines der Kohlenstoffatome mit einem anderen Sauerstoffatom, das selbst mit einem der Kohlenstoffatome des nächsten Pyranrings in der Kette verbunden ist, eine Bindung eingeht. Es macht zwar viel Mühe, solch eine Kette zu bilden, indem sich Atom an Atom anlagert, doch ein solcher Pyranring besitzt eine der Grundeigenschaften des Lebens – er kann als Muster dienen, das die Bildung weiterer Ringe erleichtert, die sich zu einer wachsenden Kette aneinander anlagern. Wenn die Kette in zwei oder mehr Teilstücke zerfällt, kann jedes der Teilstücke weiterwachsen (solange die notwendigen chemischen Zutaten zur Verfügung stehen), Kohlenstoff- und Sauerstoffatome werden aus der chemischen Umgebung entnommen, damit mehr Pyranringe gebildet werden können.

Obwohl niemand behauptet, daß ein einfacher Pyranring oder eine aus Pyranringen aufgebaute Polysaccharidenkette lebendig ist (ihr

Verhalten entspricht eher dem eines wachsenden Kristalls), ist dieses Verhalten die Grundlage dafür, daß unter geeigneten Bedingungen ein großer Teil des vorhandenen Kohlenstoffs und Sauerstoffs in Polysaccharide umgewandelt wird – so wie auf der Erde unter den geeigneten Bedingungen ein großer Teil des Kohlenstoffs, Stickstoffs, Wasserstoffs und Sauerstoffs in lebende Zellen umgewandelt wurde. Könnte im Innern der heißen Staub-Kokons um junge Sterne auch die richtige Umgebung herrschen? Und wenn dies der Fall ist, wo ist der Stickstoff, der sich ebenfalls in den interstellaren Wolken finden sollte, wenn unsere Vorstellungen der stellaren Nukleosynthese richtig sind? Wieder liefern spektroskopische Studien die Antwort. Ein breites spektrales Feature im sichtbaren Licht bei einer Wellenlänge von 443 Nanometern, das sich über 3 Nanometer erstreckt, kann durch das Vorhandensein eines komplexen Moleküls erklärt werden, das um vier fünfseitige Ringe aufgebaut ist, von denen jeder aus vier Kohlenstoffatomen und einem Stickstoffatom besteht (C_4N). Der Reichtum des Baumaterials für lebende Materie, das vermutlich in interstellaren Wolken vorhanden ist, ist erstaunlich. Hoyle und Wickramasighe haben alle Warnungen ignoriert und kühn vorgeschlagen, daß sich in Kometenwolken echte Lebensformen entwickelt haben, bevor solche Vorboten des Lebens durch Kollisionen mit Kometen auf die Erde gebracht wurden.

Im allgemeinen ist die Temperatur in einer Kometenwolke so niedrig, daß Wasser gefriert, wenn keine zusätzliche Wärmequelle in den Kometen selbst zur Verfügung steht. Wenn massereiche Sterne als Supernovae explodieren und schwere Elemente in das interstellare Medium ausstreuen, wird in den Überbleibseln radioaktives Material angereichert. Radioaktive Atome (oder Isotope) unterscheiden sich von den stabilen Atomen dadurch, daß sie mit einem Energieüberschuß gebildet werden, der abgestrahlt wird, wenn sie sich beim radioaktiven Zerfall in stabile Isotope umwandeln. Wenn Kometen aus Material gebildet werden, das ursprünglich von einem Supernovaausbruch stammt, enthalten sie zunächst von der Supernovaexplosion stammende radioaktive Elemente, insbesondere das Isotop Aluminium-26. Die radioaktive Halbwertzeit von Aluminium-26 beträgt 700 000 Jahre, das heißt, nach dieser Zeit hat die Hälfte der ursprünglich vorhandenen Atome ihre überschüssige Energie abgegeben und sich in stabile Isotope umgewandelt. Die beim Zerfall des radioaktiven Aluminiums freiwerdende Energie könnte das Innere der Kometenkerne aufgeheizt und das Wasser geschmolzen haben, so daß sich die «warmen Tümpel», die für das Zustandekommen der ersten lebendigen Moleküle nötig sind, genau dort gebildet haben – und zwar 100 Milliarden solch kleiner Tümpel, mit 100 Milliarden mal der Chance, daß sich in einem dieser Tümpel Leben hat bilden können. Und dabei beschränken wir uns nur auf die Oortsche Wolke, die unser Sonnensystem umgibt. Und wenn das Leben irgendwo im Weltraum entstanden ist, in irgendeinem kometaren Tümpel oder durch einen anderen Prozeß, den wir noch nicht erkannt haben, würde die ständige Durchmischung des interstellaren Materials durch Sternexplosionen und dem Durchgang von Sternen und Planetensystemen durch die Gas- und Staubwolken dafür gesorgt haben, daß das Leben jeden geeigneten Planeten erreichte.

Selbst wenn Sie diese Vorstellung eines interstellaren Ursprungs des Lebens nicht akzeptieren können, muß dies nicht zwangsläufig bedeuten, daß das Leben hier auf der Erde aus unbelebter Materie entstanden ist. Angenommen, unbelebte Materie kann sich in belebte Materie umwandeln – und unsere Existenz zeigt, daß es möglich ist –, kann ein solcher Vorgang nicht zuerst auf irgendeinem anderen Planeten unserer Milchstraße abgelaufen sein, lange bevor unser Sonnensystem entstand? Francis Crick, der zusammen mit James Watson für die Entdeckung der bekannten Doppelhelix-Struktur des Lebensmoleküls DNS den Nobelpreis erhielt, hat sich in den siebziger Jahren zusammen mit seinem Kollegen Leslie Orgel dieser Frage zugewandt, zuerst in einem wissenschaftlichen Artikel und dann in einem Sachbuch mit dem Titel *Life Itself*. Seiner Meinung nach existierte vor 4 Milliarden Jahren, 10 Milliarden Jahre nach dem Urknall, zu der Zeit, als unser Sonnensystem entstand, schon eine Zivilisation in der Milchstraße, die weiter fortgeschritten war als wir. Die damaligen Wesen hatten vielleicht durch das Aussenden unbemannter Raumsonden feststellen können, daß es in der Milchstraße viele mögliche Heimstätten für das Leben gab. Angetrieben durch das Bestreben, die Kontinuität des Lebens selbst nach dem Zusammenbruch ihrer eigenen Zivilisation zu sichern, könnten sie Lebenskeime auf unserem Planeten ausgesät haben.

Crick zufolge wäre dies am besten zu bewerkstelligen, indem man Bakterien durch automatische Raumsonden, die um junge Planeten kreisen, aussät – die Art von Bakterien, die auf der Erde auftrat, kaum daß der Planet genügend abgekühlt war. Solche Bakterien können die schneidende Kälte auf der Reise durch den Weltraum überleben und sich auf einem jungen Planeten, der noch keinen Sauerstoff besitzt, ausbreiten: Sie würden den DNS-Code zu neuen Welten tragen, wo sie sich ausbreiten könnten und die Evolution ihr Werk vollenden könnte.

Dies ist allerdings eine kühne Idee an der Grenze der wissenschaftlichen Seriosität. Sie klingt zwar wie Science-fiction, doch wir werden in ein paar Jahrzehnten vielleicht in der Lage sein, Raketenladungen einfacher Bakterien zu vielversprechenden jungen Planeten in der Milchstraße zu senden, wenn wir dies wollen. Cricks Vorschlag läßt Hoyles und Wickramasinghes Ideen in neuem Licht erscheinen. Die Möglichkeit, daß das Leben zuerst im Weltraum entstand, scheint weniger extrem und folglich plausiber als die Vorstellung, daß absichtlich vom Weltraum aus Leben auf unserem Planeten ausgesät worden ist. Für das Leben auf Planeten ist der «Mittler» nicht mehr vonnöten, und es scheint, daß die chemischen Prozesse, die zur Entstehung des Lebens in interstellaren Wolken führten, im Laufe von einer Milliarde Jahre nach dem Urknall abliefen und damit genügend Zeit zur Verfügung steht, damit genügend komplexe Gebilde entstehen konnten. Diese beiden gewagten Theorien lassen eine dritte Möglichkeit als eine nüchterne und vernünftige Alternative erscheinen. Man kann sich heute nicht mehr vorstellen, daß das interstellare Material, aus dem die Erde und der Rest des Sonnensystems entstanden, keine viel komplexeren und interessanteren Verbindungen als das einfache Ammoniak und Methan enthalten haben soll, und es ist sicher, daß die interessanten Verbindungen, die man im Weltraum findet, durch Kometeneinschläge zur Erde gelangten. All dies verlängert die Zeitskala der Evolution von 4 auf 14 Milliarden Jahre.

Alle Ideen über den Ursprung der ersten sich reproduzierenden Strukturen sind bis zu einem bestimmten Grade spekulativ; aber alle geschilderten Theorien umfassen das gesamte Universum, und es gehört schon eine Portion «Erd-Chauvinismus» dazu zu argumentieren, daß das Leben, von den allereinfachsten Stufen ausgehend, sich allein auf der Erde entwickelte hat. Das moderne Verständnis der Entwicklung des Universums, der Sterne und Planeten, wird nicht durch die Existenz des Lebens beeinflußt, kann aber selbst in allgemeiner Weise erklären, wie sich reproduzierende Strukturen überall dort bildeten, wo der dafür nötige «warme Tümpel» existierte. Für die moderne Astronomie ist es keine Überraschung, daß man Leben wie das unsrige auf einem Planeten wie der Erde findet. Und während das Fehlen direkter Beobachtungen es vielleicht für immer unmöglich machen wird herauszufinden, auf welche Weise das Leben auf der Erde seinen Anfang nahm, haben wir heute eine klare Vorstellung davon, wie sich Leben von dem ursprünglichen Zustand bis zum heutigen Tag entwickelte. Dieser Prozeß lief innerhalb von 3 Milliarden Jahren ab und umfaßt die Entwicklung des Lebens auf der Erde von einzelligen Organismen bis zum Menschen.

4
Das Leben auf der Erde

Wo kommen wir her? Die Komplexität und Verschiedenartigkeit des heutigen Lebens auf der Erde ist das Ergebnis der natürlichen Prozesse der Vererbung, wie sie bei sich reproduzierenden Systemen auftreten – manche Systeme vermehren sich effizienter, und einige überleben besser als andere. Im Verlauf von 3 Milliarden Jahren hat die natürliche Auswahl zur Diversifizierung der Arten und zur Entstehung vielzelliger Organismen geführt. Einige «alte» biologische Systeme vermehren sich immer noch effektiv in ihren ökologischen Nischen und werden nicht von anderen abgelöst. Parallel zu den «modernen» vielzelligen Organismen wie den Menschen findet man immer noch einzellige Arten, die fast unverändert von den ersten Kolonisatoren der Erde abstammen.

Die Ursache dafür ist, daß nichts den *Willen* zur Evolution besitzt. Der Grundprozeß des Lebens ist die Vermehrung – das Kopieren der vorhandenen Moleküle mit größtmöglicher Genauigkeit. Der Erfolg der Reproduktion auf diesem Niveau zeigt sich im Vorhandensein der «lebenden Fossilien» – der einzelligen Arten, die seit dem Beginn des Lebens auf der Erde fast unverändert geblieben sind. Änderungen treten nur durch Kopierfehler auf, und nur wenige dieser Änderungen sind von Vorteil. Im allgemeinen sind fehlerhafte Kopien der Lebewesen weniger erfolgreich als die Originale und gehen zugrunde, sie dienen vielleicht als chemische Nahrung der erfolgreichen Replikatoren. Ganz selten kann es vorkommen, daß sich durch Zufall eine solche fehlerhafte Kopie als lebensfähiger als ihr Vorgänger herausstellt. Solche geeigneten Mutationen überleben nicht nur, sondern breiten sich in der Umwelt immer weiter aus.

Über viele Millionen Jahre hinweg führte die Anhäufung von solchen seltenen günstigen Kopierfehlern zur Entstehung einer Vielzahl von Arten, von der Fliege bis zum Tannenbaum. Aber dieser Prozeß verläuft willkürlich, und man könnte die einzellige Art, der es gelungen ist, über die Jahrmilliarden unverändert zu bleiben, als erfolgreicher bezeichnen als die Ansammlung bizarrer Fehler, durch die wir alle entstanden sind. In beiden Fällen ist der zugrundeliegende Prozeß das völlig planlose Kopieren, das gelegentliche Auftreten von Fehlern – der Variation des Originalthemas – und der natürliche und genauso planlose Prozeß der Selektion, der «natürlichen Auslese», der erfolgreiche Fehler von schlechten Fehlern trennt. Wann immer dieses Kopieren und diese Auslese ablaufen, kann die Evolution ihr Werk tun. Wie wir später sehen werden, kann dies eine revolutionäre Wandlung in unserer instinktiven Vorstellung von belebten und unbelebten Dingen bedeuten. An dieser Stelle möchte ich den Prozeß der Evolution des Lebens auf der Erde im Detail betrachten.

Um zu verstehen, wie der Vermehrungsprozeß zu den Fehlern führen kann, auf denen die Evolution beruht, müssen wir ein wenig mehr über das Lebensmolekül, die Desoxyribonukleinsäure DNS, erfahren. DNS ist das grundlegende Kopiermaterial für praktisch das ganze irdische Leben. Eine Bakterie, ein Pilz, ein Maiskorn, ein menschliches Wesen, alle sind aufgrund eines detaillierten Planes aufgebaut, der in den DNS-Molekülen ihrer Zellen enthalten ist. Einfache, einzellige Organismen reproduzieren sich, indem sie einfach die ganze DNS der Zelle kopieren und dann die Zelle in zwei Tochterzellen aufspalten, von denen jede eine Kopie des genetischen Materials besitzt. Bei vielzelligen Organismen wie dem Menschen sind die Dinge etwas komplizierter. Die Reproduktion beruht auf speziellen Zellen, die die genetische Information in Form von Kopien der DNS des Elternteils in sich tragen.

Von den einfachsten Organismen abgesehen, sind in allen Zellen die DNS-Moleküle in größeren Einheiten angeordnet, die Chromosomen genannt werden. Jedes Chromosom ist eine Einheit, einem Buch in einer Bibliothek vergleichbar. Spezifische DNS-Bruchstücke innerhalb eines Chromosoms werden als Gene bezeichnet. Sie entsprechen einzelnen Kapiteln des Buches und liefern die genaue Information, beispielsweise darüber, ob ein Individuum blaue oder braune Augen hat, schwarze Haut oder helle.

Jedes DNS-Molekül hat die bekannte Doppelhelix-Struktur: Zwei lange Stränge, die beide aus Kohlenstoffketten aufgebaut sind, sind umeinander gewickelt, und Molekülpaare verbinden eine solche Spirale mit der anderen. Das Ganze ähnelt einer Wendeltreppe, bei der die Molekülpaare die Stufen darstellen. Jeder einzelne DNS-Strang in der Doppelhelix besteht aus vielen Kopien von vier chemischen Bausteinen, Kohlenstoffverbindungen, die wie Kolben von farbigem Mais zusammenhaften. Diese vier Grundbausteine der DNS nennt man Nukleotide, und ihre chemischen Namen sind Adenin, Cytosin, Guanin und Thymin. Selbst in Fachkreisen werden sie mit ihren Anfangsbuchstaben abgekürzt: A, C, G und T. Man kann sie sich als verschiedenfarbige Perlen vorstellen, die zusammengehalten werden, um verschiedene Muster in einer sehr langen Halskette zu erzeugen, oder als vier verschiedene Buchstaben, die verschiedene Wörter in einem sehr einfachen Alphabet darstellen. Die vier chemischen Bausteine treten in unterschiedlichen Genen und Chromosomen in verschiedener Anordnung auf, so, als ob der Bau- und Instandhaltungsplan des gesamten Organismus mittels eines vierbuchstabigen Alphabets niedergeschrieben wäre.

Dieses vierbuchstabige Alphabet liefert die Grundlage der gemeinsamen DNS-Sprache aller auf der Erde lebenden Organismen. Sie alle verwenden dieses Alphabet und die Sprache der DNS, ein überzeugender Hinweis darauf, daß wir alle von einem einzigen, besonders erfolgreichen Urahn abstammen, gleichgültig, ob dieser in einem Kometen, in Haldanes Ursuppe oder in Darwins warmem Tümpel entstand. Die chemischen Prozesse, die das Wachstum und das Wohlbefinden einer Rübe regeln (Prozesse, die den DNS-Code in den Rüben-Chromosomen lesen und auf die Instruktionen, die er enthält, reagieren), könnten im Grunde genommen genausogut die Information in unseren eigenen Genen lesen, wenn diese Gene auf die richtige Weise in die Zellen einer Rübe eingebaut würden. Dies ist die Grundlage der neuen, sehr erfolgreichen gentechnischen Versuche, bei denen die Gene von einer Art auf die andere übertragen werden. Man kann jetzt beispielsweise eine Krankheit wie Diabetes behandeln, indem man genetisches menschliches Material in die Gene von Tieren einbaut, so daß die Tiere das menschliche Insulin produzieren, das die Diabetiker für ihr Wohlergehen benötigen.

Man könnte annehmen, daß die Verwendung eines nur vierbuchstabigen Alphabets eine ziemliche Einschränkung darstellt, um all die Instruktionen niederzuschreiben, die nötig sind, einen menschlichen

Köper am Leben zu erhalten, geschweige denn, einen solchen Körper aus einer einzigen Zelle aufzubauen. Wir sollten uns aber erinnern, daß Computer auf der noch einfacheren Sprache der binären Arithmetik aufgebaut sind, einer Sprache, die nur zwei Zeichen hat. Eine andere solche Sprache, das Morse-Alphabet, ist genauso einfach. Alles, was in irgendeiner menschlichen Sprache geschrieben ist, kann im Prinzip im Morse-Alphabet ausgedrückt werden, Shakespeare, der Koran, die Lieder von Lennon und McCartney. Und wir alle wissen, wie gut Computer Informationen speichern und verarbeiten können, obwohl sie auch nur auf einem zweibuchstabigen Alphabet beruhen, einer Sprache, bei der die einzigen Antworten auf eine Frage «ja» oder «nein» sein können, realisiert durch Schalter, die entweder «ein-» oder «aus»-geschaltet sind.

Wieviel Information enthält eine einzige menschliche Zelle, die in den DNS-Molekülen in einem vierbuchstabigen Alphabet niederge-schrieben ist? Wenn der genetische Code eines Chromosoms ein binä-rer Code wäre, würde die Zahl der Informations«bits», der Ja-oder-nein-Antworten, genau das zweifache der Zahl der Nukleotidenpaare sein, die sich entlang der Wendeltreppenstruktur befinden. Bei Ver-wendung eines vierbuchstabigen Alphabets ist die Zahl der Informa-tionsbits das vierfache der Zahl der Nukleotidenpaare. Ein einzelnes Chromosom kann bis zu 5 Milliarden Nukleotidenpaare enthalten, und jede menschliche Zelle enthält 46 Chromosomen (in jeder Zelle diesel-ben 46 Chromosomen, abgesehen von den Zellen, die für die Repro-duktion benutzt werden). Wieviel Information, gemessen in mit latei-nischen Buchstaben geschriebenen Büchern, stellen die 20 Milliarden Bits eines einzelnen Chromosoms dar?

Der einfachste Weg, dies herauszufinden, besteht darin, sich eine Art Ratespiel vorzustellen, bei dem man ein bestimmtes Zeichen herausfinden muß, das entweder einer der 26 Buchstaben des latei-nischen Alphabets oder eine der Zahlen von 0 bis 9 ist. Man stellt eine Zahl von Fragen, auf die man nur die Antwort «ja» oder «nein» bekommt. Wenn wir die Antwort «ja» mit einer 0 und die Antwort «nein» mit einer 1 darstellen, arbeiten wir in der binären Sprache der Computer.

Nehmen wir an, das zu erratende Zeichen sei das J. Die Folge der Fragen und Antworten ist wie folgt:

1. Ist das Zeichen ein Buchstabe? Ja – 0.
2. Befindet es sich in der ersten Hälfte des Alphabets? Ja – 0.
3. Ist es einer der ersten sieben Buchstaben? Nein – 1.
4. Ist es einer der ersten drei der übrigbleibenden Buchstaben (H, I, J, K, L, M)? Ja – 0.
5. Ist es von den übrigbleibenden Buchstaben das H? Nein – 1.
6. Ist es das I? Nein – 1.

Nach sechs Fragen und Antworten wissen wir also, daß es nur der Buchstabe J sein kann. Im binären Code können wir nun den Buchstaben J als die Zeichenkette 001011 darstellen. Sechs «Bit» Information genügt, um einen Buchstaben des Alphabets darzustellen. Das bedeutet, daß die 20 Milliarden Bits in einem Chromosom, die Kette der DNS-Nukleotide in einem Chromosom, soviel Information enthalten wie 3 Milliarden Buchstaben des Alphabets. Drucker wissen, daß es in einem Buch wie dem vorliegenden etwa 6 Buchstaben pro Wort gibt. Das bedeutet, daß ein Chromosom das Äquivalent von 500 Millionen Wörtern enthält, das entspricht 5000 Büchern, von denen ein jedes 400 Seiten mit 300 Wörtern pro Seite besitzt.

Es ist also sinnvoller, sich ein einzelnes Chromosom als eine Bibliothek und nicht als ein einzelnes Buch vorzustellen. 46 Chromosomenbibliotheken sind nötig, um den Bau und die Wartung eines menschlichen Körpers zu beschreiben. Einzellige Bakterien brauchen weniger Information abzuspeichern und haben kleinere DNS-Bibliotheken. Wenn sie sich vermehren, ist die Wahrscheinlichkeit eines Kopierfehlers geringer, und sie entwickeln sich langsamer. Je mehr DNS in den Zellen vorhanden ist, desto größer ist die Wahrscheinlichkeit eines Kopierfehlers bei der Vermehrung. Die Evolution beruht wie bemerkt auf solchen Kopierfehlern, und als Lebewesen mit langen DNS-Chromosomen auf der Erde erschienen, beschleunigte sich die Evolution.

Was ist Evolution? Charles Darwin begann darüber nachzudenken, während er 1838 die berühmte Abhandlung *Ein Versuch über das Bevölkerungs-Gesetz* von Thomas Malthus las, die 1798 zum ersten Mal im Druck erschienen war. Malthus wies darauf hin, daß sich die Bevölkerung von Tieren (und auch Menschen), die Junge aufziehen, im Prinzip in einer sogenannten geometrischen oder exponentiellen Folge reproduzieren könnte: die Bevölkerung verdoppelt sich in gleichmäßigen

Zeitabständen. Nehmen wir an, daß jedes Elternpaar 4 Kinder hätte, die alle überleben und ebenfalls Kinder in die Welt setzen. Diese vier Kinder würden dem ursprünglichen Paar 8 Enkel schenken, diese 16 Urenkel und so fort. Betrachten wir eines der am längsten aufziehenden Tiere, das heute auf der Erde lebt, den Elefanten. In nur 750 Jahren müßten von einem einzigen Paar 19 Millionen Nachkommen existieren. Bevor der Mensch das für Jahrtausende herrschende Gleichgewicht störte, blieb die Zahl der Elefanten von Jahrhundert zu Jahrhundert jedoch dieselbe. Im Durchschnitt hat jedes vor 750 Jahren lebende Elefantenpaar bis zu Darwins Tagen nur ein Paar an Nachkommen hinterlassen. Was ist der Grund dafür?

Der Grund liegt sicher darin, daß sehr viele Glieder einer Bevölkerung sterben, ohne sich fortzupflanzen. Im natürlichen Zustand ist das Überleben und die Vermehrung die Ausnahme, nicht die Regel. Darwin machte sich Gedanken darüber, warum bestimmte Individuen (die Minderheit) überleben und sich fortpflanzen – was unterschied sie von ihren erfolglosen Verwandten? Er erkannte, daß die überlebenden Individuen diejenigen sind, die am besten ihrer Umgebung angepaßt sind (dies ist der Ursprung des berühmten Satzes vom «Überleben des Stärkeren»). Diejenigen, die nicht so gut angepaßt sind, verlieren beim Wettbewerb um Nahrung, um einen Partner, um eine Wohnstatt – oder sie werden einfach von Raubtieren gefressen.

Der Schlüssel zu Darwins Evolutionstheorie durch natürliche Auslese liegt darin, daß es in jeder Generation eine große Zahl von Individuen gibt, wobei all diese Individuen Unterschiede in ihren Eigenschaften besitzen (anders ausgedrückt, Unterschiede in ihrem Talent zu überleben), die sie mehr oder weniger ihrer Umgebung angepaßt machen. Die Individuen, die am besten der Umgebung angepaßt sind, pflanzen sich besser fort und geben diejenigen Eigenschaften ihren Nachkommen mit, die sie erfolgreich gemacht haben. Der springende Punkt bei dieser Theorie ist jedoch der Kopierprozeß, durch den die Individuen den Nachkommen ihre Eigenschaften vererben. Er ist etwas fehlerhaft, so daß die Nachkommen nie exakte Kopien ihrer Eltern sind. Das ermöglicht das Auftreten neuer Eigenschaften in einer Bevölkerung, und diese können sich ausbreiten, wenn sie erfolgreich sind (in dem Sinne, daß sie die Individuen überlebensfähiger machen und diese sich erfolgreich vermehren können). Wenn sie sich als schädlich erweisen, werden solche Eigenschaften aber rigoros durch natürliche Auslese aus der Bevölkerung eliminiert – einfach deshalb, weil sie ein Hindernis beim Überleben und bei der Vermehrung sind.

Über all diese Dinge besteht heute kein Zweifel mehr. Von Zeit zu Zeit diskutieren die Biologen über Einzelheiten, wie die Auswahl funktioniert, und die Geschwindigkeit, mit der Änderungen auftreten können. Aber die Grundlagen unseres Verständnisses der Evolution durch natürliche Auslese sind die gleichen, wie sie von Darwin im 19. Jahrhundert formuliert wurden. Darwin hatte natürlich noch keine Vorstellung davon, wie Eigenschaften kopiert und von den Eltern auf die Kinder übertragen werden. An dieser Stelle kommt die DNS ins Spiel.

Ein lebender Organismus, ein menschliches Wesen ist nach dem DNS-Rezept aufgebaut, wie es in den 46 Bibliotheken einer Zelle niedergeschrieben ist. Bei Menschen und anderen Lebensformen, die sich geschlechtlich vermehren, wird die Urzelle durch das Verschmelzen zweier Zellen der Eltern gebildet. Jede dieser Elternzellen wurde durch eine spezielle Art der Zellteilung erzeugt, die man Meiose nennt, jede enthält nur 23 Bibliotheken des Rezepts, und dies ist der Grund, warum Kinder Eigenschaften von beiden Eltern erben. Die 46 Bibliotheken bestehen tatsächlich aus 23 Paaren von Bibliotheken, die austauschbar, aber nicht identisch sind. Nur ein Gen in jedem Paar gekoppelter Chromosomen wird vom Körper verwendet (beispielsweise, um die Augenfarbe festzulegen). Wie wir sehen werden, ist dies für die Evolution von großer Bedeutung. Wenn sich jedoch eine befruchtete einzelne menschliche Zelle zu entwickeln beginnt, wird das Originalrezept bei jeder Zellteilung getreulich kopiert, so daß jede der 10^{15} Zellen (eine 1 mit 15 Nullen) im menschlichen Körper eine perfekte Kopie des Rezepts enthält, das zur Herstellung des ganzen Körpers verwendet wird.

Die Zelle stellt die grundlegende Lebensform auf der Erde dar, für Menschen wie für Bakterien. Wir wissen nicht, wie sich die ersten reproduzierenden Strukturen entwickelten, oder wie sie dazu kamen, Zellen zu «erfinden». Aber wir wissen, daß es vor mehr als 3 Milliarden Jahren lebende Zellen auf der Erde gab, und wir können zumindest in groben Zügen erklären, wie sich ihre Nachfahren bis zum heutigen Tag entwickelten. Die Auswahl der Zellen von einer Generation zur nächsten hing davon ab, wie gut sie ihre Umgebung zu ihrer Zeit ausnutzen konnten. Dies steckt hinter Darwins Konzept des «Überlebens des Stärkeren» – es ist nicht im Sinne der körperlich Stärksten gemeint. Es hat mehr mit der Art und Weise zu tun, wie gut die Teile eines Puzzlespiels zusammenpassen. Zellen (oder komplexere Strukturen), die sich optimal ihrer Umgebung anpassen, werden sich besser vermehren als ihre Mitbewerber, die nicht so gut in die Umgebung passen.

Die heutigen Lebewesen – uns eingeschlossen – sind die Nachfahren einer langen Kette von Wesen, die sich erfolgreich fortpflanzten. Den Ausdruck «Auslese» oder «Zuchtwahl», den Darwin benutzte, übernahm er von den Tierzüchtern, die künstlich bestimmte Tiere zu Brutzwecken aussuchten, und kontrastierte ihr Tun mit dem Attribut «natürlich». Die «natürliche Auslese» läuft auf der Stufe der DNS selbst ab. Die im Sinne der Evolution erfolgreichsten Individuen sind diejenigen, die erfolgreich Kopien ihrer Chromosomen-DNS an die nächste Generation weitergeben. Die DNS ist nicht am Wohlergehen des Körpers oder der Zelle, die sie bewohnt, interessiert, sie betrachtet Körper und Zelle allerdings als ein Mittel, diese bestimmte DNS weiter zu verbreiten.

Es lohnt sich, genauer zu betrachten, wie durch die Evolution die Artenvielfalt auf der Erde entstanden ist, denn zum einen interessieren wir uns alle für unseren Ursprung, und zum anderen wollen wir sie als Beispiel dafür untersuchen, wie dieser sehr einfache Prozeß der Darwinschen Evolution abläuft. Wir brauchen also einen fehlerhaften Kopierprozeß, um eine Vielfalt zu erzeugen, und irgendeine Form von Wettbewerb, um eine Auswahl unter den Varianten eines Themas zu treffen. Das beste Beispiel ist natürlich die Entwicklung des Lebens auf der Erde. Wir werden sehen, daß dieses Beispiel noch zusätzliche Aspekte liefert.

Nach dem Auftreten der ersten sich reproduzierenden Struktur war die größte Erfindung des Lebens die Zelle, ein sicheres Heim, das die reproduzierenden Moleküle von ihrer Umgebung abschirmt. Das Leben auf der Erde kann in zwei Arten geteilt werden, die auf zwei verschiedenen Zellsorten beruhen. Der Unterschied zwischen den beiden Sorten ist der entscheidendste Unterschied – entscheidender als beispielsweise die Unterscheidung zwischen Tieren und Pflanzen. Tiere und Pflanzen sind aus den gleichen Zellsorten aufgebaut, den eukaryontischen Zellen. Der Name stammt aus dem Griechischen und bedeutet «wahrer Kern», womit die wichtigste Eigenschaft der eukaryontischen Zellen beschrieben ist: Sie besitzen einen Zellkern, der die Chromosomen-DNS enthält. Wir sind aus solchen Zellen aufgebaut.

Die meisten Zellen sind klein (vielleicht ein zehntel oder ein hundertstel Millimeter im Durchmesser), obwohl Eizellen ziemlich groß sein können. Der Dotter eines Hühnereis ist beispielsweise eine einzelne Zelle. Obwohl Zellen in einem komplexen Organismus wie dem menschlichen Körper verschiedene Aufgaben zu erfüllen haben, besitzen sie doch alle gemeinsame Eigenschaften. Die wichtigste ist die die Zelle umgebende Membran, der Schutzschild gegen die Außenwelt. Obwohl die Membran nur wenige zehnmillionstel Millimeter dick ist, kontrolliert sie das Innenleben der Zelle, indem sie bestimmte Moleküle von außen nach innen passieren läßt (Nahrung) und andere Moleküle von innen nach außen (Ausscheidungsprodukte). Die Membran wählt die Moleküle, die sie passieren läßt, aus, indem sie sie an ihrer Größe und Form erkennt, so daß chemische Botschaften vom Rest des Körpers in die Zelle und aus der Zelle heraus in den Körper gelangen können. Im Innern der Zelle schwimmen in einer wäßrigen Flüssigkeit, dem Zytoplasma, verschiedene spezialisierte Strukturen, die Organellen, die die chemischen Prozesse kontrollieren, aufgrund derer die Nahrung in Energie umgewandelt wird, Mitteilungen weitergereicht werden und so weiter.

Der Kern ist die Kontrollzentrale all dieser Aktivitäten, sozusagen das Gehirn der Zelle. Vor allen anderen Dingen aber ist er der Informationsspeicher, die vielfache Bibliothek, die Informationen nicht nur über die Arbeit der Zelle enthält, sondern über den ganzen Körper, in dem sich die Zelle befindet, und über den Platz der Zelle in diesem größeren System.

Unter den Organellen gibt es die Mitochondrien, die Nahrungsmoleküle in Energie verwandeln. Die Ribosomen wiederum sind für den Bau neuer Proteinmoleküle aus den zur Verfügung stehenden Rohmaterialien verantwortlich. Im Gegensatz zu Tierzellen besitzen Pflanzenzellen auch als Chloroplaste bezeichnete Strukturen, die Chlorophyll enthalten. Durch die Photosynthese erzeugen sie aus dem Sonnenlicht Energie. Kein Tier kann direkt Energie aus dem Sonnenlicht gewinnen, und alle Tiere sind deshalb von Pflanzen als Nahrung abhängig (oder von anderen Tieren, die Pflanzenfresser sind). Ansonsten sind jedoch

Tier- und Pflanzenzellen sehr ähnlich – viel ähnlicher als die Zellen, die man als Prokaryonten bezeichnet (griechisch: «vor dem Kern»).

Unter den Lebensformen der Erde bilden die prokaryontischen Zellen nur zwei Familien: die Bakterien und eine andere einzellige Lebensform, die man manchmal als «blau-grüne Algen» bezeichnet. Sie sind jedoch vor allem unter dem Namen Zyanbakterien bekannt. Wie die Pflanzen erzeugen die Zyanbakterien als Nebenprodukt der Photosynthese Sauerstoff, und dies hat eine wichtige Rolle in der Erdgeschichte gespielt. Sowohl Zyanbakterien als auch Bakterien sind einzellige Lebewesen, die sich durch Spaltung vermehren. Ihre Zellen haben keine organisierten Kerne, sondern nur ein paar Stränge DNS (in den einfachsten Zellen nur einen einzigen).

Es ist offenkundig, warum die Biologen die Prokaryonten als Vorstufe der Eukaryonten klassifizieren, denn diese viel einfachere Form einer Zelle ähnelt viel eher den Formen, die sich vermutlich in einer chemischen Ursuppe entwickelten. In dieser hatten sich reproduzierende Moleküle (DNS) gebildet, die aber anfänglich keinen Schutz vor den in ihrer Umgebung zufällig ablaufenden chemischen Prozessen besaßen. Sehr wahrscheinlich sind die Mitochondrien und Chloroplaste Abkömmlinge einst freilebender Einzelorganismen; Lynn Margulis von der Universität Boston ist wohl die stärkste Verfechterin der Ansicht, daß die modernen eukaryontischen Zellen sich aus einer Kombination prokaryontischer Zellen entwickelten, die lernten, zum gemeinsamen Vorteil zusammenzuleben. Sowohl Mitochondrien wie Chloroplaste enthalten Fragmente von DNS, die der DNS prokaryontischer Zellen ähnelt, und die Vorstellung, daß sich eukaryontische Zellen aus einer Verbindung prokaryontischer Organismen entwickelten, erscheint sehr plausibel und ähnelt der Art und Weise, wie viele Millionen Zellen sich zusammenschließen (oder «zusammenwachsen»), um durch ihre Gemeinschaft ein Tier oder eine Pflanze zu bilden. Es scheint, daß frühere Lebensformen gelernt haben, zusammenzuarbeiten, um Zellen zu bilden, während Zellen zusammenarbeiten, um größere Organismen aufzubauen. In einigen interessanten Beispielen (wie bei den Bienen) haben Einzelwesen sogar «gelernt», in der nächsthöheren Stufe zusammenzuarbeiten – all dies zum Wohlergehen der wenigen Stränge von DNS in ihren Zellen. Selbst das ist möglicherweise nicht das Ende der Geschichte. Das Leben kann in der Tat sehr komplexe Formen annehmen, wenn man die unterschiedlichen Nischen, die zum Leben geeignet sind, und die lange Zeit, die zum Wirken der Evolution durch natürliche Auslese verfügbar war, betrachtet.

Die früheste direkte Evidenz für Leben auf der Erde stammt aus Spuren von Umrissen weicher Lebewesen, Kolonien von Bakterien und Zyanbakterien, die man in mehr als 3 Milliarden altem Gestein gefunden hat. Es gibt sehr wenig fossile Funde in Felsen, die älter als 600 Millionen Jahre sind, und für alle praktischen Zwecke beginnt erst nach dieser Zeit der geologische Kalender mit der plötzlichen Verbreitung einer Vielzahl komplexer Lebensformen, wie sie durch fossile Überreste erkannt werden können. Die erste und bedeutsamste Trennlinie im geologischen Kalender liegt beim Beginn des Kambriums. In der Geologie wird alles, was auf der Erde vor dem Kambrium geschah, als Präkambrium bezeichnet. Dieses Zeitalter erstreckt sich über die ersten 4 Milliarden Jahre (oder 90 Prozent) der Erdgeschichte. Verglichen mit unserem detaillierten Wissen über die letzten 500 oder 600 Millionen Jahre ist sehr wenig über das Präkambrium bekannt.

In diesem langen Zeitraum setzte sich das Leben auf der Erde fest, und durch die Evolution entwickelte sich das Leben zu der heute weitverzweigten Artenvielfalt. Die Geologen identifizieren die Trennlinie zwischen den Erdzeitaltern des Präkambriums und des Kambriums durch das (geologisch gesprochen) plötzliche Auftreten von fossilen Lebensspuren in kambrischen Felsen. Ansonsten unterscheiden sich die Felsen in keiner Weise von Felsen aus der unmittelbar vorhergehenden präkambrischen Epoche: Das *Leben* definiert diese Trennlinie. Und der Grund für die Vielfalt der Fossilien im Kambrium und den darauffolgenden Epochen ist, daß in diesen späteren Zeiten die Lebewesen leicht in Fossilien zu verwandelnde und leicht zu erkennende Eigenschaften, wie Muschelschalen, ausbildeten.

Vor dem Kambrium gab es eine große Vielfalt von Leben, es waren jedoch weiche, einzellige Lebewesen, die nur mikroskopische fossile Überreste zurückließen. Diese «einfachen» Lebensformen hatten einen genauso dramatischen Einfluß auf die Erdentwicklung wie die folgenden. Sie wandelten die Atmosphäre aus einer Mischung vulkanischer Gase mit einem hohen Prozentsatz von Kohlendioxid in die heutige sauerstoffreiche Gasmischung um. Wie wir sehen werden, bildet diese einen Schutzschild, der die Entwicklung von Leben auf dem Land gestattete, und außerdem stellt Sauerstoff eine wesentliche Voraussetzung für tierisches Leben dar. All dies erforderte Zeit, und aus diesem Grunde verzweigte und verbreitete sich das Leben erst, nachdem im Präkambrium die entsprechenden Bedingungen dafür geschaffen worden waren. Man hat mittlerweile fossile Überreste von Quallen, Würmern und Schwämmen in Felsen entdeckt, die etwa 100 Millionen Jahre vor dem Ende des Präkambriums entstanden, doch in früheren Zeiten, vor mehr als 700 Millionen Jahren, beherrschten die einzelligen Lebensformen die Erde.

Die Überreste von Mikrofossilen zeigen deutlich, daß zuerst die Prokaryonten entstanden und daß die größeren Zellen der Eukaryonten später auftauchten. Aber die unterschiedlichen Fähigkeiten der beiden Zellarten zeigen schon an, daß dies so hat sein müssen, da fast alle Eukaryonten Sauerstoff zum Leben brauchen (selbst die wenigen Eukaryonten, die keinen Sauerstoff brauchen, scheinen sich aus Vorfahren entwickelt zu haben, die ohne ihn nicht leben können). Bei Prokaryonten der verschiedenen Arten ist dies jedoch völlig unterschiedlich: Einige Bakterien können sich nicht vermehren, wenn die geringste Spur Sauerstoff vorhanden ist; andere können Sauerstoff ertragen, brauchen ihn aber nicht. Es gibt Prokaryonten, die zwar keinen Sauerstoff brauchen, sich aber besser vermehren, wenn ein wenig davon vorhanden ist (weniger als die heutige atmosphärische Sauerstoffkonzentration), und einige können ohne Sauerstoff gar nicht existieren. Genau dieses Muster würde man erwarten, wenn sich Prokaryonten zu einer Zeit, als sich der Sauerstoff langsam in der Atmosphäre aufbaute, in verschiedene einzellige Sorten aufgespalten haben. Das Fehlen einer solchen Vielfalt im Sauerstoffbedarf der Eukaryonten sagt uns, daß diese sich erst entwickelten, als die Sauerstoffkonzentration in der Atmosphäre dem heutigen Wert nahekam. Dies alles zeigt uns, daß die Prokaryonten wirklich eine Vorstufe der Eukaryonten sind und die ersten identifizierbaren Lebensformen auf der Erde darstellen.

Ein fundamentaler Zellprozeß kann in Eukaryonten nicht ohne Sauerstoff ablaufen: Eine eukaryontische Zelle kann sich ohne Spuren von Sauerstoff weder teilen noch kopieren. Eukaryonten haben sich also auf der frühen Erde nicht entwickeln können, dies war erst möglich, als die Atmosphäre umgewandelt worden war. Wie und wann ist das geschehen?

Durch die Untersuchung von Eukaryonten-Fossilien im Präkambrium erhalten wir eine Vorstellung davon, wann sich Sauerstoff in der Erdatmosphäre bildete. Einige fossile Filamente, die neuzeitlichen Pilzen oder Grünalgen ähneln, sind in sibirischem Gestein gefunden worden, das ein Alter von etwa 725 Millionen Jahren aufweist. Das Alter eukaryontischer Mikrofossilien vom Ostrand des Grand Canyon wurde auf etwa 800 Milliarden datiert, wie auch das von fossilen australischen Algen. Vor 800 Millionen Jahren gab es also schon sauerstoffatmendes, eukaryontisches Leben.

In Gestein, das 1,5 Milliarden Jahre alt ist, gibt es Hinweise auf das Vorhandensein von wahrscheinlich eukaryontischen Zellen. Diese Fossilien sind zum Teil so gut erhalten, daß man das Vorhandensein von Organellen in den Zellen vermuten kann. Obwohl viele noch ältere Mikrofossilien entdeckt worden sind, kann keine von ihnen unzweideutig als eukaryontisch identifiziert werden. Vor 1,5 Milliarden Jahren trat ein entscheidender Bruch in den mikrofossilen Funden auf, der genauso wichtig ist wie die Unterscheidung der Erdzeitalter, die man anhand der makrofossilen Funde vornimmt.

In dem Zeitraum zwischen 3 und 1,5 Milliarden Jahren vor unserer Zeit beherrschten die Prokaryonten die Erde. Dann erst traten die Eukaryonten auf, denen all die Arten nachfolgten, die auf einem Planeten mit sauerstoffreicher Atmosphäre leben können. Die biologischen Prozesse, die zur Bildung von Sauerstoff führten und die ihn heute noch wiederaufbereiten, müssen zwischen 3 und 1,5 Milliarden Jahren vor unserer Zeit eingesetzt haben. Sogenannte primitive Lebensformen (die die letzten 3 Milliarden Jahre gut überstanden haben und deshalb gut angepaßt sein müssen) findet man heute noch auf der Erde. Sie machen die gleiche Arbeit wie ihre (und unsere) Ahnen zu einer Zeit, als es noch keinen freien Sauerstoff gab und sie die Energie durch Photosynthese aus dem Sonnenlicht gewinnen mußten.

In der ersten Stufe der Photosynthese wird die Strahlungsenergie von Molekülen aufgefangen, die bei einer bestimmten Wellenlänge empfindlich sind. Dies ist genau der Gegensatz zu dem Vorgang, bei dem ein Molekül Strahlung bei einer bestimmten Wellenlänge aussendet und eine helle Linie im elektromagnetischen Spektrum erzeugt, wenn ihm diese Energie zur Verfügung steht. Die absorbierte Sonnenenergie wird benutzt, eine Reihe chemischer Reaktionen ablaufen zu lassen, die dem betreffenden Organismus nützen. Ohne Photosynthese würde es uns nicht nur an grünen Pflanzen mangeln – es gäbe auch keine Tiere, denn Tiere können Sonnenlicht nicht in eine Energieform umwandeln, die vom Organismus aufgenommen werden kann. Wir sind also bei unserer Nahrung völlig von Pflanzen abhängig, sei es, daß wir Pflanzen direkt essen, oder daß wir Tiere essen, die von Pflanzen leben.

Warum sind die Pflanzen grün? Die Farbe hängt davon ab, welche Wellenlängen des Sonnenlichts absorbiert werden. Die grüne Farbe stellt die Überschußstrahlung dar, die nicht absorbiert, sondern als sichtbares Licht reflektiert wird. Grünpflanzen verwenden Chlorophyllmoleküle zur Energieabsorption, die Licht im roten und blau-violetten Teil des Spektrums verwenden und das gelbe und grüne Licht reflektieren. Dies ist merkwürdig, da die Sonne den größten Teil ihrer Strahlung im gelb-grünen Teil des Spektrums ausstrahlt. In der Photosynthese gibt es viel effektivere Verbindungen als das Chlorophyll. Es gibt in der Tat einige Pflanzen, die andere Pigmente verwenden, so daß sie das rote Licht reflektieren und das energiereichere gelb-grüne Licht absorbieren und deshalb rot aussehen. Wir wissen aber, daß sich diese Pflanzen aus anderen entwickelten, die Chlorophyll zur Photosynthese verwendeten, weil die heutigen dies auch noch tun: Die von den «neuen» Pigmenten absorbierte Energie wird zuerst an die Chlorophyllmoleküle weitergegeben – dies ist ein absolut unnötiger Schritt – und dann wird sie wie üblich weitergeleitet.

Daraus ergibt sich zweierlei – eine Tatsache und eine Spekulation. Zum einen ist solch ein Muster, in dem eine spätere Entwicklungsanpassung auf ein schon existierendes System aufgesetzt wird, typisch für das Fortschreiten der Evolution. Auf einer höheren Stufe wurden bei den Tieren die Organe, die bei ihren fischartigen Ahnen Flossen waren, zu Armen und Beinen – die Landtiere verloren also nicht ihre Flossen und «erfanden» anschließend Arme und Beine.

Dieses Entwicklungsmuster tritt besonders beim Studium von Föten deutlich hervor. Es zeigt sich, daß jedes sich im Mutterleib entwickelnde menschliche Wesen Stadien durchläuft, in denen es sehr einem Fisch, einem Reptil und einem nicht-affenähnlichen Säugetier ähnelt, bevor es eindeutig menschliche Züge annimmt. Die Wiederholung all dieser Stufen ergibt sich aus der Tatsache, daß wir von Ahnen all dieser Arten abstammen, von denen sich ein jeder aus einem Ei entwickelte. Jede Änderung beruht auf der Hinzufügung eines neuen Teilprozesses in der Entwicklung des Eies. In jeder Stufe ist genug Raum für eine Änderung im DNS-Code, um ein vom Vorgänger etwas verschiedenes «Modell» zu erzeugen – so wie ein Auto des Modelljahres 1995 sich vom 1994er Modell ein wenig unterscheidet. Aber das komplexe Netz der Wechselwirkungen, das einen Organismus am Leben erhält, würde zusammenbrechen, wenn grundlegende Änderungen ausgeführt würden wie im Falle des Autos, bei dem eine Dampfmaschine anstelle des Benzinmotors eingesetzt würde.

Die zweite und spekulativere Erklärung der Ursache, warum sich irdische Pflanzen scheinbar einer Lichtsorte angepaßt haben, die sich vom Sonnenlicht unterscheidet, mag darin liegen, daß die Photosynthese nicht auf der Erde erfunden wurde. Wenn Hoyle und Wickramasinghe recht haben, können sich im Weltraum sogar photosynthetische Zellen entwickelt haben, bevor das Leben die Erde erreichte. Vielleicht ist Chlorophyll unter Weltraumbedingungen ein viel geeigneteres Pigment für die effektive Absorption von Licht. Hoyle und Wickramasinghe haben darauf hingewiesen, daß die chemischen Ringmoleküle, die die Grundlage des Chlorophyllmoleküls darstellen (jeder Ring enthält ein Stickstoffatom und vier Sauerstoffatome, C_4N), Mitglieder der Porphyrin-Familie sind. Die Eigenschaften dieser chemischen Familie können eine spezielle Struktur der Lichtabsorption im interstellaren Raum genau erklären, eine «Linie» bei einer Wellenlänge von 443 nm. Diese Linie kann nämlich direkt durch Lichtabsorption durch diese Ringe erzeugt werden. Es gibt andere Erklärungen für die interstellare Linie, doch Hoyle und Wickramasinghe schlagen vor (in ihrem Buch *Lifecloud*), daß die Grundbausteine des Chlorophylls sehr wohl aus dem Weltraum zur Erde gelangt sein könnten.

Wenn sie damit recht haben, gäbe es einen guten Grund, warum das Leben auf der Erde mit der auf der Grundlage des Chlorophylls ablaufenden Photosynthese begann und nicht mit irgendeiner anderen Verbindung. Als das Chlorophyll einmal mit der Photosynthese angefangen hatte, konnten andere Bewerber nicht mehr zum Zuge kommen, weil alles organische Material in lebenden Zellen eingeschlossen wurde. Eine Verbesserung – wie die Hinzufügung eines roten Pigments – konnte erst viel später auftreten.

Zurück zum Anfang der Geschichte des Lebens auf der Erde! Die ersten photosynthetischen Zellen unterscheiden sich in einem wichtigen Punkt von den meisten heutigen Zellen. Sie gaben den Sauerstoff nicht als Abfallprodukt der Photosynthese in die Umwelt ab, sondern verpackten ihn mit anderen Molekülen zu einer nicht chemisch reagierenden Verbindung, bevor er als Abfall von der Zelle ausgesondert wurde. Für diese ersten lebenden Zellen war der Sauerstoff ein Gift, das so heftig und schnell mit organischen Verbindungen reagierte, daß er den Lebenskreislauf einer Zelle, die ihn in reiner Form abgegeben hätte, völlig zerstört hätte.

Als die ersten Zellen auftauchten, die gelernt hatten, mit freiem Sauerstoff zu leben, hatten sie einen riesigen Vorteil gegenüber anderen Lebensformen. Sie mußten nicht länger viel Energie verbrauchen, um den Sauerstoffabfall zu verpacken. Ein weiterer Vorteil war, daß der von ihnen abgegebene Sauerstoff andere Zellen in ihrer Nachbarschaft schädigte, die noch nicht gelernt hatten, mit ihm zu leben. Als die Sauerstofferzeuger auftraten, müssen sie sich sehr rasch in den Ozeanen der Erde ausgebreitet haben. Verschiedene Befunde zeigen, daß der entscheidende Übergang von einer sauerstofffreien Atmosphäre zu einer Atmosphäre, die mindestens ein Prozent Sauerstoff enthielt, vor etwa 2 Milliarden Jahren in einem Zeitraum von wenigen hundert Millionen Jahren eintrat.

Der wichtigste Befund stammt aus den weitverbreiteten, überall auf der Erde zu findenden Ablagerungen von Eisenoxiden. Man bezeichnet sie als gebänderte Eisenformationen (abgekürzt BIFs), und alle sind zwischen 1,8 und 2,2 Milliarden Jahre alt. Eisen kann mit Sauerstoff verschiedene Verbindungen eingehen, von denen nicht alle in Wasser löslich sind. Wenn nur wenig Sauerstoff vorhanden ist, bildet Eisen ein chemisch zweiwertiges, lösliches Oxid, wenn mehr Sauerstoff vorhanden ist, bildet es ein dreiwertiges, unlösliches Eisenoxid (Fe_2O_3). Die Erklärung für die Ablagerung der BIFs ist, daß in den Urozeanen der Erde ohne die Anwesenheit von freiem Sauerstoff zweiwertiges Eisen gelöst war. Als der Sauerstoff auf der Erde auftrat, setzte er eine wohlbekannte Reaktion in Gang, nämlich das Rosten. Bei dieser Reaktion wurde all das gelöste zweiwertige Eisen in unlösliches Eisenoxid

(Fe_2O_3) umgewandelt, das sich in dicken Schichten auf dem Ozeanboden ablagerte. Als freier Sauerstoff auf der Erde auftrat, fing alles Eisen an zu rosten. Um dies in einer kurzen Zeit zu bewerkstelligen, mußte ein ständiger Nachschub von Sauerstoff aus irgendeiner neuen Quelle vorhanden gewesen sein. Nur die Sauerstoff freisetzende Photosynthese kann die Folge der Ereignisse erklären.

Die Konzentration von Sauerstoff in der Atmosphäre konnte erst beginnen, als die BIFs sich abgelagert hatten, denn solange nicht alles Eisen gerostet war, wurde der Sauerstoff so schnell im Rost gebunden, wie er freigesetzt wurde. Dies ist das Ende unserer Geschichte des Präkambriums und des bisher erkannten Einflusses des präkambrischen Lebens auf unseren Planeten. Die ersten photosynthetischen Organismen, die anaerobischen Prokaryonten, traten vor 3 Milliarden Jahren auf. Die vor etwa 2 Milliarden Jahren erfolgte Erfindung der aerobischen Photosynthese gab den aerobischen Organismen einen Vorteil und löschte fast die gesamten früheren Lebensformen aus, ließ alle Ozeane «rosten» und begann dann, die Atmosphäre umzuwandeln (ein frühes Beispiel einer globalen Umweltverschmutzung). Nach dieser Umwandlung entwickelten sich vor etwa 1,5 Milliarden Jahren eukaryontische Zellen in einer sauerstoffreichen, stabilen Umwelt, und es entstand sehr rasch eine große Artenvielfalt. Vor etwa 1 Milliarde Jahren begann die geschlechtliche Vermehrung – eine grundlegende Erfindung, wie wir noch sehen werden – und in den darauffolgenden 400 Millionen Jahren kam es zu einer noch ausgeprägteren Artenvielfalt, so daß am Ende des Präkambriums eine große Zahl unterschiedlicher vielzelliger Arten existierte.

Seit dieser Zeit traten in rascher Folge Veränderungen auf. Dies liegt einmal daran, daß sauerstoffatmenden Organismen Energie zur Verfügung steht, die sie in die Lage versetzt, neue ökologische Nischen zu besetzen und miteinander in Wettstreit um Nahrung zu liegen (im Sinne der Evolution und des alltäglichen Lebens). Zum anderen liegt es an der Erfindung der geschlechtlichen Fortpflanzung, die eine Verbreitung unterschiedlicher Eigenschaften im «Genpool» einer Art zuläßt. Und schließlich war das Leben unter dem schützenden Schild des Ozons in der neuen sauerstoffreichen Atmosphäre in der Lage, das Land zu erobern – ein ganz neuer Lebensraum mit vielen Möglichkeiten «natürlicher Auslese», denen die Arten unterworfen wurden.

Bevor wir uns mit den biologischen Gründen für diese Verschiedenartigkeit des heutigen Lebens auf der Erde beschäftigen, ist es nützlich, einen Blick auf die Atmosphäre zu werfen, die wir aus dem Präkambrium geerbt haben. Diese Atmosphäre ist nicht nur reich an Sauerstoff, sondern hat eine bestimmte Schichtung, die uns vor der energiereichen ultravioletten Strahlung der Sonne schützt, die andernfalls die Landmassen unseres Planeten unbewohnbar machen würde. Das Leben änderte die präkambrische Umwelt ebenso stark wie andere physikalische Einflüsse; wir machen uns immer noch die Dinge zunutze, mit denen uns unsere zyanobakteriellen Vorfahren vor 2 Milliarden Jahren versorgt haben.

Die Struktur der Atmosphäre kann am einfachsten durch die Temperatur beschrieben werden. Der Boden wird durch die einfallende Sonnenenergie aufgewärmt, die die Atmosphäre durchdringt, ohne merklich absorbiert zu werden. Und der Boden strahlt diese empfangene Wärme bei infraroten Wellenlängen wieder zurück. Diese Infrarotstrahlung wird jedoch durch Wasserdampf, Kohlendioxid und andere Gase der Luft absorbiert. Ein Teil der nach außen gestrahlten Wärme wird also eingefangen – das ist der Treibhauseffekt. Ein Teil der einfallenden Sonnenstrahlung wird auch von Wolken, Schnee, Land- und Wasseroberflächen reflektiert. Es herrscht im allgemeinen ein Gleichgewicht – obwohl von Zeit zu Zeit kleine Veränderungen in diesem Gleichgewicht auftreten können, die den Wechsel zwischen Eiszeiten und den dazwischen liegenden wärmeren Perioden hervorgerufen haben, der für die letzten paar hundert Millionen Jahre charakteristisch ist.

Die unterste Schicht der Atmosphäre nennt man Troposphäre. Die Temperatur dieser Schicht fällt mit zunehmender Höhe ab, anfangs mit 6 Grad pro Kilometer. Ab etwa 10 Kilometern verringert sich die Temperatur immer langsamer und bei 15 bis 20 Kilometern stagniert sie. Hier beginnt die Stratosphäre. Von etwa 20 bis 50 Kilometern an nimmt die Temperatur mit wachsender Höhe zu, von einem Minimum von etwa –60 Grad Celsius bis zu einem Maximalwert von 0 Grad Celsius im obersten Teil dieser Schicht, der Stratosphäre. Die Aufwärmung deutet darauf hin, daß in der Stratosphäre Energie absorbiert wird. Das dafür verantwortliche Molekül ist das Ozon, eine Form von molekularem Sauerstoff mit drei Atomen pro Molekül (O_3) statt der üblichen zwei.

In der Stratosphäre wird das Ozon durch eine Reihe von dynamisch wechselwirkenden chemischen Reaktionen erzeugt, die durch Sonnenlicht angetrieben werden, sogenannte photochemische Reaktionen. Gewöhnliche zweiatomige Moleküle des Sauerstoffs werden bei der Absorption der ultravioletten Sonnenstrahlung in die einzelnen Atome zerlegt. Die Effizienz, mit der freie Sauerstoffatome erzeugt werden, hängt vom Gleichgewicht zwischen den zur Verfügung stehenden spaltbaren Molekülen (die meisten davon in niedriger Höhe) und der Menge an ultravioletter Strahlung (die in größerer Höhe häufiger ist) ab. Die freien Sauerstoffatome reagieren mit anderen zweiatomigen Molekülen und bilden Ozon. Wegen der verschiedenen Faktoren, von denen die photochemischen Reaktionsraten abhängen, ist die Ozonkonzentration am größten in der Stratosphärenschicht von etwa 20 bis 30 Kilometern Höhe. Das Ozon in dieser Schicht absorbiert elektromagnetische Strahlung mit Wellenlängen von weniger als 280 nm und verhindert, daß ultraviolette Strahlung zum Erdboden gelangt.

Ozon wird ständig in zweiatomigen Sauerstoff und einzelne Sauerstoffatome aufgebrochen, die Ozonschicht wird jedoch ständig neu aufgefüllt. Obwohl die einzelnen Moleküle nicht immer im gleichen Zustand bleiben, stellt sich ein allgemeines Gleichgewicht ein, ähnlich wie bei einem Eimer mit einem Loch, in den ständig neues Wasser eingefüllt wird: Ständig strömt Wasser in den Eimer, und ständig läuft Wasser aus dem Loch heraus, die Wasserhöhe im Eimer bleibt jedoch immer dieselbe.

Das Netz wechselwirkender Prozesse, die die Ozonschicht instandhalten, wird durch Änderungen in der Sonnenstrahlung beeinflußt, so daß die Ozonkonzentration sich vom Tag zur Nacht, mit der Folge der Jahreszeiten und über den etwa 11jährigen Sonnenfleckenzyklus ändert. Sie wird auch durch das Vorhandensein anderer chemischer Elemente und Verbindungen beeinflußt. Sowohl Chlor- wie auch einige Stickstoffverbindungen können sehr stark das Gleichgewicht verändern, so daß die Ozonkonzentration in der Stratosphäre stark abnehmen kann. Sehr schädlich ist die Verunreinigung durch Chlor, das durch die Aufspaltung von Fluorchlorkohlenwasserstoffen (FCKW) aus Sprühdosen, Plastikschäumen, Kühlmitteln aus Kühlschränken und anderen Geräten in der Stratosphäre entsteht. Diese Verschmutzung verursacht das jetzt allbekannte Ozonloch, das sich in jedem

Frühjahr in der Ozonschicht über der Antarktis bildet, sowie eine kleinere, aber anwachsende Schädigung der Ozonschicht über der Arktis.

Über der Stratosphäre befindet sich eine weitere kühle Schicht, die Mesosphäre, und darüber, in einer Höhe von etwa 80 Kilometern, liegt die Temperatur bei frostigen −100 Grad Celsius. Weiter oben – oder weiter draußen – ist die Temperatur kein guter Indikator für die Bedingungen, die in der dortigen, äußerst verdünnten Atmosphäre herrschen. Und oberhalb von 500 Kilometern sind die Wechelwirkungen zwischen Atomen und Molekülen zu selten, als daß man diesen Zustand noch als ein normales Gas beschreiben könnte. Diese äußeren Schichten werden anhand ihrer elektrischen Eigenschaften beschrieben, dem Prozentsatz der ionisierten Atome. Uns interessiert aber nur die Troposphäre, in der wir leben, und die unmittelbar darüber liegende Stratosphäre, die der Troposphäre als Deckel dient (die warme Schicht verhindert eine Konvektion, so daß Wolken und Wetter sich nur in der darunterliegenden Troposphäre abspielen) und uns vor der ultravioletten Strahlung beschirmt. Daß dieser Schutzschild entscheidende Bedeutung hat, wird einem klar, wenn man bedenkt, daß ultraviolette Strahlung zum Sterilisieren chirurgischer Instrumente verwendet wird, die frei von Bakterien und anderen Mikroorganismen sein sollen. Die elektromagnetische Energie in diesem Bereich ist besonders geeignet, DNS auseinanderzureißen – DNS-Moleküle können bestimmte Wellenlängen dieser Strahlung absorbieren, geraten in Resonanz und zerreißen, so daß die Molekülketten beschädigt werden. Die ultraviolette Sonnenstrahlung ist eine der Hauptursachen für Hautkrebs, der als Folge falscher Zellteilung und Zellwachstums durch fehlerhafte DNS-Reproduktion hervorgerufen wird. Die DNS der frühesten Lebensformen, die keine dicke Haut besaßen, waren diesem Zerreißen besonders stark ausgesetzt, und so kam es, daß sich das Leben zuerst im Meer bildete, wo ohnehin alle organischen Moleküle gelöst waren. Vielleicht hat eine dickhäutige Kreatur des flachen Wassers, die unempfindlich gegen Ultraviolettstrahlung war, schließlich das Land besiedelt, obwohl sie dort nichts zu essen gefunden hätte. Schließlich bildete sich jedoch die Ozonschicht, die Gefahr war beseitigt, und relativ dünnhäutige Pflanzen waren in der Lage, sich an Land auszubreiten, und daraufhin auch die Tiere.

Die Geschwindigkeit, mit der sich vor etwa 1,5 Milliarden Jahren das Leben in vielen Arten ausbreitete, beruhte sicher zu einem großen Teil auf dem Vorhandensein von Sauerstoff in der Atmosphäre und der Erfindung der Atmung als eine Möglichkeit der Energieaufnahme. Doch die Verbreitung des Lebens in den verschiedensten ökologischen Nischen, auf der die heutige Artenvielfalt beruht, hing auch in hohem Maße von einer anderen Entwicklung ab – der geschlechtlichen Fortpflanzung. Wenn wir die Buntheit des Lebens um uns sehen, erkennen wir, daß fast alle Arten sich geschlechtlich vermehren: Zur Bildung einer neuen Generation von Kopien des Organismus sind zwei verschiedene Elternteile nötig. Ungeschlechtliche Vermehrung, bei der ein Lebewesen eine exakte Kopie seiner selbst ohne einen Partner herstellen kann, ist vor allem die Domäne einzelliger Lebewesen wie unserer Vorfahren aus dem Präkambrium. Die Geschlechter spielen bei der natürlichen Auslese eine entscheidende Rolle, und dies ist schon seit einer Milliarde Jahren so. Fossile Überreste der frühesten bekannten Tierarten – Quallen, Würmer und Korallen – werden auf die Zeit vor 650 bis 750 Millionen Jahren datiert, doch die Komplexität dieser vielzelligen Organismen zeigt, daß sie Produkte von Entwicklungsprozessen sind, die viele hundert Millionen Jahre früher einsetzten.

Wir wissen nicht genau, wann oder wie die ersten sich geschlechtlich vermehrenden, vielzelligen Vorfahren der Landtiere auftauchten, obwohl wir vermuten können, wie sich die geschlechtliche Vermehrung entwickelte und warum sie erfolgreich war. Aber wir wissen, daß es am Ende des präkambrischen Zeitalters und in der ersten Zeit des Kambriums nicht nur biologische Faktoren gab, die die Geschwindigkeit der Entwicklungsänderungen und die einsetzende Artenvielfalt beeinflußten, sondern auch Änderungen in der physikalischen Umgebung, die eine Rolle bei den Entwicklungseinflüssen gespielt haben.

Um zu verstehen, warum die geschlechtliche Vermehrung einen so großen Vorteil bietet, müssen wir wieder die Vermehrung auf der molekularen Stufe betrachten, bei der die DNS-Stränge kopiert und von einer Generation zur nächsten weitergegeben werden. Ein DNS-Molekül mit seinen doppelten spiralförmigen Strängen, die durch chemische Bindungen aneinanderhaften und bestimmte Molekülpaare miteinander koppeln, reißt in der Mitte auseinander, um zwei einzelne Stränge zu bilden. Jeder der beiden Stränge kann dann schnell eine vollständige

Doppelhelix aufbauen, indem er Nukleotiden aus dem biologischen Material seiner Zellumgebung aussucht und mit den auseinandergebrochenen Bindungen paart. Die vier Verbindungen, aus denen das vierbuchstabige DNS-Alphabet besteht (A,C,G,T), bilden Bindungen nur auf zwei Arten: A immer mit T und C immer mit G. Wenn die Doppelhelix also wie ein Reißverschluß geöffnet wird, läßt eine zerbrochene Bindung an einer bestimmten Stelle des Moleküls vielleicht ein A zurück und an der entsprechenden anderen Stelle des anderen Teils der Doppelhelix ein T. Das A wird sich nur mit einem T und das T nur mit einem A verbinden, so daß die beiden Einzelstränge, die entgegengesetzte Hälften einer ganzen Struktur sind, sich zu zwei vollständigen, neuen DNS-Molekülen aufbauen können. Es ist so, als ob ein Paar Handschuhe getrennt und in einen Haufen alter Handschuhe geworfen wurde: Der linke Handschuh würde einen neuen rechten finden und der rechte einen neuen linken. Im Falle der DNS, wo Millionen von Nukleotiden auseinandergewickelt, auseinandergezogen, gepaart und wieder zusammengesetzt werden müssen, ist dieser Vorgang jedoch viel komplizierter – und doch läuft im Fall einer Bakterie der ganze Prozeß in etwa 20 Minuten ab: So lange dauert eine Zellteilung.

Wenn die DNS Nachrichten über die Arbeit der Zelle oder des Körpers, in dem sie lebt, weiterleitet, liegen die Dinge etwas anders. Hierbei wird nur ein Teil des Moleküls auseinandergezogen, und es läßt eine freie DNS-Schleife. Die Basen ihres vierbuchstabigen Codes werden entlang einer bestimmten Folge freigelegt, wodurch eine bestimmte Nachricht «buchstabiert» wird. Diese Nachricht wird verwendet, um den Aufbau bestimmter Proteinmoleküle zu kontrollieren, die für das Funktionieren der Zelle benötigt werden.

Wenn die einer Zelle der nachfolgenden Generation übermittelte DNS einen Kopierfehler aufweist, werden die Nachkommen einer solchen Zelle von den Eltern verschieden sein. Solche Mutationen sind gewöhnlich schädlich: Sie haben zur Folge, daß die Nachkommen sterben oder sich weniger erfolgreich vermehren. Gelegentlich kann es jedoch vorkommen, daß der Fehler eine Verbesserung bedeutet, die es den Nachkommen ermöglicht, sich erfolgreicher zu vermehren als die Eltern und Verwandten – und damit stirbt die elterliche Entwicklungslinie aus oder wird in eine bestimmte ökologische Nische gedrängt, in der ihr altmodisches Verhalten noch von Vorteil ist.

Wir haben in unseren Zellen heute weit mehr DNS als unsere einzelligen Vorfahren, die im Präkambrium lebten. Aber die Gesetze der
Vermehrung sind praktisch dieselben, gleichgültig, wieviel oder wie
wenig DNS eine Zelle besitzt. Lassen Sie uns heutige Beispiele betrachten, um zu verstehen, wie die Evolution arbeitet. Wir sind zuversichtlich, daß das Spiel der Evolution zu allen Zeiten nach den gleichen
Spielregeln abgelaufen ist, seit es Leben auf der Erde gibt. Ein Gen, wie
beispielsweise das Gen für blaue Augen, kann eine sehr einfache Botschaft tragen. Aber im allgemeinen beeinflußt ein jedes Gen Teile des
Körpers in verschiedener Weise, und ein jeder Teil des Körpers ist
aufgrund der Kombination von Instruktionen einer Vielzahl von Genen aufgebaut. In Verbindung mit den vielen Möglichkeiten der Kombination von Genen, die die geschlechtliche Vermehrung zuläßt, ist
dies der Grund, warum sich verschiedene Individuen sehr unterscheiden können. Der Einfachheit halber denken wir uns die Gene als die
grundlegenden Komponenten des Codes, die beschreiben, wie ein
Körper aufgebaut werden soll (der genetische Code). Wir können uns
jedes Gen oder jede Gruppe von Genen als etwas vorstellen, das eine
einfache Botschaft enthält, beispielsweise «blaue Augen», «lange Beine» oder «braune Haut». Beim Kopieren der Gene treten immerzu
Fehler auf – genetische Mutationen –, denn wenngleich es einen enor-
men Selektionsdruck bezüglich der Kopiergenauigkeit gibt, gibt es
beim heutigen Stand der Evolution auch eine riesige Zahl von Kopien
eines jeden Gens. 4 Milliarden Menschen existieren auf der Erde, und
praktisch jedes Gen erscheint in einem oder dem anderen menschlichen
Körper in mutierter Form, obwohl es fast 4 Milliarden perfekter Kopien
jedes Gens im gesamten menschlichen Genpool gibt. Allerdings handelt es sich nicht um exakte Kopien, da es verschiedene Versionen des
Gens für, sagen wir, die Augenfarbe geben kann.

Jeder Mensch trägt 46 Chromosomen, von denen er 23 von jedem
Elternteil geerbt hat. Somit besitzt jedes menschliche Wesen zwei Sätze
von Genen, und das von der Mutter geerbte Gen für die Augenfarbe
sagt vielleicht «braun», während das vom Vater geerbte «blau» sagt.
In diesem Fall wird das von diesem Satz DNS aufgebaute menschliche
Wesen nicht ein braunes und ein blaues Auge besitzen; das blaue Gen
ist «rezessiv» und das braune «dominant», so daß in der Praxis beide
Augen braun sein werden, und das Gen für blaue Augen ignoriert

wird. Solche im Wettbewerb befindlichen Gene, die verschiedene Versionen für den Aufbau des gleichen Körperteils liefern, werden Allele genannt. Um beim Beispiel Augenfarbe zu bleiben: Natürlich gibt es neben blauen und braunen Augen andere mögliche Allele im menschlichen Genpool, doch kann jedes Individuum nur zwei solche Allele aufweisen, die es von seinen Eltern geerbt hat. Beide Allele können natürlich das gleiche besagen – beide liefern vielleicht die Instruktion für blaue Augen –, und es tritt kein Konflikt auf. Jedes Allel hat sich durch Mutation aus einer früheren Version des Gens entwickelt, und es ist sehr wohl möglich, daß eine große Zahl mutierter Gene, eben Allele, in der Population einer bestimmten Art existiert.

Dies ist eine entscheidende Eigenschaft im Wirken der Evolution. Ständige kleine Änderungen in den Genen sorgen für Verschiedenartigkeit: Wenn sich die Umwelt so ändert, daß ein bestimmtes Allel favorisiert wird, wird es sich rasch über den gesamten Genpool ausbreiten und den Platz seiner Rivalen einnehmen, weil die Körper, in denen die Rivalen leben, jung sterben oder sich nicht erfolgreich vermehren können. Eine neue Population, eine Variation der vorherigen Form der Art, etabliert sich, und die langsamen Prozesse der Evolution liefern Variationen dieses neuen Themas in Form neuer Allele. Mutationen treten nicht plötzlich auf, rufen keine dramatischen physischen Änderungen im Körper eines neuen Individuums hervor, noch treten sie als Antwort auf Änderungen in der Umwelt auf – die weichen Tiere des ausgehenden Präkambriums «wußten» nicht, daß es kälter wurde oder daß es mehr Raubtiere gab, und ließen deshalb ihre Schalen dicker wachsen. Statt dessen gab es wohl ein Allel für dickere Haut, das mit einem Allel für dünnere Haut in Wettstreit lag. Als sich das Klima änderte oder sich Raubtiere über die Ozeane ausbreiteten, wurden die dünnhäutigen Individuen getötet, und nur die dickhäutigen überlebten. Eine immerwährende Wiederholung dieses Prozesses über viele Generationen hinweg erzeugte schließlich Lebewesen mit harten Schalen.

Wählen wir ein hypothetisches Beispiel aus dem menschlichen Leben: Obwohl das Allel für blaue Augen rezessiv ist, ist es in der Bevölkerung weitverbreitet und mag selbst in Menschen mit braunen Augen vorhanden sein. Nehmen wir an, durch irgendeine Änderung in der Art der Sonnenstrahlung sei es einmal von Vorteil gewesen, blaue Augen zu haben, als unsere Vorfahren als Jäger und Sammler ihr Leben fristeten. Dann hätte sich die Eigenschaft «blaue Augen» rasch verbreitet – die «braunäugigen» wären vielleicht verhungert, weil sie nicht mehr gut genug sehen konnten, um zur Jagd zu gehen. Betrachten wir die Sache genauer: Ein braunäugiger Vater, der einen blauäugigen Sohn hätte, könnte überleben, wenn der Sohn genug Nahrung für sie beide erjagte, während ein braunäugiger Vater zusammen mit seinem braunäugigen Sohn verhungert wäre. Je mehr genetische Variation es in einer Bevölkerung gibt, um so schneller kann sie sich ändernden Umständen anpassen. Und die geschlechtliche Fortpflanzung ist der effektivste Weg, dafür Sorge zu tragen, daß eine große Bandbreite in der genetischen Variation einer Bevölkerung vorhanden ist.

Wenn sich Zellen teilen, um einen Körper wachsen zu lassen, werden alle 46 Chromosomen (oder, genauer gesagt, jedes der 23 Chromosomenpaare) genau kopiert. Ein Duplikat des Chromosomensatzes wird angefertigt, und ein Satz von jedem geht in die beiden durch Teilung erzeugten Zellen. Der Prozeß der Zellteilung, die Mitose, ist fast identisch mit der Art und Weise, wie ein einzelliger Organismus Kopien seiner DNS anfertigt, bevor sich die Zelle zweiteilt – der Hauptunterschied liegt darin, daß diese beiden Einzelzellen getrennte Wege gehen werden, während in einem vielzelligen Lebewesen die beiden Zellen aneinanderhaften und dazu beitragen, ein größeres Ganzes zu bilden. Aber in der ersten Stufe der geschlechtlichen Vermehrung tritt eine ganz andere Art der Zellteilung auf, die Meiose. Bei einer meiotischen Zellteilung werden ganze Stücke des Chromosoms losgelöst und zwischen Paaren ausgetauscht, um neue Chromosomen herzustellen, die die gleichen Gene wie im Elternteil enthalten, aber in verschiedenen Kombinationen von Allelen angeordnet sind. Die Zelle spaltet sich dann in einem zweistufigen Prozeß, bei dem geschlechtliche Zellen gebildet werden (Sperma oder Eier bei Tieren), ohne daß die Chromosomen kopiert werden. Alle neugebildeten Zellen weisen nur einen einzigen Satz von 23 Chromosomen auf. Beispielsweise können Sie ein blauäugiges Allel von Ihrem Vater und ein langbeiniges Allel von Ihrer Mutter auf unterschiedlichen Chromosomen erben, können aber beide (zusammen mit vielen anderen Allelen) Ihrem Kind auf einem einzigen «neuen» Chromosom, das während der Meiose gebildet wurde, vererben.

Weil Chromosomen so lang sind und so viel genetisches Material enthalten, liefert dieser Prozeß, bei dem von den Chromosomen eines Paares Teile abgelöst und mit Material von dem entsprechenden gepaarten Chromosom ausgetauscht werden, eine riesige Vielfalt an neuen Chromosomen. Es gibt praktisch keine Chance, daß zwei Spermen oder Eier eines Individuums identische Chromosomenrezepte enthalten, wie ein neues Individuum aufgebaut werden sollte. Der Austauschprozeß wird treffend «Überkreuzung» genannt – ein passendes Analogon ist das Mischen eines sehr großen Packens von Spielkarten, wenngleich ein besseres Beispiel das Mischen von zwei großen Packen von Karten und dem anschließenden Austauschen von Karten zwischen den beiden Packen wäre. Dies bewirkt, daß jede Generation neue Muster genetischer Anordnungen aus der Vielfalt der in den Chromosomen vorhandenen Möglichkeiten aufweist. Es wäre für Sie im Prinzip möglich, das Material einer Ihrer Zellen zu untersuchen und die 23 Chromosomen Ihrer Mutter und die 23 Ihres Vaters zu identifizieren; eine Untersuchung der Chromosomen einer Ihrer Geschlechtszellen würde jedoch zeigen, daß keines von ihnen speziell einem Ihrer Elternteile zugeordnet werden könnte. Sie alle enthalten Teile der DNS von Ihren beiden Eltern, den Großeltern des neuen Menschen, der sich entwickeln könnte, wenn diese Zelle mit einer des anderen Geschlechts sich verbinden würde.

Damit haben wir die nächste Stufe der geschlechtlichen Vermehrung erreicht. Der Organismus kann sich nicht selbst reproduzieren, sondern muß ein Mitglied des anderen Geschlechts finden, mit dem er sich paart. Wenn dies geschieht verschmelzen wie gesagt zwei Geschlechtszellen, die beide 23 Chromosomen haben, und bilden eine Zelle mit 46 gepaarten Chromosomen. Der Aufbau eines neuen Körpers kann nun nach jenem «Bauplan» beginnen, der in jedem Stadium des Wachstums von einem der beiden Glieder des Chromosomenpaars abgelesen wird, je nachdem ob das Allel für dieses bestimmte Stadium der Entwicklung auf dem einen oder anderen Chromosom dominant oder rezessiv ist.

Es gibt offenkundige Nachteile bei dieser Art der Vermehrung – einen Partner zu finden, kann schwierig sein; die Notwendigkeit, einen zu suchen, kann den Organismus Gefahren aussetzen, die er vermeiden könnte, wenn er sich verstecken und ungeschlechtlich vermehren könnte. Sie bedeutet auch, daß jeder Elternteil nur die Hälfte der «Blaupause» für das zukünftige Individuum beiträgt, statt daß die gesamten Gene intakt weitergereicht werden. All dieses Aufbrechen und Überkreuzen der DNS ruft Fehler beim Kopierprozeß hervor.

Aber diese Nachteile können sich auch in Vorteile verwandeln, denn sie bieten genügend Spielraum für eine flexible Reaktion auf sich ändernde Umweltbedingungen oder auf neue Probleme, die durch das Auftreten rivalisierender Arten entstehen. Dieser Spielraum ist aber gleichzeitig so eingeschränkt, daß die Nachkommen keine Schwierigkeiten bei der Vermehrung haben. Es ist offenkundig, daß bei der geschlechtlichen Vermehrung die Vorteile gegenüber den Nachteilen überwiegen. Die Veränderung ist sicher das Geheimnis des Erfolges der geschlechtlichen Vermehrung, die Veränderung, die auf dem Überkreuzen und Umschaufeln der Gene und dem Vorhandensein zweier Chromosomensätze mit vielen unterschiedlichen Allelen zweier Eltern beruht.

Die geschlechtliche Vermehrung ist der beste Weg, Gene in einer Vielzahl von Arten in einer neuen und sich ändernden Umgebung zu verbreiten. Genau diese Situation trat am Ende des Präkambriums und im frühen Paläozoikum auf – die Erdatmosphäre änderte sich, die Sauerstoffkonzentration nahm zu; das Klima änderte sich, Eiszeiten wechselten mit wärmeren Zeiten; die Kontinente selbst bewegten sich, brachen auseinander und bildeten neue Muster.

Obwohl ganze Arten vom Prozeß der geschlechtlichen Vermehrung profitieren können, ist es wichtig, sich zu erinnern, daß der Ausleseprozeß beim Individuum liegt. Ein Individuum lebt und stirbt, vermehrt sich oder nicht. Es sind die Gene eines Individuums, die auf ein anderes Individuum der nächsten Generation übertragen werden (oder nicht).

Der überzeugendste Beweis dafür, daß dies der grundlegende Mechanismus der natürlichen Auslese ist, wird offenkundig, wenn man Zahlen einsetzt. Es ist recht einfach, Gleichungen aufzustellen, die in mathematischer (statistischer) Weise das Verhalten großer Zahlen von Individuen beschreiben, die wohldefinierten Regeln folgen, ob diese Individuen nun Tiere sind, die Warnschreie ausstoßen, oder Moleküle, die ein Gas bilden. John Maynard Smith von der Universität Sussex hat Modelle entwickelt, die bestimmen, welches Verhaltensmuster in einer

Tiergesellschaft unter den unterschiedlichsten Bedingungen dominieren «sollte». Der mathematische Zweig, der von ihm und seinen Kollegen für diese Untersuchungen verwendet wird, heißt Spieltheorie. Diese Theorie hat sehr solide Grundlagen, da man sie über viele Jahre mit großem Aufwand betrieben hat – bei Versuchen, einen Krieg zu simulieren und das Resultat einer bestimmten Angriffs- oder Verteidigungsstrategie vorherzusagen, bevor man es wirklich ausprobierte. Maynard Smiths Anwendung der Spieltheorie auf tierisches Verhalten liegt die Vorstellung einer «evolutionär stabilen Strategie» (ESS) zugrunde, ein Verhaltensmuster, das einer Bevölkerung über viele Generationen hinweg innewohnt, obwohl die Individuen kommen und gehen – weil jede andere Strategie, die einige Individuen in der Bevölkerung entwickeln, nicht so erfolgreich ist wie die ESS.

Dies ist besonders wichtig, weil der auf die Spieltheorie gegründete Ansatz Individuen wie Individuen behandelt, die sich so verhalten, wie es für sie am besten ist. Es spielt keine Rolle, was für die Art gut ist, die Individuen handeln nur zu ihrem eigenen Vorteil. Was dabei immer wieder zutage tritt, ist ein klarer Hinweis darauf, daß Arten in der wirklichen Welt Verhaltensmustern folgen, die zuerst so aussehen, als ob sie zum Wohl der ganzen Art ausgelegt sind, im Grunde jedoch das tun, was für den einzelnen am besten ist, und damit dem Verhaltensmuster einer ESS folgen. Richard Dawkins gesteht in seinem Buch *Das egoistische Gen* seine Abhängigkeit von diesen Ideen und erklärt im Detail, wie ESS in einer Vielzahl von Fällen arbeitet. Wenn er zeigt, wie eine Ansammlung von Individuen scheinbar für das Wohl des Ganzen wirken, den Linien eines größeren Plans folgend, stellt dies den wichtigsten Fortschritt im Nachdenken über die Evolution seit der Zeit von Darwin dar. Das klassische Beispiel, wie die ESS funktioniert, ist das Szenarium mit den Falken und den Tauben von Maynard Smith.

Stellen wir uns eine Population von Tieren vor, von denen ein jedes Individuum entweder ein Falke oder eine Taube ist, in dem Sinne, wie wir solch eine Bezeichnung für das aggressive oder friedliche Verhalten bei Menschen benutzen. Die Falken kämpfen immer, wenn sie auf einen Rivalen stoßen, die Tauben mögen zwar drohen, sie rennen aber immer weg, wenn der Gegner angreift. Wenn ein Falke eine Taube trifft, wird niemand verletzt, da die Taube wegrennt; wenn eine Taube eine Taube trifft, wird ebenfalls niemand verletzt, denn sie rennen nach gegenseitigen Drohgebärden beide weg; aber wenn ein Falke auf einen Falken trifft, kämpfen sie miteinander, bis einer ernstlich verletzt ist. Wenn wir annehmen, daß Konflikte zwischen Individuen aus irgendeinem materiellen Grund entstehen – beispielsweise Nahrung oder die Gelegenheit, sich zu paaren –, ist es möglich, willkürlich «Punkte» für den Erfolg oder das Versagen zu verteilen. Dies ist ein rein hypothetisches Beispiel, und wir nehmen der Einfachheit halber 50 Punkte für einen Sieg, 0 Punkte für ein Weglaufen, –100 Punkte für eine ernsthafte Verletzung und –10 Punkte für die Zeitvergeudung einer gegenseitigen Drohgebärde. Die Punkte stellen ein direktes Maß für den genetischen Erfolg dar: Die Individuen mit den meisten Punkten bekommen die meiste Nahrung oder die häufigsten Gelegenheiten, sich zu paaren und zu vermehren, so daß ihre Gene in der nächsten Generation auftauchen; Individuen mit den wenigsten Punkten haben eine geringere Chance, ihre Gene weiterzutragen. Bei der Anwendung der Spieltheorie muß man zunächst klären, ob es in dem Szenarium der Falken gegen die Tauben ein ESS gibt, und wenn dies so ist, wie das stabile Gleichgewicht zwischen Falken und Tauben aussieht.

Wir lernen zunächst, daß eine Bevölkerung, die nur aus Falken oder nur aus Tauben besteht, nicht stabil ist. Nehmen wir zunächst die Tauben. Wenn es nur Tauben gäbe, würde bei jedem Zusammentreffen Drohgebärden ausgetauscht, und jeder Teilnehmer erhält –10 Punkte. Aber einer rennt als erster weg, und der zweite erhält 50 Punkte, weil er den Sieg davonträgt, er hat also einen Nettogewinn von 40 Punkten. Wenn jeder einzelne die Hälfte der Wettbewerbe gewinnt und die andere verliert, ist die mittlere Punktzahl pro Individuum 15, der Mittelwert von 40 für einen Sieg und –10 für eine Niederlage. Dies geht in einer Nur-Tauben-Gesellschaft gut aus, keiner wird verletzt, verhungert oder kann sich nicht fortpflanzen. Nun stellen wir uns vor, daß durch eine Genmutation ein einzelner Falke unter den Tauben erscheint. Der Falke vergeudet keine Zeit mit Drohgebärden, sondern jagt immer die Tauben weg und gewinnt bei jedem Wettbewerb 50 Punkte. Seine mittlere Punktzahl ist also 50, und er ist in dieser Hinsicht allen Tauben überlegen, die ja alle nur 15 Punkte im Schnitt gewinnen. Die Folge ist, daß sich Falkengene sehr rasch in der Bevölkerung ausbreiten müssen, bis es eine beträchtliche Zahl von Falken gibt, die sich gegenseitig ins Gehege kommen.

Stellen wir uns als anderen Extremfall eine Nur-Falken-Gesellschaft vor. Jedes Zusammentreffen führt zu einem erbitterten Kampf. Einer wird schwer verletzt und erhält −100 Punkte, der andere gewinnt und bekommt 50. Aber der Mittelwert ist ein magerer Wert von −25, der Mittelwert von 50 und −100. Wenn eine Taubenmutation in der Bevölkerung auftritt, hat diese Taube dank ihrer Feigheit eine bessere Punktzahl von 0, da sie den Kämpfen aus dem Weg geht. Es wird ihr besser ergehen als den Falken, bis zu dem Punkt, an dem genügend Tauben vorhanden sind, die eine leichte Beute der verbleibenden Falken sind – die dann wiederum ihre Punktzahl verbessern können.

Die ESS liegt offenbar irgendwo zwischen den beiden Extremen. Für die vorgegebenen Punktzahlen liegt die stabile Bevölkerung bei 5/12 Tauben und 7/12 Falken – auf fünf Tauben kommen sieben Falken. In der wirklichen Welt kann man auch sagen, daß die stabile Strategie eines jeden Individuums diejenige ist, daß er sich 7/12 der Zeit wie ein Falke und 5/12 der Zeit wie eine Taube verhält, ohne daß vorab zu erkennen ist, wie es sich in einem bevorstehenden Konflikt verhalten wird. Gene, die das Verhaltensmuster «sei ein bißchen häufiger aggressiv, aber renne fast jedes zweite Mal davon» tragen, wären erfolgreich und würden sich ausbreiten, so daß eine stabile Bevölkerung entsteht, die einer stabilen Strategie folgt. Die Tatsache, daß dies nichts mit dem Wohlergehen einer Art zu tun hat, zeigt sich durch den zahlenmäßigen Erfolg, den diese bestimmte ESS liefert: Im Mittel beträgt in dieser Sieben-Falken-zu-fünf-Tauben-Gesellschaft die mittlere Wertung eines Individuums bei jedem Konflikt 6,25. Dies ist viel weniger, als der materielle Vorteil, den jedes Individuum und die Art als Ganzes in einer Nur-Tauben-Gesellschaft erreichen kann (15 Punkte pro Konflikt). Es würde der Art besser gehen, wenn alle Individuen Tauben wären, aber das ist nicht möglich, weil früher oder später durch Mutation ein Falke auftauchen würde, der enorm erfolgreich wäre, solange es eine überwiegende Zahl von Tauben gäbe. Das Aggressionsgen im Falken schert sich nicht um die Art: Es sorgt sich nur darum, Repliken von Falkengenen zu produzieren, und um den Erfolg einzelner Körper, die Repliken von Falkengenen erzeugen.

Selbst ein so einfaches Beispiel läßt interessante Spekulationen über die ESS menschlicher Individuen zu. Tragen wir solche «Falkengene» in uns, die schädlich für die Art als Ganzes sind? Ist es möglich, daß

die relativ neue Entwicklung der Intelligenz uns die Gelegenheit gibt,
Berechnungen anzustellen und unser Verhalten so abzustimmen, daß
es zum Wohl der Art und nicht zum Wohl des einzelnen ist, und
könnten wir damit auch das Wohlergehen des einzelnen verbessern,
wie es in der Nur-Tauben-Gesellschaft der Fall ist? Solche Fragen gehen
über den Rahmen dieses Buches hinaus. Aber das Beispiel zeigt deutlich, wie die blinde Evolution, die auftretende Auslese, die Verschiedenheit der Individuen, die auf der Vielfalt in der Bevölkerung beruht
(eine Verschiedenheit, die besonders ausgeprägt ist, wenn sich die
Bevölkerung geschlechtlich vermehrt), zu komplexen Verhaltensmustern führen kann, die einfachen mathematischen Gesetzen folgen. Es
muß Unterschiede geben, damit die Auslese wirken kann, und eine
Variante muß Vorteile gegenüber einer anderen aufweisen – oder es
gäbe keinen Grund für eine Auslese. Bei vorgegebener Veränderlichkeit und Auslese und einer genügend langen Zeitspanne kann die
Evolution aus einzelligen Bakterien Menschen werden lassen.

Warum sollte der Prozeß hier anhalten? Wenn wir die Vorfahren
der Menschheit von den frühesten Zellen auf der Erde bis zum heutigen Tag verfolgen, sieht es so aus, als ob die Evolution daran gearbeitet
hätte, ein bestimmtes Endprodukt zu schaffen, das besser als alles
vorhergehende ist. Für viele ist der Mensch noch immer der Endpunkt
der Entwicklung, der Mensch als «höheres» Wesen im Vergleich mit
allen anderen Ergebnissen der Evolution. Aber die Evolution ist noch
nicht zuende, und es gibt keinen Grund zur Annahme, daß wir einen
Endpunkt darstellen; auch sind wir nicht aufgrund eines biologischen
oder entwicklungsmäßigen Standards anderen Arten überlegen – wir
sind nur anders. Alle auf der Erde lebenden Arten können als erfolgreich angesehen werden, und selbst ausgestorbene Arten waren zu
ihrer Zeit erfolgreich.

Wenn es uns gelingt, unseren natürlichen menschlichen Chauvinis-
mus zu überwinden, können wir erkennen, daß die wichtigste Tatsache
des Lebens auf der Erde die Gesamtheit des Leben auf der Erde ist –
die Tatsache, daß es überhaupt Leben gibt. Es existieren Vernetzungen,
in denen wir abhängig von Pflanzen sind, die Kohlendioxid in Sauerstoff umwandeln und uns zur Nahrung dienen, Vernetzungen, in
denen die Pflanzen von Bakterien abhängig sind, die den Stickstoff aus
der Luft fixieren und ihn im natürlichen Prozeß der Düngung im Boden

ablagern und so fort. Soweit wir wissen, gibt es auf unseren Nachbarplaneten Venus und Mars kein Leben, während es auf der Erde von Leben wimmelt. Scheinbar ist es nicht möglich, daß ein Planet nur ein kleines bißchen Leben aufweist, sondern das Leben ist eine Frage des Alles-oder-Nichts, das entweder einen Planeten völlig infiziert oder ihn verschmäht. Diese neue Perspektive, die Erde als einen lebendigen Planeten und nicht nur als einen Nährboden für das Leben anzusehen, stellt die Grundlage der Gaia-Hypothese dar, die unsere Vorstellungen über die Natur des Lebens und die Beziehung zwischen Leben und Kosmos verändert hat. Diese neue Idee widerlegt nicht unser hergebrachtes Verständnis über das Wirken der Evolution, aber sie liefert die Grundlage dafür, um diese Vorstellung in den größeren Zusammenhang des Universums zu stellen.

5
Der lebendige Planet

Der außergewöhnliche Umfang, in dem Lebewesen zum gegenseitigen Vorteil miteinander kooperieren, wird deutlich, wenn wir die Struktur einer typischen eukaryontischen Zelle im Detail betrachten. Solche Zellen mögen klein sein, aber man sollte nicht den Fehler begehen zu glauben, daß kleine Dinge einfach sind. In ihrem Innern laufen viele Aktivitäten ab, verschiedene Teile der Zelle sind auf unterschiedliche Dinge spezialisiert – man kann eine Zelle mit einer Stadt vergleichen.

In einer Stadt gibt es Kraftwerke, die die nötige Energie liefern, um sie am Laufen zu halten (und in einer modernen Stadt wird ein Teil der Energie direkt aus Sonnenlicht erzeugt). Es gibt ein «Nervenzentrum», das Rathaus, das Instruktionen für die verschiedenen Organisationen der Stadt liefert, einschließlich Verkehrswesen und Müllabfuhr. Es gibt Zufahrtswege, um Rohmaterialien wie Nahrungsmittel und Treibstoff in die Stadt zu bringen, und Wege, den Abfall wieder zu beseitigen.

In einer Zelle gibt es Parallelen dazu. Bestimmte Teile der Zelle dienen der Energieerzeugung, indem sie entweder chemische Energie aus Rohmaterialien gewinnen, die in die Zelle transportiert werden, oder indem sie durch Photosynthese direkt das Sonnenlicht nutzen. Der Zellkern, der die DNS der Zelle enthält, kontrolliert das Arbeiten der Zelle durch chemische Boten. Außerdem können Zellen Dinge tun, die Städte nicht können. Praktisch alle Zellen können sich vermehren, indem sie eine vollständige Kopie ihrer selbst erzeugen und viele Zellen können sich mit Hilfe haarförmiger Anhängsel bewegen, die in der Flüssigkeit herumrudern, in der die Zelle schwebt. All diese Aktivitäten spielen sich in einem winzigen – buchstäblich mikroskopischen – Gebilde lebendigen Materials ab.

Zellen sind wie kleine Behälter biologischen Materials (weniger als ein Zehntel Millimeter im Durchmesser), eine geleeartige Substanz im Innern der Membran der Zellwand. Die DNS innerhalb der Zelle, die für das Leben und die Fortpflanzung so wichtig ist (das «Rathaus»), ist nur ein Baustein des Lebenssystems der Zelle. Es gibt verschiedene chemische Bestandteile, durch die die Zelle in die Lage versetzt wird, die DNS-Botschaft zur Ausführung zu bringen. Und es gibt auch Strukturen, die sich so sehr vom Rest des Zellgelees unterscheiden, wie beispielsweise Zellen innerhalb von Zellen, daß die beste Erklärung für ihr Vorhandensein ist, daß sie genau das auch sind. Diese halb-autonomen Zellen in der Zelle werden Organellen genannt. Wie im vierten Kapitel erwähnt, konnte Lynn Margulis dies damit erklären, daß die Vorfahren der Organellen einzeln lebende, bakterienartige Lebensformen waren und daß sich eukaryontische Zellen durch die allmähliche Eingliederung dieser Outsider in einer Art bakteriellen Symbiose in immer komplexere Zellstrukturen entwickelt haben.

Eukaryontische Zellen weisen drei Sorten von Organellen auf. Eine ist eine Art Geißeltierchen an der Außenseite der Zelle, dessen Ruder es ihr erlaubt, herumzuwandern. Dies ist für eine lebende Zelle von großer Wichtigkeit. Obwohl die meisten Zellen im menschlichen Körper keinen Grund haben, sich umherzubewegen, und keine externen Undulipodien (so nennt man diese Organellen) besitzen, hat eine Art der menschlichen Zellen, das Sperma, ein sehr effizientes Ruder. Es ist für seine Aufgabe, eine menschliche Eizelle zu finden und sich mit ihr zu vereinigen, von essentieller Bedeutung. Ohne solche Undulipodien gäbe es uns nicht.

Die zweite Sorte von Organellen, die Mitochondrien, sind die chemischen Kraftwerke, die die von der Zelle benötigte Energie freisetzen. Diese gespeicherte chemische Energie stammt ursprünglich aus dem Sonnenlicht und wird in den Zellen von photosynthetischen Pflanzen durch die dritte Sorte von Organellen, die Chloroplaste, in deren Innerem die Photosynthese abläuft, eingefangen.

Menschen und andere Tiere tragen keine Chloroplaste in sich, sie nehmen Energie mit ihrer Nahrung auf: Sie essen Pflanzen oder pflanzenfressende Tiere. All die fossilen Brennstoffe, Kohle, Öl und Gas, die wir in unseren Häusern, Kraftwerken und Autos verbrennen, stammen ursprünglich von Lebewesen, die vor langer Zeit starben und deren Überreste unter Felsen begraben und durch Hitze und Druck im Laufe von Millionen Jahren in Kohle, Öl und Gas umgewandelt wurden. All der Kohlenstoff, der sich ursprünglich in Form von Kohlendioxid in der Erdatmosphäre befand, wurde durch Photosynthese fixiert und schließlich in Form solcher Brennstoffe abgelagert. Wenn wir heute diese fossilen Brennstoffe verbrennen, setzen wir gespeichertes Sonnenlicht frei. Obwohl wir keine Chloroplaste in unseren Zellen tragen, könnten wir ohne sie nicht leben, genauso wenig wie wir ohne die Mitochondrien leben können, die gespeicherte Energie freisetzen, wenn sie gebraucht wird.

Die komplexesten eukaryontischen Zellen scheinen sich aus dem symbiotischen Zusammenleben von vier unterschiedlichen Vorfahren entwickelt zu haben: der «Gastzelle», der Undulipodien, der Mitochondrien und der Chloroplaste. Manche Zellen enthalten alle vier Sorten. In anderen Zellen, beispielsweise in den Zellen eines Blattes von einem Baum, besteht kein Bedarf für externe Undulipodien, alle anderen Sorten sind jedoch vorhanden. In den Zellen des menschlichen Körpers gibt es keinen Bedarf für Undulipodien oder Chloroplaste, doch der Grundgedanke der Symbiose ist immer derselbe.

Wie konnten verschiedene Sorten von Urzellen «gelernt» haben, auf diese Weise zusammenzuarbeiten? Ist diese ganze Idee nicht ein Widerspruch zu Darwins «Überleben des Stärkeren» im Wettbewerb um knappe Ressourcen? Überhaupt nicht, denn das Leben beruht nicht auf dem Prinzip, den Gegner zu schlagen, sondern darin, selbst zu überleben: Falls also zwei Organismen besser überleben und sich besser fortpflanzen, wenn sie zusammenarbeiten, ist dieser kombinierte Organismus im Darwinschen Sinne «stärker» als die Einzelteile. In der Evolution muß es nicht unbedingt bei jedem Gewinner auch einen Verlierer geben. Es kann mehr als einen Gewinner, es kann mehr als einen Verlierer geben – die beiden Zahlen müssen nicht übereinstimmen. Im Jargon der Spieltheorie ist das Leben kein «Nullsummenspiel» wie beispielsweise Schach, wo es für jeden Gewinner genau einen Verlierer geben muß.

Dies erschiene vielleicht ein bißchen weit hergeholt, wenn es nicht eine wichtige Entdeckung gäbe, die Kwang Jeon von der Universität Tennessee gemacht hat. Er bemerkte, daß diese Art von Evolution in seinem Labor am Werk war, und unterstützte sie in ihrem Verlauf. Jeon arbeitete mit mikroskopischen einzelligen Lebewesen, den Amöben. Sie wurden eines Tages von einer Krankheit befallen, die sich über die gesamten Amöbenkolonien seines Labors ausbreitete. Die Lebewesen hörten auf, Nahrung zu sich zu nehmen, vermehrten sich nicht mehr und starben schließlich. Nur ein paar Amöben schienen gegen die Krankheit anzukämpfen und teilten sich einmal im Monat – früher, als sie gesund waren, geschah dies jeden Tag.

Die naheliegendste Sache wäre es gewesen, alle kranken und toten Amöben wegzuwerfen und mit einer neuen, gesunden Charge neu anzufangen. Doch Jeon interessierte sich für die Krankheit, mit der sie sich infiziert hatten. Beim Studium der toten Amöben unter dem Mikroskop erkannte er, daß sie Zehntausende kleiner, stäbchenförmiger Bakterien enthielten, die in die Zellen eingedrungen waren, ihre biologischen Prozesse durcheinandergebracht und sie schließlich getötet hatten. Trotzdem waren einige der von Bakterien befallenen Amöben am Leben geblieben, wenngleich unter Schwierigkeiten. Jeon beschloß, eine Kolonie dieser Überlebenden aufzubewahren und zu beobachten, wie sie sich weiterentwickelten.

Fünf Jahre lang bewahrte Jeon diese Kolonie auf, sortierte diejenigen aus, die am besten Nahrung aufnahmen und sich fortpflanzten, und ließ die anderen sterben. Dies ist ein klassisches Beispiel für eine künstliche Zuchtwahl, wie sie von Tauben- oder Hundezüchtern betrieben wird. Wegen des raschen Lebenszyklus der Amöben wurden die Effekte der Auslese jedoch viel rascher offenkundig als bei den langsam sich vermehrenden Säugetieren oder Vögeln. Nach fünf Jahren hatte Jeon eine Kolonie bakterientragender Amöben in Händen, die in jeder Hinsicht gesund erschienen, sich einmal pro Tag teilten, ganz wie ihre nichtinfizierten Verwandten. Jede dieser Amöben trug aber immer noch bis zu 40 000 Bakterien in sich.

Dies ist nicht das Ende der Geschichte. Bei Amöben ist es möglich, den Kern einer Zelle in eine andere Zelle einzupflanzen. Die Amöben mit den vertauschten Zellkernen wachsen fröhlich weiter und teilen sich, denn jeder Kern enthält praktisch die gleiche DNS-«Botschaft», und jede Zelle enthält praktisch die gleichen chemischen «Fabriken». Aber als Jeon dem neuen Stamm bakterientragender Amöben Kerne entnahm und sie in die nicht von Bakterien befallenen Amöben der ursprünglichen Art einpflanzte, deren Zellkern entfernt worden war, starben diese. Wenn jedoch die «saubere Zelle» mit dem neuen Zellkern, bevor sie sterben konnte, absichtlich mit ein paar der Bakterien infiziert wurde, vermehrten sich diese und wuchsen zu einer Bevölkerung bis zu 40 000 an, während die Zelle wieder gesund wurde. Die

Kerne der infizierten Zellen konnten also nicht mehr ohne die Bakterien leben. Sowohl aufgrund einer zufälligen Infektion wie auch aufgrund von Jeons künstlicher Auslese war eine neue Art von Amöben entstanden, die in Symbiose mit den Bakterien lebte.

Diese bestimmte neue Art hätte vielleicht nie ohne seine Hilfe überlebt. Selbst die wenigen ursprünglichen Zellen, die sich vermehrten, reagierten sehr empfindlich auf Hitze und Kälte, und wurden sehr viel leichter als normale, nicht von Bakterien angegriffene Amöben durch Antibiotika abgetötet. Stellen wir uns aber vor, wie die Situation vor etwas mehr als 1,5 Milliarden Jahren aussah, als es in den irdischen Gewässern nebeneinander verschiedene Zellsorten gab. Große Bakterien, die einen relativen Reichtum an biologischem Material enthielten, wären sehr leicht zur Beute kleinerer Bakterien geworden, die einfach in sie eingedrungen wären (wie die Bakterien, die in Jeons Amöben eindrangen) und ihre Nahrung aus ihnen entnommen hätten. Aber wenn die angegriffene Zelle gestorben wäre, wären viele der Eindringlinge mitgestorben.

Wenn jedoch einige der angegriffenen Zellen eine Toleranz gegenüber den Eindringlingen entwickelt hätten und mit der Tatsache leben gelernt hätten, daß Kolonien der Eindringlinge in ihrem Innern hausten, wäre dies von Vorteil – auch im entwicklungsgeschichtlichen Sinn, daß nämlich die Reproduktion der DNS auch der Eindringlinge sichergestellt wäre. Sie hätten sich von den Überbleibseln der biologischen Prozesse ernähren können, die in den Zellen abliefen. Und anders als Jeons Amöben hätten die Eindringlinge in diesem Fall einen Vorteil mit sich gebracht, nämlich die Fähigkeit, einen effektiveren Gebrauch von der Energie zu machen und damit etwas der angegriffenen Zelle zurückzugeben.

Margulis hat überzeugend dargelegt, daß Mitochondrien auf genau diesem Weg in eine Zellsorte gelangten, die sich heute als komplexe eukaryontische Zellen darstellen. Und der letzte Beweis wurde erbracht, als Forscher herausfanden, daß Mitochondrien ihre eigene DNS enthalten, die von der DNS der Zelle recht verschieden ist. Die DNS der Mitochondrien ähnelt sehr derjenigen von bestimmten freilebenden Bakterienarten. Ausgestattet mit ihrem eigenen genetischen Material, teilen sich die Mitochondrien unabhängig vom Rest der Zelle, in der sie leben, und nicht notwendigerweise zur gleichen Zeit, wie dies die Zelle tut. Die Zelle benötigt bei der Teilung nur eine genügende Zahl von Mitochondrien, die dann auf die beiden Tochterzellen verteilt werden können.

Es gibt keinen vergleichbaren, direkt auf der DNS beruhenden Beweis, daß die anderen Bausteine komplexer eukaryontischer Zellen als unabhängige, treibende Zellen in die einfacheren Vorfahren integriert wurden. Aber man erkennt leicht, wie eine solche Symbiose zustande gekommen sein könnte, und warum sie in revolutionärer Weise von Vorteil für beide war, die angegriffene Zelle und den Eindringling. Da es einen direkten Hinweis gibt, daß Mitochondrien auf diese Weise in Zellen eingedrungen sind, und Jeons Arbeiten ebenfalls gezeigt haben, daß Bakterien mit Amöben in Symbiose leben können, ist der symbiotische Ursprung unserer Zellen so gut wie bewiesen, auch wenn diese Entwicklung mehr als eine Milliarde Jahre zurückliegt. Diese Art von Symbiose scheint aber nicht sehr weitverbreitet gewesen zu sein. Der Trick einer Symbiose zwischen einer Zelle und einem eindringenden Ur-Mitochondrium kann möglicherweise nur einmal oder wenige Male in der Geschichte der unzähligen Billionen von Zellen im Urozean funktioniert haben. Solange die daraus entstandenen Symbionten einen Vorteil gegenüber ihren Rivalen hatten, hinterließen sie mehr Nachkommen. Mit der Fähigkeit, ihre Zahl jeden Tag zu verdoppeln, bis sie die Grenze des Nahrungsnachschubs oder irgendeine andere Grenze erreicht hatten, dauerte es nicht sehr lange, bis diese neue Art von Zellen ihren exponierten Platz auf der Bühne der Evolution eingenommen hatte.

So wie die Zellen in unserem Körper aus den Nachfahren von einzelnen freilebenden Organismen aufgebaut sind, die gelernt haben zusammenzuarbeiten, so sind unsere Körper selbst aus Billionen von Zellen aufgebaut. Es gibt etwa tausendmal mehr Zellen in unserem Körper als Sterne in unserer Milchstraße. Und jede dieser Zellen hängt von der Existenz von Chloroplasten ab, die die Arbeit der Photosynthese erledigen – obwohl diese Chloroplaste sich nicht in den Zellen unseres Körpers befinden, sondern in den Zellen von Pflanzen, die auf dem Land oder in den oberen Schichten der Weltmeere wachsen.

Wenn man diesen Gedanken weiterspinnt, wird deutlich, daß das komplexe Geflecht des irdischen Lebens nicht entflochten werden kann, sondern als ein großes Ganzes betrachtet werden muß. Die Tiere haben sich entwickelt, indem sie beispielsweise etwas benutzten, was die Pflanzen als Abfallprodukt lieferten – in die Erdatmosphäre freigesetzten Sauerstoff. Die Pflanzen haben sich entwickelt, indem sie beispielsweise Insekten bei der Bestäubung einsetzten (einige Pflanzenarten sind im äußersten Maße davon abhängig und können sich ohne die Hilfe von Insekten nicht vermehren). Lewis Thomas, einer der besten populärwissenschaftlichen Schriftsteller auf dem Gebiet der Biologie, ist so weit gegangen, die Erdatmosphäre als «der Welt größte (Zell-)Membran» zu bezeichnen. Er hat das nicht wörtlich gemeint, sondern als Metapher, die verdeutlicht, daß alles irdische Leben in einer Weise zusammenhängt, die vergleichbar mit der Abhängigkeit der vier Komponenten einer eukaryontischen Zelle voneinander erscheint. In seinem Buch *Nachtgedanken beim Hören von Mahlers Neunter Symphonie* schrieb Thomas: «Von der richtigen Entfernung aus betrachtet, aus dem Blickwinkel eines extraterrestrischen Besuchers, muß die Erde als eine einzige Kreatur erscheinen.»

Sie müssen nicht gerade E.T. sein, um die Erde auf diese Weise zu betrachten, Sie benötigen dazu nur die rechte Einsicht. Die extraterrestrische Perspektive – der Blick aus dem Weltraum – ist trotzdem wichtig. Beim Nachdenken, auf welche Weise Leben auf dem Mars nachweisbar sein könnte, hatte James Lovelock die Idee, daß es nutzlos ist, Raumsonden auszuschicken, um nach Leben auf dem Mars zu suchen. Er wies darauf hin, daß die Information, die wir mit Hilfe irdischer Instrumente schon gesammelt haben, ausreiche, um festzustellen, daß der Mars ein toter Planet ist. Außerdem fand Lovelock, daß jeder Besucher aus dem Weltraum ohne Schwierigkeiten herausfinden kann, daß die Erde ein lebendiger Planet ist, ohne daß er seinen Fuß (oder Tentakel) auf die Oberfläche unseres Planeten setzen muß.

Lovelock erzählt, wie ihn diese Erkenntnis 1965 wie ein Blitz durchfuhr, als er für die NASA arbeitete und Instrumente entwarf, die schließlich in den Viking-Raumsonden zum Einsatz kamen, die in der Luft und dem Boden des Mars nach Spuren von Leben suchten. Er fand, daß es nicht nötig ist, mit großen Mühen und Kosten mittels einer Marssonde all diese genauen Tests zu machen. Da die Astronomen schon wußten, daß die Atmosphäre des Mars inaktiv ist, so argumentierte er, müsse der Mars ein toter Planet sein.

Die Atmosphäre des Mars enthält chemische Verbindungen mit sehr kleiner Bindungsenergie, ähnlich den Auspuffgasen eines Verbrennungsmotors. Im Gegensatz dazu enthält die Atmosphäre der Erde eine Gasmischung mit einem sehr hohen Energiegehalt. Das bedeutet, daß die Gase sehr leicht miteinander und mit Materialien auf der Erde reagieren können, um Energie freizusetzen und energiearme Verbindungen zu bilden. Der Sauerstoff in der Luft beispielsweise reagiert in einer einfachen chemischen Reaktion sehr heftig mit Holz, und es entsteht Kohlendioxid. Sauerstoff ist eine energiereiche Substanz, Kohlendioxid eine energiearme. So wie Wasser immer den Berg herabläuft, so laufen die einfachen chemischen Reaktionen immer zum Zustand niedrigster Energie hin ab.

Dies ist ein Beispiel für den zweiten Hauptsatz der Thermodynamik, der als das grundlegendste Gesetz in der Natur angesehen werden kann. Es besagt, daß sich Dinge abnutzen. Die Sonne beispielsweise wandelt eine hochenergetische Form der Materie, den Wasserstoff, in eine niederenergetischere Form, das Helium, um und strahlt die dadurch gewonnene Energie in den Weltraum ab. Eines Tages wird die Sonne ihren gesamten Kernbrennstoff verbraucht haben und ein kaltes, ausgebranntes Häufchen Asche sein. Dies illustriert die allgemeinste Form des zweiten Hauptsatzes – die Wärme fließt immer von einem heißeren zu einem kühleren Objekt, niemals in die andere Richtung. Wenn man einen Eiswürfel in eine Tasse Kaffee wirft, fließt die Wärme des Kaffees in den Eiswürfel: das Eis schmilzt und der Kaffee wird kälter. Die Wärme fließt nie vom Eiswürfel zum Kaffee und macht das Eis noch kälter und den Kaffee noch wärmer.

Menschliche Aktivitäten und Lebensprozesse allgemein können diese natürliche Folge von Dingen auf kleinen Skalen umkehren, doch nur unter Verbrauch von Energie, die von außen entwendet wird. Man braucht beispielsweise eine bestimmte Energiemenge, um einen Eiswürfel herzustellen. Auf ähnliche Weise wird das Kohlendioxid durch die Photosynthese in Kohlenstoff und Sauerstoff zerlegt, aber nur mit Hilfe der Sonnenenergie. Dies ist, als ob man mit Hilfe von Energie von außen Wasser den Berg hinauflaufen läßt – vielleicht mittels einer elektrischen Pumpe. Aber die Energie, die man hineinsteckt, um das Wasser den Berg hinauflaufen zu lassen, wird immer größer sein als die Energie, die man gewinnen kann – wenn z.B. durch das herablaufende Wasser das Rad eines Dynamos angetrieben wird. Die Pflanzen erhalten die Energie für die Photosynthese aus dem Sonnenlicht, doch die Energie, die freigesetzt wird, wenn der so gebildete Kohlenstoff und Sauerstoff miteinander reagieren, wird immer kleiner sein als die Energie, die zur Spaltung der Kohlendioxidmoleküle verwendet wurde.

Die Tatsache, daß die Erde eine sauerstoffreiche, leicht reaktive Atmosphäre besitzt, ist ein Zeichen dafür, daß etwas in chemischer Hinsicht Ungewöhnliches auf unserem Planeten abläuft. Während die Marsatmosphäre den Auspuffgasen einer Verbrennungsmaschine ähnelt, ähnelt die Erdatmosphäre dem Gasgemisch, das in solch eine Maschine eingespritzt wird. Dies ist nur möglich, weil es Pflanzen gibt, die Energie von der Sonne einfangen können. Wenn man die Sonne und alle Planeten des Sonnensystems zusammennimmt, wird der zweite Hauptsatz nicht verletzt, die Dinge nutzen sich in der Tat ab. Dies wird manchmal durch den Begriff der *Entropie* beschrieben – Entropie nimmt zu, wenn ein System sich nach unten in einen Gleichgewichtszustand bewegt; die Entropie des gesamten Sonnensystems nimmt zu, so wie auch die Entropie des gesamten Universums zunimmt.

Ein Besucher von einem anderen Stern unseres Sonnensystems könnte ein einfaches Spektroskop verwenden, um die Atmosphären der Planeten zu untersuchen. Während Venus und Mars kohlendioxidreiche Atmosphären haben und kein Leben aufweisen, muß die Erde mit ihrer sauerstoffreichen Atmosphäre Leben tragen.

In der Mitte der sechziger Jahre stießen Lovelocks Ansichten auf frostige Ablehnung. Wenn sie ernst genommen worden wären, hätte dies dem ganzen Viking-Projekt den Boden unter den Füßen weggezogen. Der Hauptzweck der Mission war ja gerade, nach Leben auf dem Mars zu suchen, und Lovelock argumentierte in überzeugender Weise, daß es kein Leben auf dem Mars gibt. Während er seine Arbeit an der Instrumentierung der Mission weiterführte, entwickelte er seine Idee mit Hilfe einiger Kollegen weiter. Im Jahre 1968 war er auf den Gedanken gekommen, daß das ganze, in gegenseitiger Wechselwirkung befindliche Ökosystem der Erde ein selbstregulierendes System sei, und im Jahr 1970 schlug sein Freund und damaliger Nachbar, der Schriftsteller William Golding, vor, diesem Ökosystem den Namen Gaia zu geben, die Bezeichnung für die griechische Göttin der Erde. 1977 bestätigten die Viking-Sonden, daß es auf dem Mars in der Tat kein Leben gibt, so wie es Lovelock mehr als 10 Jahre zuvor vorhergesagt hatte. Zu dieser Zeit hatte die Erkenntnis, daß das irdische Leben seine Umwelt beeinflußt und selbst beim Auftreten externer Einflüsse – wie Änderungen in der Energieabstrahlung der Sonne – Bedingungen aufrecht erhält, die für das Leben günstig sind, Eingang in weitere Kreise gefunden, und Lovelock schrieb sein erstes Buch über Gaia.

Inzwischen gibt es viele verschiedene Ansichten über Gaia. Sie reichen von der halbreligiösen Art, mit der viele Menschen die Idee eines Planeten als einer lebenden «Mutter Erde» auffassen, bis hin zur harschen Opposition einiger Wissenschaftler, die die ganze Sache als ausgemachten Blödsinn ansehen. Die Wahrheit liegt, wie auch Lovelocks eigener Standpunkt, irgendwo zwischen diesen beiden Extremen. Man muß sich schon anstrengen, Gaia als einen einzigen Organismus anzusehen, selbst wenn man sich leicht vorstellen kann, daß eine eukaryontische Zelle einen einzelnen Organismus darstellt. Lovelock behauptet nicht, daß Gaia in irgendeiner Weise ein Bewußtsein besitzt, und erst recht nicht, daß sie intelligent ist. Wie die Vorhersage, daß der Mars ohne Leben sein würde, haben sich noch andere wesentliche Aussagen von Lovelock und seinen Kollegen über die Erde nachträglich durch Beobachtungen als richtig erwiesen. Die Gaia-Hypothese scheint besser als irgendeine andere wissenschaftliche Idee in der Lage zu sein, ein Rätsel zu erklären, das lange Zeit Geologen, Astronomen und Biologen beschäftigt hat: Warum war die Erde für Milliarden Jahre so warm, obgleich die junge Sonne relativ kühl und schwach war?

Dieses Rätsel ist unter dem Namen «Paradox der schwachen jungen Sonne» bekannt. Die Astronomen verstehen die Entwicklung eines Sterns wie der Sonne sehr gut. Sie können ihre theoretischen Modelle prüfen, indem sie die Vorhersagen ihrer Berechnungen mit Beobachtungen ähnlicher Sterne in verschiedenen Stadien ihrer Entwicklung vergleichen, so wie man den Lebenslauf eines Baumes rekonstruieren kann, wenn man viele Bäume eines Waldes in verschiedenen Wachstumsstufen betrachtet. (Astronomen benutzen das Wort Evolution oder Entwicklung, um den Lebenslauf eines einzelnen Sterns zu beschreiben, wir reden hier also noch nicht über aufeinanderfolgende Sterngenerationen.) Seit sich die Sonne und ihr Planetensystem bildeten, hat sich die Helligkeit der Sonne um 45 Prozent erhöht – anders gesagt, zu der Zeit, als das erste Leben auf der Erde auftauchte, war die Sonne um 30 Prozent kühler als heute.

Man könnte zunächst annehmen, das Rätsel der schwachen jungen Sonne bestehe darin, daß die Erde vor 3 oder 4 Milliarden Jahren kein gefrorener Eisklumpen war, sondern daß damals Wasser in flüssiger Form «in warmen Tümpeln» existierte, damit die Evolution ihren Anfang nehmen konnte. Das Gegenteil ist der Fall. Es gibt kein Problem zu erklären, warum die Erde warm genug war, damit es dort Ozeane und Seen gab, obwohl die Sonne kühler war als heute. Die Erde formte sich aus einer Zusammenballung von steinernen Körpern, die um die junge Sonne kreisten. Bei der Entstehung der Erde wurde durch den Einfall dieser Körper kinetische Energie in Form von Wärme freigesetzt, während das Innere des Planeten durch den Druck des sich auf seiner Oberfläche ansammelnden Materials so heiß wurde, daß das Gestein schmolz und vulkanische Aktivität einsetzte. Das hatte zur Folge, daß die Atmosphäre der jungen Erde reich an Verbindungen wie Kohlendioxid gewesen sein muß, das sich durch vulkanische Aktivität und das «Ausgasen» heißen Gesteins auf der Oberfläche bildete. Als der Meteoritenhagel abebbte und die Planetenoberfläche abkühlte, verhinderten die Gase der Atmosphäre, daß die Temperatur unter den Gefrierpunkt von Wasser absank; die Wärme wurde durch den Treibhauseffekt gefangengehalten.

Das funktioniert folgendermaßen: Die Sonne strahlt den größten Teil ihrer Energie in Form von sichtbarem Licht ab (das ist keine Überraschung, denn unsere Augen haben sich so entwickelt, daß sie sich die zur Verfügung stehende Strahlung zunutze machen). Sichtbares Licht dringt durch die Atmosphäre (selbst durch eine Atmosphäre, die reich an Kohlendioxid ist), ohne daß es absorbiert wird. Die einfallende Sonnenenergie wärmt die Oberfläche des Planeten auf, Energie in Form von Infrarotstrahlung wird in den Raum zurückgestrahlt. Ein Teil der Infrarotstrahlung, deren Wellenlänge größer ist als die des sichtbaren Lichts, wird von atmosphärischen Gasen wie Kohlendioxid absorbiert. Dies wärmt die Atmosphäre in Bodennähe auf und hält den ganzen Planeten wärmer, als er andernfalls sein würde. Heute gibt es nur eine Spur von Kohlendioxid in der Atmosphäre, etwa 0,03 Prozent, doch der durch dieses Kohlendioxid zusammen mit dem Wasserdampf verursachte Treibhauseffekt bewirkt, daß die Erde um 33 Grad Celsius wärmer ist, als sie ohne eine Atmosphäre wäre. Der Mond hat eine mittlere Oberflächentemperatur von −18 Grad Celsius, die Erde eine mittlere Oberflächentemperatur von 15 Grad Celsius.

Die Atmosphäre der jungen Erde war sicherlich reicher an Treibhausgasen als die heutige – und nach Lovelocks Ansicht vielleicht auch dichter. Beides trug ebenfalls zu einer Temperaturerhöhung bei. Es überrascht also nicht, daß die Oberfläche der jungen Erde so warm war, daß flüssiges Wasser auf ihr existierte. Das Rätsel liegt darin, daß bei der allmählichen Aufheizung der Sonne die Atmosphäre der Erde ihre Zusammensetzung in genau der richtigen Weise geändert hat, um eine fast konstante Oberflächentemperatur zu gewährleisten. Dies ergibt sich aus geologischen Untersuchungen. Es gab natürlich Schwankungen, wie die Eiszeiten, aber verglichen mit der Temperatursteigerung, die sich durch die Aufheizung der Sonne hätte ergeben müssen, ist die Temperatur praktisch konstant geblieben, und die eiszeitlichen Änderungen sind nur sehr klein. Der Erde ist es gelungen, sich nicht durch einen außer Kontrolle geratenen Treibhauseffekt zu überhitzen, bei dem so viel Wärme eingefangen worden wäre, daß das Wasser der Ozeane verdampft wäre und sich der Planet in eine glühendheiße, trockene Wüste verwandelt hätte. Ein solches Schicksal hat die Venus erlitten; dieser Planet besitzt noch seine ursprüngliche, chemisch träge Kohlendioxid-Atmosphäre und ist eine heiße, lebensfeindliche Wüste, in der die Temperaturen bis auf 500 Grad Celsius steigen können. Wenn sich auf der Venus jemals hätte Leben entwickeln können, wäre sie heute vielleicht ein lebendiger Zwilling der Erde.

Der Gaia-Hypothese zufolge hat die Aktivität des Lebens selbst dafür gesorgt, daß die Temperatur der Erde innerhalb des Bereichs geblieben ist, den das Leben tolerieren kann. Wenn sich Kohlendioxid ansammeln würde (beispielsweise aufgrund von vulkanischen Aktivitäten), würde dies die Photosynthese, die das überschüssige Kohlendioxid aus der Atmosphäre entfernt, stärker in Gang setzen. Wenn der Kohlendioxidgehalt auf den Punkt fallen würde, bei dem die Pflanzen unter der Kälte zu leiden hätten, weil der Treibhauseffekt reduziert wäre, gäbe es weniger Photosynthese, so daß mehr Kohlendioxid in der Luft bliebe und die Umwelt sich aufwärmen würde.

Dies ist ein sehr vereinfachter Überblick über die mögliche «Gaia»-Methode, mittels der das Leben die Oberflächentemperatur der Erde geregelt hat. Lovelocks Argumentation ist wesentlich präziser und berücksichtigt sowohl den Entzug des Kohlendioxids aus der Luft durch Photosynthese wie auch die Freisetzung eines anderen Treibhausgases, des Methans, in die Luft, die durch andere biologische Prozesse erfolgt. Wir brauchen aber nicht alle diese Einzelheiten zu betrachten. Lovelock hat eine sehr schöne Analogie entwickelt, um zu erklären, wie die Temperatur eines Planeten durch den Einfluß von Lebensprozessen ungefähr konstant gehalten werden kann, obwohl keine der darin verwickelten Lebensformen eine bewußte Kenntnis der «Solltemperatur» hat. Dieses Modell eines Planeten, der seine eigene Temperatur regulieren kann, wird «Daisyworld» (Gänseblümchenwelt) genannt.

Daisyworld ist ein fiktiver Planet von etwa Erdgröße, der in etwa Erdentfernung einen sonnenähnlichen Stern umkreist. Die Oberfläche des Planeten besteht zum größten Teil aus Land, um den Gänseblümchen, die die verbreitetste Pflanzenform sind, genügend Lebensraum zu bieten (wenn Sie statt dessen einem von Ozeanen bedeckten Planeten den Vorzug geben, können Sie sich statt Gänseblümchen eine Art von Wasserlilien vorstellen). Einige der Gänseblümchen haben eine helle Blütenfarbe, andere sind dunkel, und einige haben eine Farbe, die irgendwo dazwischen liegt. Samen einer bestimmten Pflanzensorte liefern immer Blüten der gleichen Art wie die Mutterpflanze. Wenn die Temperatur unter 5 Grad Celsius fällt, sterben die Gänseblümchen an Kälte, wenn sie über 40 Grad steigt, sterben sie an Hitze. Sie entwickeln sich am besten bei 20 Grad. Um die Rechnungen einfach zu gestalten, nimmt Lovelock an, daß der Anteil des Kohlendioxids und anderer Gase in der Luft von Daisyworld konstant bleibt, und daß es nur nachts regnet, so daß es tagsüber keine Wolken gibt, die die Sonnenhitze abschirmen.

Eine dunkle Oberfläche absorbiert mehr Wärme als eine helle, wie jeder weiß, der schon einmal in ein schwarzes Auto gestiegen ist, das in der Sonne geparkt war. Lovelocks Modell von Daisyworld beginnt an dem Punkt, als die Helligkeit der Sonne so weit angestiegen war, daß die Temperatur am Äquator des Planeten 5 Grad Celsius erreichte. Die Gänseblümchensamen werden über den Planeten verteilt, und der Planet wird sich selbst überlassen.

In der ersten Generation gibt es eine Mischung aller Blütenschattierungen, von schwarz bis weiß. Aber sobald die schwarzen Gänseblümchen zu wachsen beginnen, absorbieren ihre dunklen Blüten mehr Sonnenlicht. In ihrer Umgebung wird die Temperatur angehoben, so daß sie sich gut entwickeln. Gänseblümchen mit weißen Blüten reflektieren das Sonnenlicht und kühlen den Boden in ihrem Schatten unter 5 Grad ab, so daß sie absterben.

In den aufeinanderfolgenden Generationen werden dunkle Gänseblümchen begünstigt, sie bekommen mehr Nachwuchs und breiten sich über den Planeten aus. Dabei wird die Oberfläche von Daisyworld immer wärmer, und der Planet kann die Sonnenwärme immer effektiver absorbieren. Gleichzeitig wird die Temperatur der Sonne von Daisyworld immer heißer, genauso wie unsere Sonne.

Aber sobald die Temperatur über 20 Grad steigt, sind die dunklen Gänseblümchen benachteiligt. Es wird ihnen zu heiß, und obwohl sie überleben, geht es ihnen schlechter als den weißen Gänseblümchen, die besser Wärme wegreflektieren können. Nun liegt es an den weißen Gänseblümchen, sich besser zu vermehren, und sie erobern Gebiete, in denen früher dunkle Gänseblümchen wuchsen.

Für eine lange Zeit nimmt der Anteil der weißen Gänseblümchen zu und der Anteil der schwarzen nimmt ab, während die Temperatur von Daisyworld bei 20 Grad Celsius stagniert, obwohl die Temperatur der Sonne immer weiter ansteigt. Irgendwann kommt allerdings der Zeitpunkt, zu dem der gesamte Planet mit weißen Gänseblümchen bedeckt ist, die soviel Sonnenhitze wie möglich reflektieren, die Temperatur der Sonne aber immer noch zunimmt. Schließlich steigt die Temperatur über 40 Grad Celsius, und alle Gänseblümchen gehen zugrunde; von diesem Zeitpunkt an steigt die Temperatur des Planeten parallel zu der seiner Sonne.

Auf den Einwand von Kritikern hin, daß dieses Modell von Daisyworld zu einfach ist, um ernstgenommen zu werden, hat es Lovelock beträchtlich verfeinert. Er hat 20 verschiedene Arten von Gänseblümchen angenommen, alle mit unterschiedlichen Farben, und hat dazu den Einfluß von «Kaninchen», die Gänseblümchen fressen wie auch den von «Füchsen», die die Kaninchen jagen, betrachtet. All dies findet in einem Computermodell statt, das selbst Effekte berücksichtigen kann wie eine plötzlich auftretende Seuche, die 30 Prozent aller Gänseblümchen vernichtet. Alle Einzelheiten können in Lovelocks Buch *Das Gaia-Prinzip* nachgelesen werden. Unter dem Strich kommt immer dasselbe heraus – eine sehr einfache Rückkopplung, die die Auswirkung der Temperatur auf Lebewesen einschließt, kann die Temperatur eines Planeten wie der Erde bei einer ständig steigenden Energieabstrahlung der Sonne für lange Zeiträume auf dem gleichen Niveau halten. Wenn Lebensprozesse, bei denen Kohlendioxid oder Methan eine Rolle spielen, in gleicher Weise auf Temperaturänderungen reagieren, ist es im Prinzip sehr einfach zu verstehen, wie die Erde ihr angenehmes Klima behalten hat, während die Sonne heißer wurde, selbst wenn wir noch längst nicht alle Einzelheiten der Rückkopplungs-Mechanismen kennen.

Wir können die verschiedenen Rückkopplungs-Mechanismen, die bei der Gaia-artigen Temperaturregulierung auf der Erde ablaufen, jedoch besser verstehen, wenn wir ein bestimmtes Beispiel betrachten: die Wechselwirkung des Lebens mit dem Kohlendioxid in der Luft und mit der Stärke der Bewölkung. Dies ist das schönste und eindrucksvollste Beispiel, das bisher ausgearbeitet worden ist und Gaia an der Arbeit zeigt. Kleine Lebewesen, Plankton und Algen, die in den oberen Schichten der Ozeane leben, nehmen durch Photosynthese Kohlendioxid auf. Das Plankton speichert einen Teil des Kohlenstoffs in Form von Karbonaten in Schalen, die schließlich Kalkablagerungen auf dem Meeresboden bilden; sehr viele Meeresalgen sondern (unter anderem) eine Substanz ab, die Dimethylsulfid (DMS) genannt wird.

Lovelock begann sich für den Lebenszyklus dieser Organismen zu interessieren, weil Schwefel ein wichtiges Lebenselement ist, das ständig dem Land verloren geht, da Sulfate im Wasser der Flüsse ins Meer gelangen. Wenn das Gaia-Konzept irgendeine Bedeutung hat, sollte es einen Weg geben, wie der Schwefel wieder vom Meer aufs Land gelangen kann. Das von den Meeresalgen in die Luft abgesonderte DMS scheint ein idealer Träger zu sein. In den achtziger Jahren fanden Forscher heraus, daß große Mengen von DMS von Meeresalgen in die Luft abgegeben werden, genug, um diese Aufgabe zu erfüllen. Aber die Algen haben natürlich die Eigenschaft, DMS abzusondern, nicht entwickelt, um das Leben auf dem Land zu fördern. Welchen Nutzen bringt es ihnen?

Lovelock wußte, daß viele Meereslebewesen Schwierigkeiten haben, das Salz des Seewassers aus dem Innern ihrer Zellen fernzuhalten. Das Natriumchlorid in den Weltmeeren dringt in die Zellmembranen ein und zerstört die darin ablaufenden Lebensprozesse. Eine Möglichkeit, das Salz zurückzuhalten, besteht darin, einen geeigneten Druck einer ungiftigen Verbindung in der Zelle aufzubauen. Die von vielen Meeresalgen dafür benutzte Verbindung wird um ein Schwefelatom herumgebaut – sie wird als Dimethylsulphonpropionat bezeichnet. Weil Schwefel in den Meeren weitverbreitet ist (da er vom Land in die Meere gelangt), hat sich das Leben in den Meeren so entwickelt, daß es Nutzen aus ihm zieht. Die Freisetzung von DMS in die Luft, die den Schwefel zurück aufs Land bringt, ist ein Nebenprodukt dieses Vorgangs.

Wenn sich das DMS in der Luft befindet, schwebt es nicht einfach aufs Land zurück. Nachdem einmal erkannt worden war, welch große Mengen von DMS sich in der Ozeanluft befinden, vermuteten Robert Charlson und Mitarbeiter von der Universität von Washington in Seattle, daß das DMS auch imstande war, ein anderes Rätsel zu lösen: Auf welche Weise können sich Wolken in großer Entfernung vom Land bilden?

Eine Wolkenbildung in der Luft ist ohne kleine Teilchen, sogenannte Kondensationskeime, schwierig. Die Wassertröpfchen, die sich aufbauen, die Wolken und schließlich Regentropfen bilden, entstehen um diese mikroskopisch kleinen Keime. Sie könnten sich ohne diese nicht bilden, selbst wenn die Luftfeuchtigkeit sehr hoch ist. Über dem Land und über den Küstengewässern gibt es viele solche potentiellen Kondensationskeime: durch den Wind aufgewirbelter Staub, organische Substanzen, Umweltverschmutzung durch die verschiedenen menschlichen Aktivitäten und das von Zeit zu Zeit aus Vulkanen freigesetzte Material. Aber wie können sich Wolken in großer Entfernung vom Land bilden, mitten über den Ozeanen? Wenn DMS in die Luft freigesetzt wird, reagiert es mit Sauerstoff und bildet Schwefelsäuretröpfchen. Charlson erkannte, daß diese Tröpfchen die Keime sein könnten, mit deren Hilfe sich die Wolken bilden können. Beobachtungen des Pazifischen Ozeans von Erdsatelliten aus haben gezeigt, daß Wolken sich besonders entlang der Handelsschiffahrtsstraßen zusammenballen, wo wolkenbildende Keime durch die Schornsteine der Schiffe abgegeben werden. Was Keime aus Schiffsschornsteinen können, kann DMS sicher genausogut. Was sind also die Konsequenzen für Gaia, wenn die von kleinen Meerestieren abgegebene DMS wirklich die Wolkendecke über den Ozeanen verändern kann?

Das Leben in den Weltmeeren hängt von zwei Dingen ab: genug Rohmaterialien – Nährstoffe – und genug Sonnenlicht für die Photosynthese zur Verfügung zu haben. Selbst Tiere, die sich von photosynthetischen Lebewesen ernähren, hängen immer noch vom Sonnenlicht ab. Sonnenlicht ist nur in der obersten Schicht der Ozeane vorhanden, während die Nährstoffe gewöhnlich in die tieferen Schichten absinken. Selbst in einiger Entfernung vom Land gibt es in Form von Staubteilchen auch Nährstoffe in der Luft, die lebenswichtige Elemente und Verbindungen enthalten, die aber für die Meereslebewesen nicht ohne weiteres erreichbar sind.

Kurzfristig bewirkt eine stärker werdende Bewölkung eine Änderung des Windmusters über der Erde. Die Ausbreitung von Wolken schirmt einen Teil der Sonnenwärme ab, kühlt einige Gebiete der Oberfläche ab, begünstigt das Entstehen von Winden, die die oberen Schichten des Meeres aufwühlen und Nährstoffe aus tieferen in höhere Schichten bringen. Wolken bringen im allgemeinen auch Regen, der die Staubteilchen von den Kontinenten, die reich an Nährstoffen sind, aus der Luft wäscht und im Wasser konzentriert. Wenn sich die Wolkendecke aber zu sehr ausbreitet, schirmt sie zu viel Sonnenlicht ab, reduziert die Photosynthese und damit die Aktivität des Lebens in den oberen Schichten des Ozeans und verlangsamt die Abgabe von DMS. Die Wolken werden aus diesem Grund dünner, die Photosynthese wird aktiviert, die Lebensaktivität nimmt zu, und es wird mehr DMS freigesetzt. Es besteht also die Möglichkeit, daß ein Gaia-artiges Gleichgewicht durch eine Rückkopplung zwischen biologischer Aktivität, DMS-Produktion und Bewölkung existiert, die ähnlich wie die Temperaturregelung auf Daisyworld funktioniert.

Welche Rolle spielt das Plankton? Die gefrorenen Wassermassen des antarktischen Eisschildes können uns darauf eine Antwort geben. Bohrkerne aus dem antarktischen Eis enthalten die jährlich abgelagerten Schichten – je tiefer man bohrt, um so weiter stößt man in die Vergangenheit vor. Die ältesten so erhaltenen Schichten setzen sich aus Schnee zusammen, der vor der letzten Eiszeit fiel – vor mehr als 100 000 Jahren. Und weil diese Schichten, ähnlich wie die Jahresringe der Bäume, chronologisch angeordnet sind, können sie datiert werden, und man kann die Stärke des Schneefalls in der Vergangenheit ermitteln.

Die gefrorenen Bohrkerne enthalten Spuren einer weiteren Schwefelverbindung, der Methansulfonsäure (MSA), die sich aus DMS bilden kann. Während der letzten Eiszeit war die jährliche Menge an MSA im

Schneefall über der Antarktis zwei- bis fünfmal größer als heute. Das muß darauf beruhen, daß die mikroskopischen Lebewesen in den obersten Meeresschichten aktiver waren, als es auf der Erde kühler war – und weil es keinen Grund zu der Annahme gibt, daß die letzte Eiszeit in irgendeiner Hinsicht etwas Besonderes war, stellt dies vermutlich das normale Aktivitätsmuster während der Eiszeiten dar.

Warum ist das so? Die Antwort steckt ebenfalls in den Bohrkernen des Eises, die zwei weitere entscheidende Informationen liefern. Zum einen ergibt die Analyse von im Eis eingeschlossenen Luftbläschen, daß es während einer Eiszeit wesentlich weniger Kohlendioxid in der Luft gab als heute – etwa 0,02 anstelle von 0,03 Prozent. Dies sollte jedoch den Treibhauseffekt nicht so stark reduzieren, daß man mit seiner Hilfe erklären könnte, warum es während einer Eiszeit auf der Erde kühler ist. Die beste Erklärung der Eiszeiten ist die wechselnde Bahngeometrie der Erde bei ihrem Umlauf um die Sonne, die das Wärmegleichgewicht während der Jahreszeiten verändert. Manchmal erfährt der Planet warme Sommer und kalte Winter, während zu anderen Zeiten die Sommer relativ kühl und die Winter relativ mild sind. Und dies, obwohl die Gesamtmenge der im Laufe eines Jahres von der Erde empfangenen Sonnenwärme von Jahrtausend zu Jahrtausend die gleiche bleibt (abgesehen davon, daß die Sonnentemperatur langsam, über geologische Zeitskalen, zunimmt).

Wie kommen die Eiszeiten zustande? Wenn auf der Nordhalbkugel die Sommer kühl genug sind, schmilzt der im Winter in höheren Breiten gefallene Schnee nicht, sondern bleibt liegen und baut sich allmählich zu riesigen Eisschilden auf. Dieser Prozeß wird verstärkt, indem weiße Schnee- und Eisfelder die einfallende Sonnenstrahlung reflektieren und den Planeten kühl halten – genau wie die weißen Gänseblümchen von Daisyworld. Die Sommer auf der nördlichen Hemisphäre sind entscheidend, weil nur dort die Polregionen von Landmassen umgeben sind, wo der Schnee niedergehen kann, ohne zu schmelzen. Auf der Südhalbkugel ist der Polkontinent ständig von Eis bedeckt, er ist aber vom Meer umschlossen. Eine Eiszeit endet nur dann, wenn die sich ändernden astronomischen Einflüsse zu sehr heißen nördlichen Sommern führen, die das Eis zum Schmelzen bringen (obwohl dies, so paradox es scheinen mag, auch bedeutet, daß die Winter zum Ende einer Eiszeit hin kälter werden).

Albert Einstein (1879–1955).
Mit seinen 1917 erschienenen
*Kosmologischen Betrachtungen zur
Allgemeinen Relativitatstheorie*
legte Albert Einstein die Grund-
lagen der modernen Kosmologie.

Edwin Hubble (1889–1953).
Hubbles 1929 erschienene Arbeit
uber einen linearen Zusammenhang zwischen Rotverschiebung
und Entfernung verhalf dem
Konzept eines expandierenden
Universums zum Durchbruch.

Herman, Gamow und Alpher.
Diese als Geschenk fur George Gamow (1904–1968) angefertigte Photomontage zeigt
seine damaligen Mitarbeiter Robert Herman (links) und Ralph Alpher (rechts), wah-
rend Gamow selbst als Geist aus der mit Urmaterie gefullten Flasche entsteigt (Foto:
Ralph Alpher).

Penzias (geb. 1933) und Wilson (geb.1936).
Arno Penzias (rechts) und Robert Wilson (links) stehen vor der Hornantenne, mit
der sie 1964 die kosmische Hintergrundstrahlung entdeckten (Foto: Bell Laborato-
ries, AT&T).

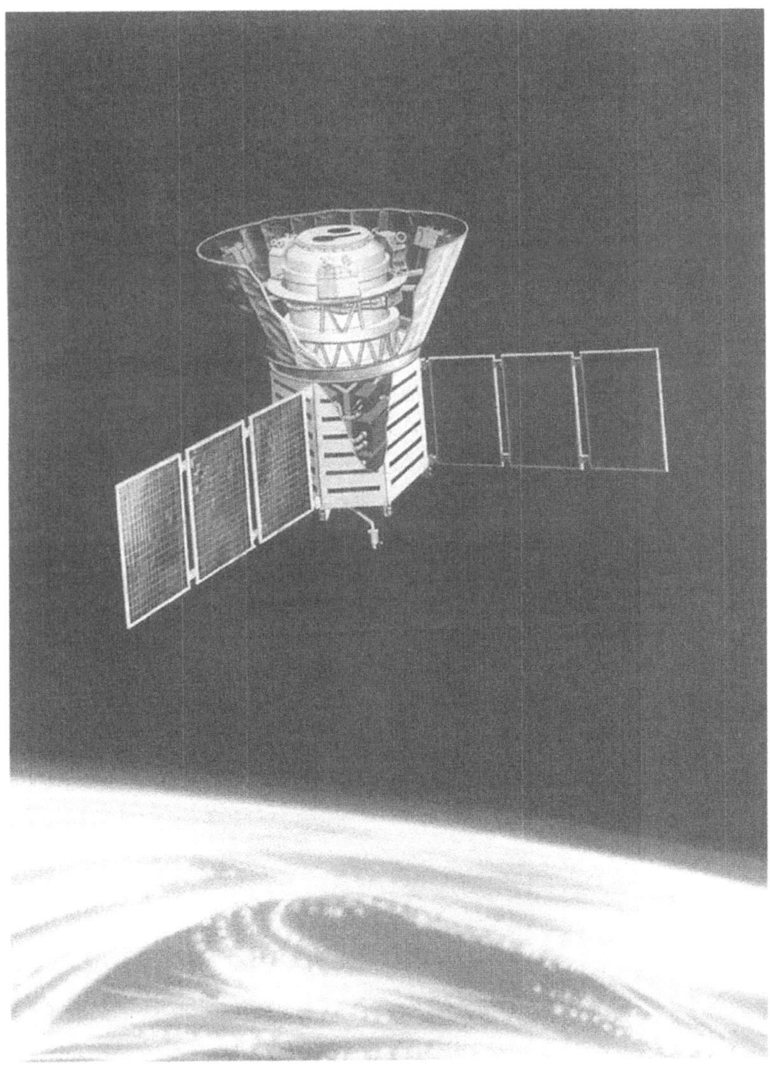

Die Zeichnung des COBE-Satelliten zeigt im oberen Teil die drei wissenschaftlichen Instrumente, von denen sich zwei (das Absolute Spektrophotometer für das ferne Infrarot – FIRAS – und das Experiment für den diffusen infraroten Hintergrund – DIRBE) in einem mit Helium auf 1.5 Grad Kelvin gekühlten Dewar-Gefäß befinden. Das Differentielle Mikrowellen-Radiometer (DMR) benötigt keine Kühlung. Im unteren Teil des Satelliten befindet sich das Kontrollsystem für die Ausrichtung des Satelliten und die Elektronik (Foto: NASA).

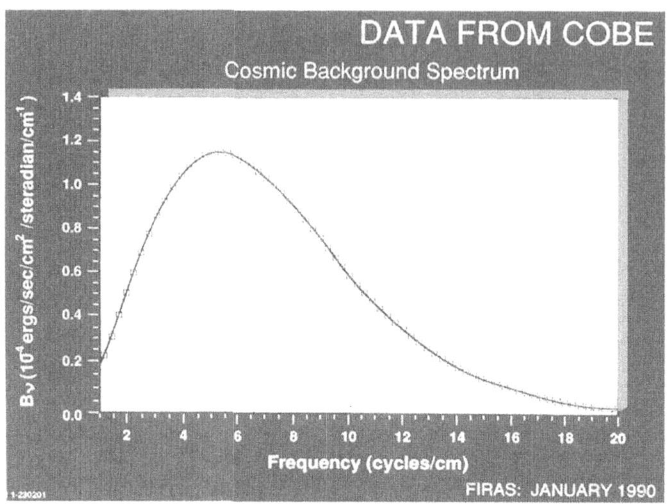

Schwarzkörperstrahlung.
Das durch die COBE-Beobachtungen ermittelte Spektrum der kosmischen Hintergrundstrahlung ist hier mit dem Spektrum eines schwarzen Körpers mit einer Temperatur von 2.735 Grad Kelvin verglichen. Beide Spektren stimmen mit einer Genauigkeit von 0.25 Prozent miteinander überein (Foto: NASA).

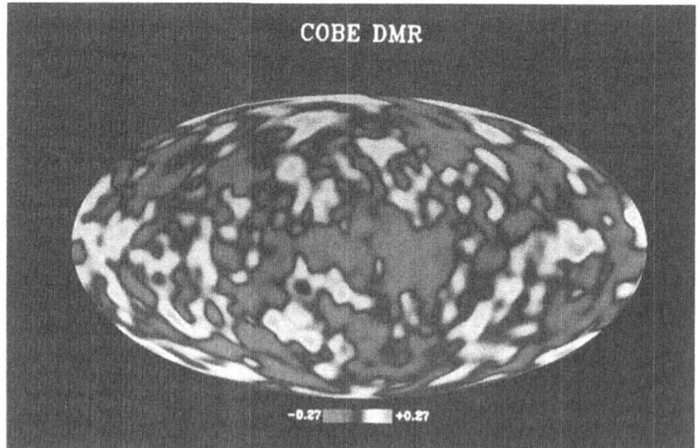

Von COBE gefundene Temperaturfluktuationen.
Die von COBE entdeckten Abweichungen von der mittleren Temperatur der Hintergrundstrahlung im Universum, wie es etwa 300 000 Jahre nach dem Urknall aussah. Die dunkleren Flächen liegen ein wenig unter der Durchschnittstemperatur und entsprechen den Gebieten, in denen die Materie etwas dichter ist und wo sich später großräumige kosmische Strukturen (Galaxienhaufen und -superhaufen) bilden werden (Foto: NASA).

Fred Hoyle (geb. 1915).
Hoyle ist einer der Vater der Nuklearsynthese und Verfechter der These, daß sich das Leben im interstellaren Raum entwickelt hat (mit freundlicher Genehmigung von Phil Starling).

James Lovelock (geb. 1919).
Er entwickelte die Hypothese, sich die Erde als Gaia, als lebendigen Organismus vorzustellen(mit freundlicher Genehmigung von Gaia Books Ltd. © Sandy Lovelock).

Die Replikation einer DNS-
Doppelhelix. DNS ist das
grundlegende Kopiermate-
rial für das ganze irdische
Leben.

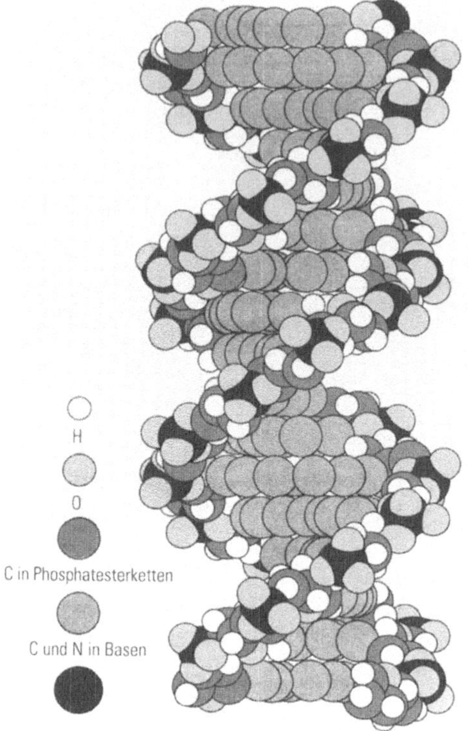

Blaualgen, eine der ältesten
Lebensformen auf der Erde,
sind hier in der Mikrophoto-
graphie mittels negativem
Phasenkontrast sichtbar
gemacht (mit freundlicher
Genehmigung der Carl Zeiss
Jena GmbH entnommen aus:
Jean Heidmann, *Bioastrono-
mie*, Springer Verlag, Heidelberg 1994, S. 73).

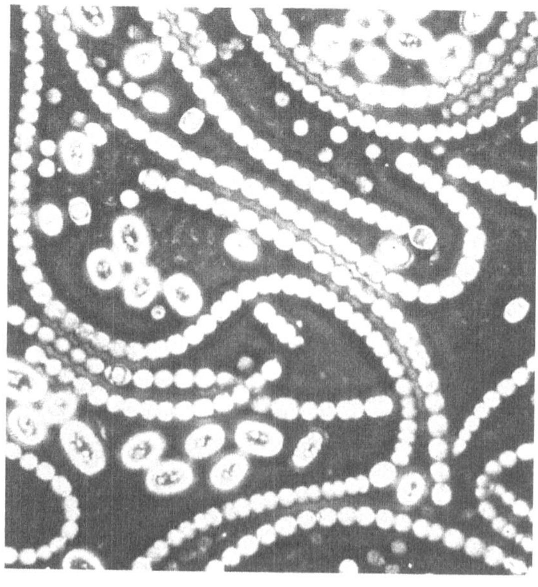

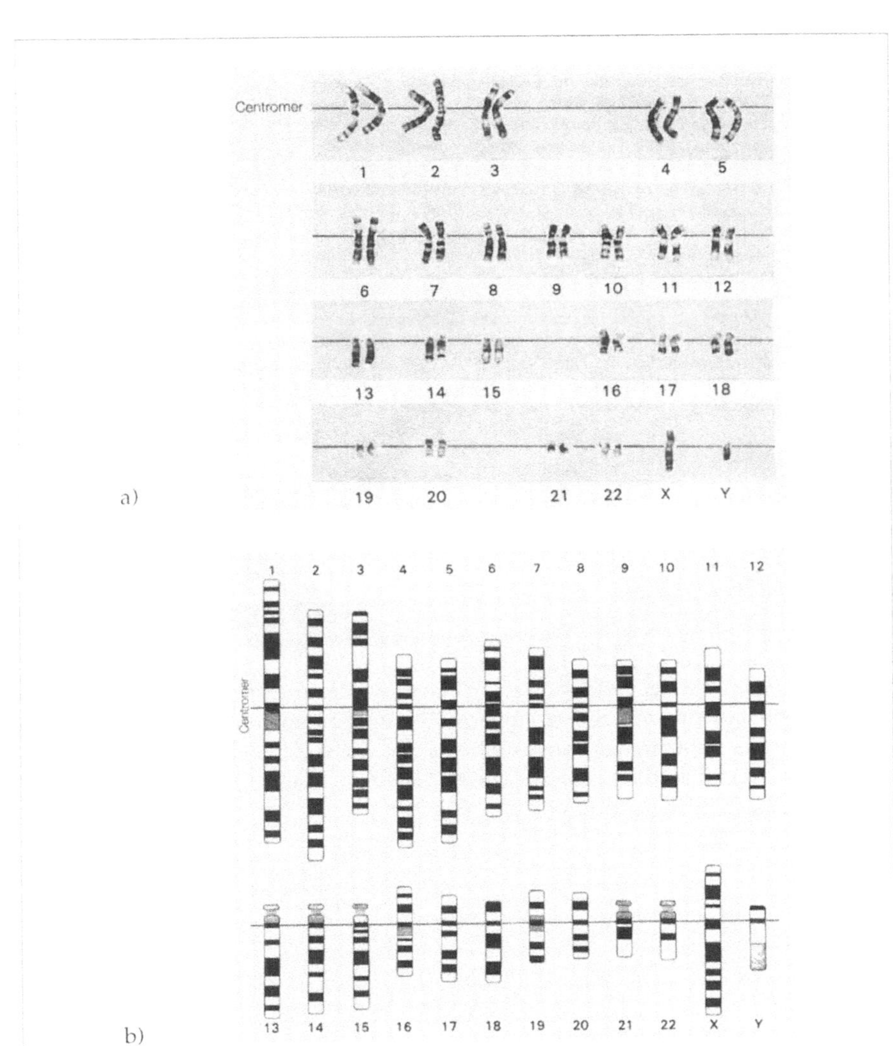

Zusammenfassende Darstellung der menschlichen Chromosomen. (Quelle: Maxine Singer/Paul Berg: *Gene und Genome*, Spektrum Akademische Verlag, Heidelberg 1992, S. 13). Die Chromosomen sind entsprechend ihrer Größe sortiert und durchnumeriert; die horizontalen Linien bezeichnen die Lage der Centromere.
a) Foto des vollständigen Chromosomensatzes eines Mannes (mit freundlicher Genehmigung von Uta Francke).
b) Die schematische Darstellung faßt die in (a) enthaltene Information zusammen. Mit Ausnahme der Geschlechtschromosomen X und Y ist nur ein Chromosom eines jeden Paares aufgeführt, verschiedene Schraffuren entsprechen unterschiedlich intensiv gefärbten Banden (mit freundlicher Genehmigung des Karger Verlages, Basel, entnommen aus Harnden, D. G.; Klinger, H. P. (Hrsg.): *An International System for Human Cytogenetic Nomenclature*, Karger Verlag, Basel 1985, S. 50).

Diese Gesamtansicht der Erde wurde von einem Astronauten von Apollo 17, der letzten Mondlandemission, im Dezember 1972 aufgenommen. Im Zentrum des Bildes ist Afrika sichtbar, der untere Teil zeigt die Eismassen der Antarktis. Wie kein anderes Bild versinnbildlicht dieses Foto die Gaia-Hypothese – der zerbrechliche blaue Planet als Organismus (Foto: NASA).

Was immer auch für das Zustandekommen der Eiszeiten verantwortlich ist, es ist offenkundig, daß die Verringerung des atmosphärischen Kohlendioxids durch die Abnahme des Treibhauseffekts hilft, die Erde kühl zu halten. Wie verschwindet beim Kühlerwerden das Kohlendioxid aus der Luft? Die aus Eis bestehenden Bohrkerne zeigen, daß sich während einer Eiszeit nicht nur MSA, sondern auch Staubteilchen von überall her in größeren Mengen in der Antarktis niederschlugen. Die Verknüpfung all dieser Ereignisse wurde von John Martin und Steve Fitzwater von den Moss Landing Marine Laboratorien in Kalifornien herausgefunden, die entdeckten, daß gewöhnlicher Staub in der Luft über allen Kontinenten Eisen enthält, das als Düngemittel für die mikroskopischen Pflanzen in den obersten Meeresschichten dient. Es erscheint zunächst seltsam, daß Eisen ein Düngemittel ist. Seine Bedeutung für die Lebewesen beruht auf der Tatsache, daß es ein wesentlicher Bestandteil des Chlorophylls ist, das von den Pflanzen bei der Photosynthese verwendet wird; es ist beispielsweise auch im Hämoglobin des Blutes enthalten, das Sauerstoff im menschlichen Körper transportiert. Ohne genügend Eisen können die Pflanzen des Planktons nicht das vorhandene Sonnenlicht verwenden, um im Wasser gelöste Nährstoffe in biologisches Material umzuwandeln.

Heute ist das Wasser um die Antarktis und im Arktischen Ozean reich an Nährstoffen wie Phosphaten und Nitraten, die nicht von den Pflanzen aufgenommen werden. Denn diese haben nicht genügend Eisen zur Verfügung, um die biologischen Moleküle herzustellen, die zur Aufnahme gebraucht werden. Wenn Meerwasserproben aus diesen Zonen Eisen beigegeben wird, wachsen die Meeresorganismen sehr rasch, weil sie die Nährstoffe aufnehmen können; auf einer größeren Skala kann ein Einströmen von eisenhaltigem Staub vom Land her ein Aufblühen des Lebens im Meer hervorrufen.

Während einer Eiszeit ist die Erde trocken. Ein Großteil des Frischwassers des Planeten ist in Form von Eis gebunden. Wegen der niedrigen Temperaturen verdampft nur relativ wenig Wasser aus den Ozeanen, und die niedergehende Regenmenge ist geringer als heute. Der Wind bläst den Staub vom trockenen Land über die Ozeane, wo das im Staub vorhandene Eisen das Wachstum der Meereslebewesen fördert. Eine Folge davon ist ein starkes Wachstum des Planktons, das Kohlendioxid absorbiert und es in Form von Karbonaten in den Schalen verwendet, die beim Absterben der Lebewesen zum Meeresboden sinken. Eine andere Folge ist das starke Wachstum der Meeresalgen, die die Wolkendecke der Erde verstärken – Wolken reflektieren genauso wie Schneefelder und weiße Gänseblümchen einen Teil der Sonnenwärme. Beide Prozesse tragen dazu bei, daß die Erde kühl und windig bleibt, was für das Wohlergehen dieser Meereslebewesen, die in die Rückkopplungsprozesse eingebunden sind, genau richtig ist.

Es gibt geologische Hinweise darauf, daß der natürliche Zustand der heutigen Erde derjenige einer Eiszeit ist. Im Lauf der letzten 5 Millionen Jahre hat sich das Klima unseres Planeten in einem Rhythmus entwickelt, bei dem Eiszeiten von etwa 100000 Jahren durch «Interglazialperioden» (ähnlich den heutigen Umweltbedingungen) von etwa 15 Millionen Jahren getrennt sind. Andere Faktoren, insbesondere Änderungen der Neigung der Rotationsachse der Erde, die das Gleichgewicht der Jahreszeiten beeinflussen können, sind gerade in der Lage, den Planeten von Zeit zu Zeit aus einer Eiszeit herauszumanövrieren, aber der kühlende Einfluß gewinnt nach ein paar Jahrtausenden immer die Überhand.

Wenn das Leben wirklich eine Gaia-artige Kontrolle über die Temperatur unseres Planeten ausübt, wie dies auch bei Daisyworld der Fall ist, ist es ein ernüchternder Gedanke, daß die wichtigsten biologischen Rückkopplungs-Mechanismen nicht durch große Tiere (wie wir) oder durch große Pflanzen wie Bäume hervorgerufen werden, sondern durch die mikroskopische Flora in den obersten Schichten der Weltmeere. Dieser Blickwinkel unterscheidet sich sehr vom üblichen, der den Menschen in den Mittelpunkt der auf der Erde vorhandenen Lebensformen stellt. Der Augenschein lehrt uns, daß Gaia wesentlich kühlere Umweltbedingungen «bevorzugt», als wir sie gewohnt sind, Bedingungen, unter denen die Meereslebewesen gedeihen. Und dies wirft ein Licht auf ein anderes Problem, das sich für den lebendigen Planeten stellt.

Der Anteil des Kohlendioxid in der Luft ist winzig – nur 0,03 Prozent der atmosphärischen Gase. Aber die Sonne wird sich im Laufe der nächsten paar Milliarden Jahre weiter aufheizen. Kohlendioxid ist neben dem Wasserdampf das wichtigste natürliche Treibhausgas in der Atmosphäre. Da das Leben nicht verhindern kann, daß Wasser verdampft, ist die Entnahme von Kohlendioxid aus der Luft und seine

Einlagerung in Form von Karbonatsedimenten und fossilen Brennstofflagern immer noch die effektivste Methode für Gaia, den Planeten kühl zu halten. Wenn Lovelock recht hat, ist es möglich, daß sich Gaia am Ende einer langen Stabilitätsphase befindet, ähnlich wie Daisyworld, die sich auf die kritische Temperatur von 40 Grad Celsius zubewegt. In einem – verglichen mit den drei Milliarden Jahren der Geschichte des Lebens auf der Erde – relativ kurzen Zeitraum läuft Gaia auf eine Störung zu, bei der die Temperatur dramatisch ansteigen wird, bevor sich (hoffentlich) irgendein neuer Mechanismus entwikkelt, der die Dinge wieder unter Kontrolle bringt.

Dies führt uns zu unseren eigenen, menschlichen Beiträgen. Die meisten unter uns haben mittlerweile erkannt, daß der Anteil von Kohlendioxid in der Luft infolge der menschlichen Aktivitäten rapide ansteigt. Das Verbrennen von Kohle und Öl setzt Kohlendioxid in die Luft frei. Es bringt Kohlenstoff aus Lagerstätten in den Kreislauf zurück, dem er durch Lebensprozesse vor Millionen von Jahren entzogen wurde. Durch die Zerstörung von Wäldern verringern wir die Fähigkeit der Biosphäre, Kohlendioxid zu absorbieren. Seit dem Ende der letzten Eiszeit vor etwa 10 Millionen Jahren ist der Kohlendioxidgehalt der Luft ungefähr konstant geblieben. Die Bohrkerne aus Eis zeigen, daß die Konzentration knapp unter 0,03 Prozent lag. Im Laufe der letzten hundert Jahre hat die Kohlendioxidkonzentration um ein Viertel zugenommen, von 0,028 auf 0,035 Prozent. Wenn dieser Anstieg so weitergeht, wird der Treibhauseffekt zunehmen und der Planet wärmer werden. Kann Gaia mit dieser Erwärmung fertigwerden?

Wenn das Gaia-Konzept irgendeinen Sinn hat, wird häufig argumentiert, dann ist die Vorstellung nicht sehr weit hergeholt, daß das Auftreten der Menschheit eine Art Krankheit ist, die den Planeten befällt und einen ungesunden Temperaturanstieg verursacht, der für die meisten Lebensformen schädlich ist. Viele am quasi-religiösen Ende des Gaia-Konzepts betrachten Gaia jedoch als eine lebensspendende «Mutter Erde», die «auf uns achtgibt». Sie glauben aufgrund sehr magerer (oder nicht existierender) Tatsachen, daß natürliche Prozesse das von uns in großen Mengen in die Luft freigesetzte Kohlendioxid wieder dem Kreislauf entziehen werden und die Temperatur bei einem für Menschen günstigen Wert halten werden. Das Leben für einen Eindringling angenehm zu gestalten, ist jedoch nicht die Methode, einen Virus loszuwerden, der unseren Körper befallen hat. Das Fieber, das mit der Krankheit einhergeht, mag für eine Weile unangenehm sein, es hilft aber beim Abtöten der Infektion. Nur wenn der Virus vernichtet ist, kehrt der Körper zur Normaltemperatur zurück. «Vielerorts herrscht die Vorstellung, daß Gaia auf uns achtgibt», bemerkte Lovelock einmal mir gegenüber, «aber das ist falsch. Gaia gibt auf *sich* acht. Und die beste Art und Weise, dies zu erreichen, könnte die sein, uns loszuwerden».

Eines der bemerkenswertesten Bilder der siebziger Jahre (es wurde tatsächlich schon Ende der sechziger Jahre von den Apollo-Astronauten aufgenommen) ist das Photo, das die blaue Erde als zerbrechliche Lebensblase zeigt, wie sie am Horizont des lebensfeindlichen Mondes aufgeht. Tausende von Postern und Dutzende von Büchern zeigen dieses Bild, das wohl mehr als alle anderen uns Menschen ins Bewußtsein rief, daß wir auf einem zerbrechlichen Planeten leben und unsere eigenen Aktivitäten ändern müssen, um Rücksicht auf die Prozesse, die das Leben auf der Erde ermöglichen, zu nehmen. Das Bild half natürlich auch, das Gaia-Konzept zu verbreiten – und es bewies sicherlich Lovelocks Aussage, daß lebendige Planeten von toten leicht zu unterscheiden sind, selbst wenn man sie aus großer Entfernung vom Weltraum aus betrachtet. Dies alles hat zur Erkenntnis beigetragen, daß wir nichts Besonderes darstellen, was das Leben auf dem Planeten selbst angeht. Die Menschheit ist nicht die Krone der Evolution, sondern eine Art unter vielen, die (bis vor sehr kurzer Zeit) weit weniger in die selbstregulierenden Prozesse eingriff, die die Lebensbedingungen z. B. für die mikroskopischen Meeresalgen und das Plankton auf einem geeigneten Niveau halten. Wir sind für Gaia nur deshalb von Wichtigkeit geworden, weil wir zu einer Bedrohung dieser natürlichen Prozesse geworden sind.

Wir sind noch damit beschäftigt, uns mit all dem zu arrangieren und Wege zu finden, wie die Menschheit ein nützlicher Teil von Gaia werden kann, so wie Mitochondrien nützliche Teile einer Zelle geworden sind. Doch bevor wir auch nur diese Probleme zu lösen imstande sind, werfen neuere Beobachtungen des Universums noch größere Fragen auf. Welchen Standpunkt nimmt der lebendige Planet, welchen Standpunkt nehmen wir im Universum ein? Ist das Leben ein Zufall oder eine unvermeidliche Folge der im Universum gültigen Gesetze?

Und wo kommen diese Gesetze her? Was macht das Universum zu dem, was es ist? Die überraschende Antwort auf diese Fragen scheint heute zu sein, daß die Evolution auch im Universum am Werke war, daß das Universum ein Abkömmling einer langen Reihe von Universen ist.

Niemand würde versuchen, die Existenz eines so subtilen und komplexen Lebewesens wie, sagen wir, James Lovelock durch die Vorstellung erklären zu wollen, daß er durch einen einzigartigen singulären Schöpfungsakt entstand. Eine bessere Vorstellung ist die, daß er das Endprodukt einer Milliarden Jahre dauernden Evolution ist und eine lange Reihe von Vorfahren besitzt. In gleicher Weise scheint es nicht länger vernünftig zu sein anzunehmen, daß etwas so Subtiles und Komplexes wie das Universum mit seinem Wechselspiel von physikalischen Kräften und Gesetzen in einem einzigen Schöpfungsakt «entstand». Die COBE-Daten haben gezeigt, daß es *einen* Schöpfungsakt gab; aber dieser ist vielleicht nichts Ungewöhnlicheres als die Geburt eines Kindes. Doch bevor ich erklären kann, wie das uns umgebende Universum aus etwas anderem hervorgegangen sein könnte, muß ich zeigen, wie subtil und komplex das Universum wirklich ist. Was hat es also mit dem Universum auf sich?

Teil III
Was ist das Universum?

6
Ein Streifzug durch das Universum

Das Universum umfaßt alles, was wir sehen, womit wir wechselwirken, und was wir mit unseren Instrumenten beobachten können. Die Wissenschaft vom Universum im Großen, dem Kosmos, ist die Kosmologie, während die Astronomie die Wissenschaft von den einzelnen Objekten (oder Objektklassen) im Universum ist. Eine der erstaunlichsten Errungenschaften der Wissenschaft des 20. Jahrhunderts ist, daß die heutigen Astronomen und Kosmologen die groben Umrisse der Geographie des Universums mit einiger Sicherheit skizzieren können – ein Raumbereich, dessen Grenze bei etwa 15 Milliarden Lichtjahren liegt. Es ist vielleicht noch bemerkenswerter, daß wir heute eine klare Vorstellung von der Entwicklung des Universums haben, von seiner Entstehung im Urknall vor etwa 15 Milliarden Jahren bis zum heutigen Tag. Wir verstehen auch mehr oder weniger, wie das Universum altern und sterben wird. Und als ob es mit der Geographie, der Historie und der Futurologie des Universums noch nicht genug an Erkenntnis gäbe, haben die Astronomen auch noch ein gutes Verständnis der «Zoologie» des Universums – gemeint ist die Beschaffenheit der verschiedenen (Tier-)Arten, wie Sterne, Galaxien und Quasare, die im Universum leben.

All dies wurde praktisch in einem Menschenalter erreicht – die Anfänge liegen etwa im Jahr 1920. Und doch nehmen Bücher über solche neuen, sensationellen Entdeckungen wie die von COBE entdeckten «Ripples» in der Zeit das Universum als eine Tatsache hin, gehen unbekümmert über diese Milliarden Lichtjahre hinweg und vernachlässigen den Inhalt des Universums. Doch es ist sinnvoll, die Geographie, die Geschichte und die Zoologie des Universums im Zusammenhang zu betrachten. Auf diese Weise können wir ein besseres Verständnis dafür bekommen, was die Wissenschaft des 20. Jahrhunderts herausgefunden hat und wie die neuen Entdeckungen einzuordnen sind – nämlich nicht wie ein Blitz aus heiterem Himmel, sondern als die neueste (und bestimmt nicht endgültige) Errungenschaft einer fortschreitenden, gut begründeten Untersuchung. Die Entdeckungen des COBE-Satelliten wurden schließlich nicht von einem kosmologischen Zaubermeister aus einem magischen Hut hervorgezogen, sondern stellen die bisherige Krönung der hundertjährigen Erforschung des Universums dar.

Für die meisten Leute ist es schon schwierig, die Größe unseres eigenen Planeten zu erfassen. Die Erde ist ein grob kugelförmiger Gesteinsbrocken mit einem Durchmesser von etwas weniger als 13 000 Kilometern (einem Umfang von etwas mehr als 40 000 Kilometern). Die für uns lebenswichtige Atmosphäre ist, verglichen mit der Größe der Erde, etwa so dick wie eine Apfelschale, verglichen mit dem Apfel. Die unterste Atmosphärenschicht, die unser Wetter bestimmende Troposphäre, hat eine Höhe von kaum 15 Kilometern, während die gesamte Atmosphäre in einer Höhe von 1 000 Kilometern in den interplanetaren Raum übergeht.

Man kann ein Gefühl dafür bekommen, was diese Zahlen bedeuten, wenn man sich vorstellt, wie lange man braucht, um solche Strecken mit einem Auto zurückzulegen. Wenn man mit einem Wagen einfach die Atmosphäre hochfahren könnte, würde man selbst mit gemächlichen 60 Stundenkilometern von der Erdoberfläche aus die Grenzschicht der Troposphäre in etwa 15 Minuten erreichen, nach etwa einem Tag wäre man im Weltraum.

Mit einem Flugzeug kann man die weiteste Entfernung, die es auf der Erde gibt, eine Reise von Europa nach Australien, in weniger als einem Tag zurücklegen. Fernsehbilder und Telefonanrufe von irgendwo auf der Erde erreichen uns mit kaum merklicher Verzögerung – mit der Geschwindigkeit des Lichtes von 300 000 Kilometern pro Sekunde. Dies erweckt in uns die Vorstellung, daß unser Planet ein intimer, gemütlicher Ort ist, eine Art globales Dorf, wo man mit dem nötigen Kleingeld heute hier und morgen dort sein kann. Aber wenn man sich vornehmen würde, mit dem Auto von einer Seite der Erde zur anderen zu fahren, bräuchte man bei einer Durchschnittsgeschwindigkeit von 60 Stundenkilometern fast zwei Wochen, nicht mitgerechnet die Unterbrechungen und Schwierigkeiten, denen man beim Überqueren der Weltmeere begegnen würde.

Ende der achtziger Jahre führte Michael Palin die Reise von Jules Vernes literarischem Helden Phileas Fogg um die Welt durch, ohne ein

Flugzeug zu benutzen. Er schaffte es, den Globus in der erforderlichen Zeit von 80 Tagen zu umrunden, und erreichte dabei einen Schnitt von 500 Kilometern pro Tag oder 21 Kilometern pro Stunde. Wenn es möglich wäre, zu Fuß von Europa nach Australien zu gehen, würde das zehnmal länger dauern, als mit dem Auto mit 60 Stundenkilometern zu fahren. Wenn man annimmt, daß man pro Tag 60 Kilometer zu Fuß zurücklegen kann, bräuchte man dafür mehr als 300 Tage, und wenn man noch ein paar Sehenswürdigkeiten auf der Strecke besichtigen würde, bräuchte man ein Jahr – und ein weiteres, um wieder nach Hause zu kommen. Vielleicht ist unsere Vorstellung eines globalen Dorfes doch nicht ganz die richtige.

Und trotzdem ist unser Planet mit einem Durchmesser von 13 000 Kilometern und einer Masse von 6 Trilliarden Tonnen nur ein unbedeutendes Stäubchen im weiten Universum. Die mittlere Entfernung zu unserem nächsten Nachbarn, dem Mond, beträgt etwas mehr als 384 000 Kilometer, eine so große Entfernung, daß selbst das Licht etwas mehr als eineinviertel Sekunden für die Reise benötigt. Radiowellen breiten sich mit Lichtgeschwindigkeit aus. Wenn also ein Astronaut auf dem Mond eine Frage an die Bodenkontrolle auf der Erde stellt, und diese augenblicklich antwortet, muß der Astronaut mehr als zweieinhalb Sekunden warten, bevor er die Antwort erhält.

Für irdische Begriffe ist es ein langer Weg zum Mond, doch in astronomischer Hinsicht sind Mond und Erde so enge Nachbarn, daß man sie am besten als ein System, als Doppelplanet ansieht. Immerhin hat der Mond etwa ein Viertel der Größe der Erde und besitzt etwa ein Achtzigstel Erdmasse. Die anderen Planeten des Sonnensystems werden von Monden umkreist, die Massen von etwa einem Tausendstel der jeweiligen Planetenmasse aufweisen. Unser Mond ist also mehr als zehnmal so massereich wie ein «gewöhnlicher» Mond im Sonnensystem.

Dies könnte eine weitreichende Bedeutung für das Leben auf der Erde haben. Weil der Mond so groß und (für astronomische Vorstellungen) so nahe an der Erde ist, sind die durch seinen gravitativen Einfluß verursachten Gezeiten in den Weltmeeren entsprechend groß. Wasser, das rhythmisch zweimal am Tag an den Küstenstreifen steigt und fällt, hat beständig Pfützen wiederaufgefüllt und zurückgelassen und das Leben möglicher Pfützenbewohner stark beeinflußt. Dies mag vielleicht eine Rolle bei der Entstehung des Lebens in diesen «kleinen, warmen Tümpeln» gespielt haben, und es war gewiß von großer Bedeutung für die Tatsache, daß das Leben aus dem Meer sich zuerst auf den Stränden und dann über das eigentliche, trockene Land verbreitete.

Das einfache Bild des um die Erde kreisenden Mondes ist nicht ganz korrekt. Weil der Mond einen merklichen Bruchteil der Erdmasse besitzt, macht es mehr Sinn, sich vorzustellen, daß die beiden Planeten um ihren gemeinsamen Schwerpunkt kreisen, gleich Eisläufern, die sich bei den Händen halten und sich dabei im Kreise drehen. Das Massenzentrum des Doppelsystems umkreist die Sonne, wird von der Anziehungskraft der Sonne in der Bahn gehalten. Es sieht so aus, als würden die beiden umeinander wirbelnden Eisläufer ständig am Rande eines runden Teiches entlanglaufen. Erde und Mond umkreisen die Sonne gleichermaßen, ihre beiden Bahnen sind ineinandergeflochten. Manchmal ist die Erde ein wenig näher an der Sonne, dann wieder der Mond, während der Partner dies immer ausgleicht und entsprechend weiter weg oder näher an der Sonne ist.

«Ein wenig» ist der richtige Ausdruck. Falls man angenommen hat, daß die Entfernung von der Erde zum Mond, diese 384000 Kilometer, groß ist, sollte man sie mit der Entfernung des Erde-Mond-Systems von der Sonne vergleichen: eindrucksvolle 150 Millionen Kilometer. Das von der Oberfläche der Sonne ausgehende Licht benötigt mehr als acht Minuten, um die Erde zu erreichen. Würde die Sonne schlagartig verlöschen, so würde der Himmel über der Erde erst acht Minuten später dunkel werden. Und die Erde ist so weit von der Sonne entfernt, daß sie bei einer Geschwindigkeit von etwas mehr als 100000 Stundenkilometern (fast 30 Kilometer pro Sekunde) ein ganzes Jahr benötigt, um einmal ihre Bahn um die Sonne zu vollenden, eine Strecke von fast 950 Millionen Kilometern Länge.

Das Erde-Mond-System ist relativ nahe an der Sonne, es liegt im inneren Teil des Sonnensystems. Die Erde ist der dritte Planet des Sonnensystems, von der Sonne ausgehend gezählt. Sie ist einer von vier relativ kleinen, felsartigen Planeten – Merkur, Venus, Erde und Mars –, die in einem Abstand von weniger als 250 Millionen Kilometern die Sonne umkreisen. Man bezeichnet sie als die terrestrischen oder erdartigen Planeten. Jenseits der Marsbahn gibt es zuerst eine Ansammlung von Felsbrocken, die die Sonne im sogenannten Asteroidengürtel umkreisen, dann folgen weiter draußen die vier großen jupiterähnlichen Riesenplaneten. Jupiter, der größte von ihnen, nimmt ein Volumen ein, in das 1330 Erdkugeln passen würden, er ist ein riesiger Gasball, der die Sonne bei einer mittleren Entfernung von 778 Millionen Kilometern im Verlauf von fast 12 Erdjahren einmal umkreist. Außerhalb der Jupiterbahn befinden sich die anderen gasförmigen Planeten Saturn, Uranus und Neptun. Neptun ist der am weitesten von der Sonne entfernte große Planet, der in einer Entfernung von etwa 4,5 Milliarden Kilometern einmal in 164,8 Jahren um die Sonne kreist.

Pluto, der äußerste Planet, ist ein sehr viel kleinerer Eisball mit einer Größe von kaum mehr als einem Zweihundertstel des Volumens der Erde, weniger als 30 Prozent des Volumens des Erdmondes. Die Astronomen haben kürzlich ein anderes Objekt entdeckt, das die Sonne jenseits der Plutobahn umkreist. Es scheint dies kein richtiger Planet zu sein, sondern ein relativ kleines Objekt, vielleicht eines von vielen, die zusammen in einem weiteren «Asteroiden»-Gürtel die Sonne umkreisen. Pluto selbst scheint aufgrund seiner ungewöhnlichen Bahn und seiner relativ kleinen Größe kein «richtiger» Planet zu sein. Er ist vielleicht nur der uns nächstgelegene dieser entfernten Asteroiden oder vielleicht ein Mond, der der Gravitationskraft eines der großen Planeten entkommen konnte. Die mittlere Entfernung zwischen Sonne und Pluto beträgt 5,9 Milliarden Kilometer, aber seine Bahn ist sehr elliptisch; manchmal ist er viel näher, manchmal viel weiter von der Sonne entfernt. Die Entfernung Sonne-Pluto kann manchmal 7,375 Milliarden Kilometer, zu anderen Zeiten 4,425 Milliarden Kilometer betragen. Während eines Teils seiner in 248 Jahren durchlaufenen Bahn um die Sonne ist er näher an der Sonne als der Planet Neptun. Dies ist auch gegenwärtig (1993) der Fall, und erst im Jahre 1999 wird er wieder der am weitesten von der Sonne entfernte Planet sein. Bei seiner größten Entfernung braucht das Sonnenlicht fast sieben Stunden, um Pluto zu erreichen. Pluto ist im Durchschnitt vierzigmal weiter von der Sonne entfernt als die Erde. Und trotzdem stellt unser Sonnensystem nur ein winziges Staubkörnchen in der Leere des Kosmos dar.

Jenseits von Pluto – und jenseits des vermuteten äußeren Asteroidengürtels – liegt das Reich der Kometen. Diese gefrorenen Eisberge des Weltraums, die vielleicht von großer Wichtigkeit für den Ursprung des Lebens sind, ziehen während der meisten Zeit in so großen Entfernungen ihre Bahn, daß sie noch nicht einmal durch die größten irdischen Teleskope gesehen werden können. Die Astronomen vermuten, daß es sich bei den Kometen um die Überreste des Materials handelt, das bei der Bildung des Planetensystems übrig blieb. Ihre Bahnen liegen in einer Kugelschale mit dem 40000fachen Durchmesser des Durchmessers der Erdbahn. Es gibt vielleicht hundert Milliarden Kometen in dieser Wolke; die wenigen, die wir von Zeit zu Zeit beobachten, sind die, deren Bahnen gestört werden und die an den jupiterähnlichen Planeten vorbei ins innere Sonnensystem fallen. Dort verdampft durch die Sonnenwärme Material des kosmischen Eisbergs und bildet einen abströmenden Schweif, der im reflektierten Sonnenlicht leuchtet, während der Eisberg eine Schleife um die Sonne zieht. Dann verschwinden die Kometen wieder in den kalten Tiefen des Weltraums, und der Schweif wird nach einer kurzen Glanzzeit immer kleiner.

Die Schwerkraft, die einen Kometen um die Sonne schwingen läßt und ihn wieder in den Raum hinaus schickt, ist einer der Faktoren, die die Ausdehnung des Sonnensystems bestimmen. Die gleiche Kraft, die uns an der Oberfläche der Erde festkleben läßt und uns unser Gewicht verleiht, hält die Erde und die anderen Planeten (und die Kometen) in ihren Bahnen um die Sonne. Und die Zeit, die ein Planet für seinen Umlauf um die Sonne benötigt, hängt von der Stärke der gravitativen Anziehung der Sonne ab. Die Astronomen können die Entfernungen der Planeten von der Sonne aus einer Mischung von Feldvermessungstechniken und der Kenntnis der Schwerkraftgesetze berechnen, die die Kraft bestimmen, mit der jeder Planet in seiner Bahn gehalten wird. Und wenn man die Stärke der Anziehungskraft der Sonne kennt, kann man berechnen, wie groß die Masse der Sonne ist.

Die Feldvermessungstechniken sind die gleichen, die auf der Erde angewandt werden, nur daß die Skalen größer sind. Sie beruhen auf dem Prinzip der Triangulation, der Messung des Winkels in der Sichtlinie, unter dem ein entferntes Objekt von zwei entgegengesetzten Enden einer geeignet gewählten, genügend großen «Standlinie» aus erscheint.

Man kann sich das Prinzip verdeutlichen, indem man einen Finger ausstreckt und ihn wechselweise mit dem einen und dem anderen Auge betrachtet. Der Finger scheint relativ zum Hintergrund hin- und herzuspringen, weil jedes der beiden Augen ihn unter einem etwas anderen Blickwinkel betrachtet. Diese scheinbare Verschiebung eines Vordergrundobjektes gegenüber dem Hintergrund wird Parallaxe genannt. Man könnte beispielsweise die Entfernung der beiden Augen voneinander messen, die Größe des Winkels messen, um den sich der Finger beim Umschalten von einem zum anderen Auge verschiebt, und dann durch die Konstruktion eines Dreiecks herausfinden, wie weit der Finger von den Augen entfernt ist. Nichts anderes tut das Gehirn automatisch, wenn es die von beiden Augen kommenden Informationen dazu benutzt, Entfernungen abzuschätzen. So kann man beispielsweise die Flugbahn eines Balles genau genug beurteilen, um ihn auffangen zu können. Es ist wesentlich schwieriger, einen Ball zu fangen, wenn man ein Auge geschlossen hält – versuchen Sie es.

Landvermesser sind bei Verwendung genügend großer Standlinien und Instrumenten wie Theodoliden, die der genauen Messung von Winkeln dienen, in der Lage, die Entfernung eines Berges zu bestimmen, ohne zum Berg selbst gehen zu müssen. Bei Verwendung von zwei Teleskopen auf entgegengesetzten Seiten der Erde ist die Standlinie so groß wie der Erddurchmesser, und Astronomen können damit die Entfernungen zum Mond und zum Mars bestimmen.

Der Triangulationstrick ermöglicht es den Astronomen, auch die erste Sprosse der Entfernungsleiter zu den Sternen zu erklimmen. Indem sie die Verschiebungen messen, die manche Sterne am Himmel zeigen, wenn die Erde auf entgegengesetzten Seiten ihrer Bahn um die Sonne steht, können sie den Durchmesser der Erdbahn, eine Strecke von 300 Millionen Kilometern, als Standlinie für die Trigonometrie benutzen. Selbst bei Verwendung einer solch langen Standlinie sind nur die allernächsten Sterne nahe genug, um einen meßbaren Parallaxeneffekt zu zeigen. Doch der Anfang ist immerhin gemacht. Diese Technik gibt den Astronomen ein neues Entfernungsmaß an die Hand, die auf Parallaxen beruhende Einheit «Parsek», was eine Abkürzung von «Parallaxe von einer Bogensekunde» ist.

Verfasser von Zukunftsromanen und hin und wieder auch Astronomen reden von Entfernungen im Weltraum, bei denen sie die Einheit «Lichtjahr» verwenden: Ein Lichtjahr ist die vom Licht in einem Jahr zurückgelegte Entfernung. (Man sollte sich immer klarmachen, daß das Lichtjahr eine Entfernung ist, keine Zeit.) Ein Lichtjahr beträgt etwas weniger als 10^{13} Kilometer – eine so große Entfernung, daß man kein rechtes Gefühl dafür entwickeln kann, was sie wirklich bedeutet. Ein Parsek (auch ein Längenmaß, und kein Zeitmaß) ist etwas mehr als 3 1/4 Lichtjahre lang. Der der Sonne am nächsten stehende Stern, Proxima Centauri, ist mehr als ein Parsek entfernt, in einer Entfernung von 4,2 Lichtjahren. Innerhalb einer Entfernung von 4 Parsek um die Sonne gibt es nur 31 Sterne.

Wie können wir die Entfernung zu der riesigen Menge von Sternen bestimmen, die so weit entfernt sind, daß sie keinen merklichen Parallaxeneffekt zeigen? Der Schlüssel liegt im Verhalten einer Sternfamilie, der schon im ersten Kapitel erwähnten Cepheiden, die eine interessante und nützliche Eigenschaft besitzen.

Alle Cepheiden ändern ihre Helligkeit, und die Natur der Helligkeitsänderungen hängt von der absoluten Helligkeit oder Leuchtkraft des betrachteten Sterns ab. Die Zyklenlänge der Helligkeitsänderung in einem Cepheiden – die Periodendauer von einem Helligkeitsmaximum zum nächsten – ist für hellere Cepheiden länger als für schwächere. Die Beziehung zwischen Periode und Leuchtkraft folgt einem genauen mathematischen Gesetz, einer einfachen Gleichung. Wenn man die absolute Helligkeit eines einzigen Cepheiden kennt, sagt die Gleichung aus, wie absolut hell irgendein anderer Cepheide ist, wenn wir seine Periode kennen. Und wenn wir wissen, wie hell ein Stern wirklich ist, können wir seine Entfernung berechnen, indem wir einfach messen, wie schwach er erscheint. Wenn man die Entfernung eines einzigen Cepheiden kennt, kennt man die Entfernung aller Cepheiden. Manche Cepheiden befinden sich in Sternansammlungen, die durch die Schwerkraft zusammengehalten werden und die in einem Haufen umeinander kreisen. Wenn man die Entfernung zum Cepheiden kennt, kennt man mehr oder weniger auch die Entfernung zu jedem anderen Stern dieses Haufens.

Dies eröffnet den Astronomen neue Möglichkeiten, denn anstelle des Studiums einzelner Sterne können sie statistische Methoden zum Studium von großen Mengen von Sternen anwenden. Statistische Methoden funktionieren am besten, wenn man sie auf große Mengen anwendet. Es gibt außerordentlich viele Sterne in unserer Milchstraße. Wenn man den Nachthimmel in einer ungewöhnlich dunklen Nacht betrachtet, sieht man auf den ersten Blick eine unzählbare Anzahl von Sternjuwelen. Es mag deshalb überraschen, daß die Gesamtzahl der mit dem unbewaffneten Auge einzeln zu erkennenden Sterne einer Himmelshalbkugel bei nur 3000 liegt. In einer solchen klaren, dunklen Nacht sieht man jedoch auch das sich über den Himmel erstreckende Lichtband der Milchstraße (oder Galaxis), das vereinigte Licht der Ansammlung von vielen Millionen Sternen, die zu schwach sind, als daß man sie ohne Hilfe eines Fernrohrs als Einzelobjekte erkennen könnte. Teleskopische Untersuchungen haben nachgewiesen, daß die Galaxis aus etwa hundert Milliarden Sternen besteht.

Diese Sterne befinden sich in einer relativ dünnen Scheibe mit einem Durchmesser von etwa 30000 Parsek (30 Kiloparsek), die im Zentrum eine kugelförmige Verdickung, den Bulge, aufweist. Die relativen Ausdehnungen von Scheibe und Bulge erinnern ein wenig an ein Spiegelei: der Dotter ist der Bulge, das Eiweiß stellt die Scheibe dar. Der Bulge ist etwa 3000 Parsek (3 Kiloparsek) dick, während die Scheibe auf halbem Wege zwischen Bulge und ihrem sichtbaren Rand eine Dicke von 800 Parsek aufweist. Das Sonnensystem liegt etwa 10 Kiloparsek vom Zentrum der Galaxis entfernt, zwei Drittel des Weges zum Rand der sichtbaren Scheibe, irgendwo in einer Vorstadt der Milchstraße.

So wie die Planeten durch die Gravitation der Sonne in ihren Bahnen gehalten werden, so werden die Sterne in der Scheibe einer Galaxie wie der Milchstraße durch die Gravitation in ihren Bahnen um das Zentrum gehalten. In diesem Fall ist die Gravitationskraft der gemittelte Einfluß aller anderen Sterne, nicht der Effekt einer einzigen, riesigen Masse im Zentrum. Das Sonnensystem bewegt sich mit einer Geschwindigkeit von 220 Kilometern pro Sekunde in seiner Bahn und benötigt für einen Umlauf um das Zentrum der Galaxis 300 Millionen Jahre. Die Sonne hat seit ihrer Entstehung die Galaxis gerade fünfzehnmal umkreist.

Das System von Scheibe und Bulge wird von einem kugelförmigen Halo von Sternen umgeben, dessen Durchmesser etwa 45 Kiloparsek beträgt. Es gibt nur wenig Sterne im Halo, und die meisten von ihnen sind in etwa 120 Kugelhaufen konzentriert. Diese Kugelhaufen bestehen aus Tausenden oder sogar Millionen von Einzelsternen, die durch die Gravitation in einem Schwarm mit einem Durchmesser von wenigen Dutzend Parsek zusammengehalten werden.

Was ist ein Stern? Unsere Sonne ist der Stern, der der Erde am nächsten steht. Inzwischen wissen wir eine Menge über die Natur der Sterne im allgemeinen und über die Eigenschaften der Sonne im besonderen. Viele Sterne verschiedener Größe und unterschiedlichen Alters sind mit Hilfe der Spektroskopie untersucht worden. Das Leben eines Sterns kann sich über Milliarden Jahre erstrecken – viel zu lange, um von menschlichen Astronomen verfolgt werden zu können. Aber wir können uns einen Überblick über das Leben der Sterne verschaffen, wenn wir sie in allen Stadien ihres Lebenszyklus untersuchen, genauso wie wir bei einem Spaziergang durch den Wald anhand der verschiedenen Bäume eine Vorstellung vom Leben eines einzelnen Baumes erhalten können.

Ein Stern wie die Sonne bildet sich aus einer Wolke von interstellarem Gas und Staub. Er zieht sich unter der Wirkung seiner eigenen Schwerkraft zusammen und heizt sich im Zentrum auf, wo das Gas (meistenteils Wasserstoff) und der Staub (vielleicht 1 Prozent der Gesamtmasse) zusammengepreßt werden, genauso wie die Luft in einer Fahrradpumpe heiß wird, wenn sie in einen Reifen gepumpt wird. Im Zentrum eines Sterns wird es aber so heiß, daß Kernreaktionen einsetzen. Diese Kernreaktionen verwandeln bei einer Temperatur von etwa 15 Millionen Grad Celsius den Wasserstoff in Helium, und dabei wird ein kleiner Teil der Masse jedes Wasserstoffkerns in Energie umgewandelt, gemäß Einsteins berühmter Gleichung $E = mc^2$.

Diese Energie läßt die Sonne und die Sterne für Jahrmillionen und -milliarden erstrahlen. Genaugenommen ist es nicht die Kernenergie, die die Sonne aufheizt – die Aufheizung geschieht durch die Schwerkraft. Ohne die Kernenergie, die die Sonne aufbläht und ihre Kontraktion verhindert, würde die Sonne durch die Gravitation immer stärker zusammengezogen, würde in ihrem Innern immer heißer werden, bis eine Reaktion erfolgt. Paradoxerweise haben die bei 15 Millionen Grad einsetzenden Kernreaktionen zur Folge, daß die Sonne relativ «kühl» bleibt! Bei diesem Prozeß verwandelt sie in jeder Sekunde eine Materiemenge, die dem Gewicht von etwa einer Million Elefanten entspricht, in Energie – aber sie besitzt so viel Wasserstoff, daß dies seit fast 5 Milliarden Jahren geschieht, ohne ihre Energiereserven auch nur ein wenig anzukratzen, und sie kann das für weitere fünf Milliarden Jahre tun, bevor sie in Schwierigkeiten gerät.

Der Sonnenradius beträgt etwas mehr als 100 Erdradien. Da das Volumen mit der dritten Potenz des Radius geht, und 100^3 gleich 1000000 ist, ist das Volumen der Sonne etwa einmillionmal so groß wie das der Erde, oder tausendmal so groß wie das von Jupiter, dem größten Planeten des Sonnensystems, dessen Masse etwa dreihundert Erdmassen beträgt. Das Verhältnis der Größen von Sonne und Jupiter entspricht ungefähr dem von Jupiter und Erde. Die Masse der Sonne beträgt etwa das 330000fache der Erdmasse. Das Gewicht all dieser Gasmassen, die das Innerste der Sonne zusammenzupressen versuchen, bringt die Zentraltemperatur auf 15 Millionen Grad Celsius und verursacht einen Druck, der das dreihundertmilliardenfache des Drucks der Erdatmosphäre am Boden beträgt. Die Dichte dieses heißen Sonnenkerns ist etwa zwölfmal so groß wie die von Blei.

Unter solchen Bedingungen kann der Wasserstoff in Helium umgewandelt werden. Das gewöhnliche Wasserstoffgas besteht aus Atomen, die aus einem einzigen Proton (dem massereichen Atomkern mit einer positiven elektrischen Ladung) und einem Elektron (einem wesentlich leichteren, negativ geladenen Teilchen) zusammengesetzt sind. Unter den im Innern eines Sterns herrschenden Bedingungen sind die Protonen und Elektronen voneinander getrennt und befinden sich im sogenannten Plasmazustand. Trotz der dort vorhandenen hohen Dichte verhält sich das Sonneninnere im Plasmazustand genauso wie ein Gas.

Wasserstoff ist die einfachste Atomsorte, und das Proton ist der einfachste Atomkern. Der nächste, komplexere stabile Atomkern ist der des Heliums. Er besteht aus zwei Protonen und zwei Neutronen, die den Protonen sehr ähnlich sind, abgesehen davon, daß sie keine elektrische Ladung tragen. Die vier Teilchen im Kern dieser Heliumsorte (die, wie leicht einzusehen ist, als Helium-4 bezeichnet wird) werden durch eine Kraft zusammengehalten, die man die starke Kernkraft nennt. Diese Kraft, die die Atomkerne zusammenhält, hat eine sehr kurze Reichweite – gerade ausreichend, um das benachbarte Teilchen festzuhalten. Sie ist aber so stark, daß sie dem Bestreben der positiv geladenen Protonen, sich gegenseitig abzustoßen, erfolgreich entgegenwirkt.

Die nuklearen Verschmelzungsprozesse, die Energie im Innern der Sonne freisetzen, wandeln jeweils vier Wasserstoffkerne in einen Heliumkern um. Die Gesamtmasse eines Heliumkerns ist 0,7 Prozent kleiner als die von vier Protonen. Jedes Mal, wenn ein Heliumkern auf diese Weise entsteht, wird diese Materiemenge in Energie umgewandelt. Man muß sich die gewaltige Masse der Sonne vorstellen, um zu erkennen, daß selbst bei einer Umwandlung von 5 Millionen Tonnen Masse in Energie pro Sekunde die Sonne nach 5 Milliarden Jahren erst 4 Prozent des ursprünglichen Wasserstoffvorrats verbraucht hat. Nur 0,7 Prozent dieser 4 Prozent der ursprünglichen Masse sind der Sonne verlorengegangen, indem sie als Energie in den Weltraum gestrahlt wurden. Die Umwandlung von Masse in Energie ist so effektiv, daß alle bisher von der Sonne abgestrahlte Energie etwa das Hundertfache der Erdmasse oder ein Drittel der Masse des Jupiter beträgt. Der Prozeß ist so effizient, weil in Einsteins berühmter Formel die Masse mit c^2 multipliziert wird. Die Lichtgeschwindigkeit c ist eine große Zahl, und c^2 ist noch um ein Vielfaches größer.

Wenn die Sonne in weiteren fünf oder sechs Milliarden Jahren mit der Energieversorgung in Schwierigkeiten kommt, liegt das nicht daran, daß sie ihren Wasserstoffvorrat völlig aufgebraucht hat. Es wird dann noch sehr viele Protonen in ihren äußeren Schichten geben. Aber bei einem Stern wie der Sonne treten Probleme auf, wenn der Wasserstoff im Zentralbereich aufgebraucht ist, wo Temperatur und Druck hoch genug sind, um Kernreaktionen ablaufen zu lassen. Wenn dies eintritt, schrumpft der Kern des Sterns und erhitzt sich noch mehr. Bei einer genügend hohen Temperatur können andere Kernverschmelzungsreaktionen ablaufen, bei denen Helium in Kohlenstoff umgewandelt wird, und aus dem Kohlenstoff entstehen schwerere Kerne. Alle Materie hier auf der Erde, in unseren Körpern, ist auf diese Weise im Innern von Sternen erschaffen worden.

Es gibt viele sonnenähnliche Sterne, die sich auf diese Weise entwickeln. Die Sonne ist also ein typischer Stern, und praktisch alle Sterne, die wir am Himmel sehen, verwandeln in ihrem Innern Wasserstoff in Helium. Solche Sterne sind Mitglieder der sogenannten «Hauptreihe», und unterscheiden sich nur in ihrer Masse und Helligkeit. Die Sonne ist ein gewöhnlicher Hauptreihenstern und nimmt, was seine Masse und seine Helligkeit angeht, eine Mittelstellung ein. Nach dem Leben auf der Hauptreihe, wenn sich der Kern aufheizt und das Heliumbrennen einsetzt, schwellen die äußeren Schichten eines Sterns unter dem Einfluß der zusätzlichen Wärme auf, und der Stern wird zu einem Roten Riesen. Wie alle Hauptreihensterne wird sich die Sonne eines Tages in einen Roten Riesen verwandeln. Doch irgendwann geht jedem Stern der Brennstoff aus. Es gibt dann keine Kernverschmelzungsprozesse mehr, die dem nach innen wirkenden Sog der Schwerkraft Widerstand entgegensetzen können.

Wenn dieser Tag kommt, erlöschen die meisten Sterne einfach, sie werden zu kosmischen Aschehäufchen. Unsere Sonne wird sich in einen solchen Weißen Zwerg verwandeln. Er wird fast soviel Masse besitzen wie die heutige Sonne, ist aber eine dichte Kugel von ungefähr Erdgröße. Aber das Leben einer kleinen Minderheit von Sternen, denjenigen, die mit wesentlich mehr Masse als die Sonne begonnen haben, endet mit einer spektakulären Explosion. Bei solchen Supernovaexplosionen geschieht zweierlei. Einmal werden die äußeren Schichten des Sterns in den Weltraum geschleudert, die Mischung schwerer Elemente, die aus Wasserstoff und Helium aufgebaut wurden, wird im All verteilt. Dieses Material vermischt sich mit Wolken aus Wasserstoff- und Heliumgas und wird zum Baumaterial neuer Sterne und Planeten. Wir verdanken unsere Existenz vergangenen Generationen von Sternen, die einen solchen gewaltsamen Tod erlitten haben und die interstellaren Wolken mit den für uns so wichtigen Elementen Kohlenstoff, Sauerstoff und Stickstoff angereichert haben. Zum anderen drückt die Sternexplosion den inneren Teil des Sterns zu einem Gebilde unvorstellbarer Dichte zusammen. Wenn sich die Bruchstücke der Explosion im Raum verteilt haben, kann man diesen Überrest untersuchen – es kann ein Neutronenstern sein, in dem mehr als eine Sonnenmasse auf die Größe eines großen Berges auf der Erde zusammengepreßt wurde. Es kann aber auch das extremste Produkt der Gravitation sein, ein völlig kollabiertes Objekt – ein Schwarzes Loch. Schwarze Löcher werden im letzten Teil des Buches eine Schlüsselrolle spielen. Nachdem wir uns nun über das Leben eines typischen Sterns wie der Sonne informiert haben, sollten wir die Gesamtheit der Sterne in der Milchstraße betrachten.

Niemand kann sich eine rechte Vorstellung davon machen, was Entfernungen in Lichtjahren oder Kiloparsek wirklich bedeuten. Aber es gibt ein schönes Modell – zum ersten Mal wurde es mir von Marcus Chown vorgeführt –, das kosmische Distanzen in einen alltäglichen

Zusammenhang bringt: Nehmen wir an, die Sonne sei auf die Größe eines Bonbons, eines «Smarties» reduziert worden. Der nächste Stern sei ein anderes Bonbon in einer Entfernung von 150 Kilometern. Wenn wir von Sternen absehen, die zu Doppelsternsystemen oder komplexeren Sternansammlungen gehören, die durch die Schwerkraft zusammengehalten werden, stellt dies eine typische Entfernung zwischen zwei Sternen dar. Die Entfernung zwischen einem Stern und dem nächsten beträgt das Einige-Hundert-Millionenfache des Sterndurchmessers, und die 100 Milliarden Sterne einer typischen Galaxie wie der Milchstraße sind über ein entsprechend großes Volumen verstreut. Im Vergleich zu Sternen und Sonnensystemen sind Galaxien sehr groß.

Aber die Milchstraße steht erst am Beginn unserer Reise in die Tiefen des Universums. Jenseits der Milchstraße gibt es andere Galaxien. Abgesehen von den uns am nächsten stehenden erscheinen sie selbst in den größten Teleskopen nur als verschwommene Lichtflecken. Wie wir im ersten Kapitel gesehen haben, wissen wir erst seit den zwanziger Jahren unseres Jahrhunderts, daß diese «Nebel» extragalaktische Objekte sind, Milchstraßensysteme wie unsere eigene Milchstraße.

Sehr bald nach der Identifizierung dieser Nebel als andere Milchstraßensysteme wurden die Entfernungen der uns nächstgelegenen Galaxien mit Hilfe der Cepheidenmethode gemessen, denn diese sind so nah, daß mit großen Teleskopen einzelne helle Sterne in ihnen beobachtet werden können. Edwin Hubble war der erste, der das bekannte Rotverschiebungs-Entfernungs-Gesetz aufstellte, das es ermöglicht, die Entfernung einer jeden Galaxie zu bestimmen, deren Spektrum man untersuchen kann.

Die Rotverschiebung ist eine Verschiebung des spektralen Linienmusters einer Galaxie vom blauen zum roten Ende des Spektrums hin. Jeder Bereich des Spektrums ist in bestimmter Weise nach einer längeren Wellenlänge hin verschoben. Erinnern wir uns an die Erklärung: Das Licht der Galaxie ist auf der Reise durch den Weltraum zu uns auseinandergezogen worden; der Grund liegt nach Albert Einsteins Allgemeiner Relativitätstheorie darin, daß sich der Raum selbst ausgedehnt hat, während das Licht auf seinem Weg zu uns war.

Diese Expansion des Raumes wird durch die Gleichungen der Allgemeinen Relativitätstheorie vorhergesagt (obwohl Einstein zunächst nicht daran glaubte), und sie stellt einen Grundbaustein der Urknalltheorie dar. Hubbles Entdeckungen und Einsteins Gleichungen trugen dazu bei, daß die Urknalltheorie die beste Theorie für den Ursprung des Universums darstellt. Doch abgesehen von diesen tiefergehenden Folgerungen besagt das Hubblesche Gesetz einfach, daß die Rotverschiebung des Lichts einer fernen Galaxie proportional zu ihrer Entfernung ist. Wenn man die Entfernung einer einzigen Galaxie durch die Cepheidenmethode bestimmt hat, kann man die Entfernung irgendeiner anderen Galaxie berechnen, wenn man ihre Rotverschiebung kennt.

Auf der Skala der Galaxien haben wir endlich die kosmische Größenordnung erreicht, die für die Entwicklung des ganzen Universums von Bedeutung ist. Millionen von Galaxien sind photographiert und kartiert worden. Man fand heraus, daß sie Haufen und filamentartige Strukturen bilden, Lichterketten im Kosmos, die große schwarze Leeren umgeben, in denen nur wenige helle Galaxien entdeckt worden sind. Wir können uns diese Strukturen vergegenwärtigen, wenn wir wieder auf das Bonbon-Modell des Universums zurückgreifen.

Stellen wir uns nun vor, die gesamte Milchstraße hätte die Größe eines Bonbons. In diesem Maßstab wäre die nächstgelegene große Galaxie, M31, ein weiteres Bonbon in einer Entfernung von nur 13 Zentimetern. So wie Sterne sich zu doppelten und vielfachen Systemen zusammenfinden können, tendieren auch Galaxien dazu, sich in Gruppen zusammenzuschließen. Die Milchstraße und M31 werden in der Tat durch die Gravitation zusammengehalten und bilden einen Teil eines Galaxienhaufens: die Lokale Gruppe. Die Entfernung zum nächsten Nachbarn einer vergleichbar kleinen Galaxiengruppe, der sogenannten Sculptor-Gruppe, beträgt 60 Zentimeter. Und in nur 3 Metern Entfernung finden wir eine riesige Ansammlung von etwa 200 Bonbons, jedes einzelne eine Galaxie von etwa 100 Milliarden Sternen, die über das Volumen eines Basketballs verstreut ist: der Virgo-Galaxienhaufen. Der nächste große Galaxienhaufen ist dann etwa 20 Meter entfernt. Es gibt sogar entferntere Galaxienhaufen, die Durchmesser bis zu 20 Metern aufweisen können. Das gesamte sichtbare Universum, soweit wir es mit unseren Teleskopen sehen können, paßt in eine Kugel von 1 Kilometer Durchmesser – bei Verwendung des Maßstabes, in dem die Milchstraße die Größe eines Bonbons hat.

Die Entfernung des Virgo-Haufens entspricht bloß dem 600fachen des Durchmessers unserer Milchstraße. M31 ist nur 25 Milchstraßendurchmesser von uns entfernt. Galaxien befinden sich in wesentlich kleineren relativen Entfernungen, als dies bei Sternen in einer Galaxie der Fall ist. Wären die Galaxien so weit wie die Sterne voneinander entfernt, würde die Entfernung unseres nächsten Nachbarn hundertmal größer sein als das entfernteste Objekt, das je mit unseren Teleskopen beobachtet worden ist. Kein Mensch auf der Erde hätte es jemals zu Gesicht bekommen, und die Astronomen wären sicherlich zu der Ansicht gelangt, daß die Milchstraße die einzige Galaxie im Universum sei. Der extragalaktische Raum ist wesentlich reicher an Galaxien als der Raum innerhalb der Galaxien an Sternen. Aus diesem Grund sind die Kosmologen in der Lage zu verstehen, wie die Materie im Universum verteilt ist und wie sich diese Materieverteilung im Laufe der Entwicklung des Universums geändert hat.

Es gibt noch einen anderen Grund, warum wir offenbar in der Lage sind, das Universum zu verstehen: Es ist ein sehr einfach aufgebautes Gebilde. Das Verhalten des gesamten Universums hängt von zwei Hauptfaktoren ab – wie schnell es expandiert, und wieviel Materie sich in ihm befindet. Die Materie versucht, aufgrund ihrer gravitativen Wechselwirkung die Expansion zu bremsen, und deshalb sind zwei einfache Prozesse am Werk, die einander die Waage zu halten versuchen. Die Gleichungen, die das Universum beschreiben, sind ein wenig komplizierter als die Gleichung, die das Gleichgewicht einer Schaukel beschreibt. Doch wenn man nur zwei gegeneinanderwirkende Kräfte berücksichtigen muß, ist es ziemlich leicht vorherzusagen, was als nächstes passieren wird. Die einzige wirklich interessante Frage ist, welche Kraft schließlich die Oberhand gewinnen wird.

Das Verhalten lebender Organismen wie etwa das des Menschen ist viel komplizierter. Wenn zwei menschliche Wesen wechselwirken, gibt es meist mehr als zwei mögliche Ergebnisse. Kein Soziologe oder Psychologe kann das menschliche Verhalten mittels Gleichungen ausdrücken, die so einfach sind wie die Gleichungen der Allgemeinen Relativitätstheorie. Es gibt natürlich einfachere Lebensformen, die sich in weit vorhersagbarer Weise verhalten; aber keiner der Bausteine des großräumigen Universums weist eine solche Komplexität auf wie das menschliche Verhalten. Sterne beispielsweise sind sehr einfach aufgebaut, weil sie aus atomarer Materie bestehen, aus den grundlegendsten Bausteinen wie Protonen, Neutronen und Elektronen, die in einem Plasma wechselwirken. Menschen sind aus komplizierten Molekülen wie DNS aufgebaut. Jede Zelle unseres Körpers besteht aus aufgewickelter DNS, die zu einem Faden auseinandergezogen eine Länge von 180 Zentimetern hat. Stellen wir uns eine aufgeflochtene Doppelhelix vor, die einer einfachen Leiter ähnlich sieht – eine solche Leiter besitzt 2,9 Milliarden Sprossen, an einer jeden befindet sich ein komplexes Kohlenwasserstoff-Molekül. Je komplizierter die molekulare Struktur ist, um so schwieriger ist ihr Verhalten zu verstehen. Extreme Bedingungen, insbesondere Wärme, lösen diese Strukturen in ihre einfachsten Grundbausteine auf. Unter solchen Bedingungen können die Gesetze der Physik das Verhalten der Materie gut erklären. Der Urknall war noch heißer als das Innere eines Sterns, und in diesem Sinne also einfacher zu verstehen. Daher sind die Gesetze der Physik so gut in der Lage, die Struktur des gesamten Universums zu beschreiben. Es ist deshalb nicht verwunderlich, daß wir das Universum besser verstehen als uns selber.

Es gibt noch eine andere Möglichkeit, die Komplexität eines menschlichen Wesens mit der Komplexität – oder dem Fehlen von Komplexität – kosmischer Systeme zu vergleichen. Der Grundbaustein des menschlichen Körpers ist die Zelle, und der Grundbaustein der Milchstraße ist ein Stern. Es gibt etwa eintausendmal mehr Zellen in unserem Körper, als es Sterne in der Milchstraße gibt. Wir wollen für den Augenblick die Frage außer acht lassen, ob die Milchstraße selbst in irgendeiner vernünftigen Weise als lebendiges Wesen angesehen werden kann; wir können auf jeden Fall sagen, daß die Milchstraße offenkundig ein «einfacheres» Wesen als ein Mensch ist. Und obwohl es viele Millionen Galaxien im Universum gibt, sind sie in einfacheren Strukturen angeordnet als die Sterne in einer Galaxie. Je weiter wir in die Tiefen des Weltalls schauen, um so einfacher scheinen die Dinge zu werden, bis hin zu dem von COBE beobachteten, fast gleichförmigen See der Mikrowellenstrahlung, auf dem sich Strukturen, die berühmten «Ripples», andeutungsweise kräuseln.

Genauso wie die Hintergrundstrahlung ist das Licht ferner Galaxien nicht nur Licht aus den Tiefen des Raumes, es ist auch Licht aus längst vergangenen Zeiten, weil es trotz seiner Geschwindigkeit von 300000

Kilometern in der Sekunde Millionen Jahre braucht, um den intergalaktischen Raum zu durchqueren. Die entferntesten bekannten Objekte haben so große Rotverschiebungen, daß das Licht von ihnen etwa 2 Milliarden Jahre nach dem Urknall auf die Reise geschickt wurde, als das Universum nur ein Zehntel seines jetzigen Alters hatte. Diese Objekte sind die schon früher erwähnten Quasare. Der Grund, daß wir sie in so großen Entfernungen sehen, liegt darin, daß sie Energie in einer fast unglaublichen Menge abstrahlen – so viel Energie wie die gesamten 100 Milliarden Sterne unserer Milchstraße –, und dies aus einem Raumvolumen, das nicht größer als unser Sonnensystem ist.

Die einzige Möglichkeit, soviel Energie auf kleinstem Raum zu erzeugen, besteht darin, daß jeder dieser Quasare ein Schwarzes Loch ist, das etwa 100 Millionen Sonnenmassen enthält (oder 0,1 Prozent der Masse einer Galaxie) und im Zentrum einer solchen jungen Galaxie liegt. Wenn Material auf ein solches Schwarzes Loch fällt, wird es durch die Gravitation auf riesige Geschwindigkeiten beschleunigt und bildet einen heißen, wirbelnden Ring um das Schwarze Loch. Schwarze Löcher sind die extremste Manifestation der Schwerkraft: Wie schon ihr Name andeutet, kann ihnen nichts, nicht einmal Licht entrinnen. Unter solch extremen Bedingungen wird ein merklicher Bruchteil des einfallenden Materials in Energie verwandelt und abgestrahlt, bevor die Materie in das Loch hineinfällt und für immer der Außenwelt verlorengeht.

Solche Schwarzen Löcher liegen vermutlich in den Zentren fast aller Galaxien, auch im Zentrum unserer Milchstraße. Da die Galaxien jedoch altern und zur Ruhe kommen, steht immer weniger überschüssiges Material zur Verfügung, um das zentrale Schwarze Loch zu «füttern». Die heftige Aktivität der Quasare ist also typisch für das junge Universum. Auch gibt es keine derartige Aktivität in den Galaxien der Lokalen Gruppe. Diese «toten» Schwarzen Löcher sind trotzdem für die Entwicklungsgeschichte des Universums von Wichtigkeit, wie im nächsten Kapitel ausführlicher geschildert wird. Ich möchte jedoch noch auf einen anderen Aspekt des Einflusses der Gravitation zu sprechen kommen.

Die überall auftretende Rotverschiebung kann uns, wie wir im zweiten Kapitel gesehen haben, mehr verraten als nur die Entfernung einer Galaxie oder eines Quasars. In einem Galaxienschwarm wie dem Virgohaufen befinden sich alle Mitglieder praktisch in der gleichen

Entfernung von uns, und es ist recht einfach, die Galaxien herauszufinden, die physikalische Mitglieder des Haufens sind. Sie können anhand ihrer Rotverschiebung von anderen Galaxien unterschieden werden, die in der gleichen Himmelsrichtung liegen, die aber viel weiter oder viel näher entfernt sind als der Haufen selbst. Es tritt jedoch eine Streuung in den Rotverschiebungen der Haufenmitglieder auf, eine Verteilung um einen Mittelwert. Stellen wir uns vor, wir messen die Länge von rund 100 Kindern, die alle das gleiche Alter haben, und wir bilden den Mittelwert: Wir werden feststellen, daß nicht jedes Kind genau die Länge hat, die dem Mittelwert entspräche. Es tritt eine Verteilung der Werte um den Mittelwert auf. In unserem Falle hat nicht jede Galaxie des Haufens exakt die mittlere Rotverschiebung des Haufens. Denn zusätzlich zu der durch die Expansion des Raumes verursachten Rotverschiebung werden ihre Spektren auch durch ihre Bewegung durch den Raum beeinflußt.

Eine Galaxie, die sich im Raum von uns wegbewegt, zeigt eine zusätzliche Rotverschiebung, die proportional ihrer Geschwindigkeit ist, während eine Galaxie, die sich auf uns zubewegt, versucht, uns den entgegengesetzten Effekt in ihrem Spektrum zu zeigen, eine Blauverschiebung. Es ist, wie wenn man auf einer sich nach oben bewegenden Rolltreppe hinuntersteigt: Man wird trotzdem nach oben getragen, aber langsamer, als wenn man stillstehen würde. Die sich bewegende Rolltreppe ist dem expandierenden Raum vergleichbar, der die Galaxien mit sich führt: Die Person, die die Rolltreppe hinabzusteigen versucht, ist wie eine Galaxie, die sich auf uns zuzubewegen versucht, obwohl sie durch die Expansion des Raumes von uns wegbewegt wird. In der Tat bewegt sich die Galaxie M31 auf uns zu, und weil sie ein so naher Nachbar ist, dominiert diese Bewegung über den kosmologischen Rotverschiebungseffekt (der proportional zur Entfernung und deshalb für nahe Galaxien sehr klein ist). Von der Erde aus gesehen erscheint das Licht von M31 blauverschoben.

Bei entfernteren Galaxien, wie denen des Virgohaufens und anderen, die noch weiter draußen im Raum liegen, produziert der kombinierte Effekt immer eine Rotverschiebung, weil bei diesen Entfernungen die kosmologische Rotverschiebung so groß ist, daß sie eine kleinere Blauverschiebung, die durch die Bewegung der Galaxie durch den Raum verursacht wird, kompensiert. Die individuellen Bewegungen der einzelnen Galaxien im Raum addieren sich entweder zum kosmologischen Effekt und vergrößern die beobachtete Rotverschiebung, oder sie subtrahieren sich davon und verkleinern sie. Das hat zur Folge, daß die Astronomen berechnen können, wie schnell sich Galaxien eines Haufens relativ zueinander bewegen, indem sie Rotverschiebungen einzelner Galaxien mit der mittleren Rotverschiebung ihres Haufens vergleichen. Es ist wie bei der Messung der Länge der Kinder: Man erhält das Ergebnis, indem man angibt, um wieviel ein einzelnes Kind kürzer oder länger als der Durchschnitt der Gruppe ist. Wie schon früher erwähnt, findet man, daß die Geschwindigkeiten der Galaxien einer Gruppe zueinander so groß sind, daß die Galaxienhaufen unmöglich durch die Schwerkraft aller leuchtenden Sterne in allen Galaxien des Haufens zusammengehalten werden können. Da die Galaxien jedoch fest im Haufen gebunden erscheinen und die Gravitation die einzige bekannte Kraft ist, die dieses Zusammenhalten erklären kann, weist dieses Beobachtungsergebnis darauf hin, daß es eine ganze Menge nichtleuchtender (dunkler) Materie in den Haufen geben muß, damit sie zusammengehalten werden.

Ein ähnlicher Effekt tritt in einer Galaxie wie unserer eigenen auf. Die Rot- und Blauverschiebungen der einzelnen Sterne einer Galaxie geben uns einen Hinweis, wie stark eine Galaxie rotiert. In jedem einzelnen Fall rotieren die äußeren Teile einer Galaxie zu schnell, als daß sie durch die Schwerkraft aller sichtbaren Sterne der Galaxie zusammengehalten werden können. Unser Sonnensystem zieht seine gemächliche Bahn und benötigt 200 Millionen Jahre für einen Umlauf, doch selbst unsere Milchstraße muß durch den gravitativen Einfluß eines ausgedehnten Halos dunkler Materie zusammengehalten werden, in den die leuchtende Materie eingebettet ist.

Beobachtungen zeigen, daß einzelne Galaxien zehnmal soviel dunkle Materie wie helle Materie besitzen können, während Galaxienhaufen und Galaxiensuperhaufen durch den gravitativen Einfluß von bis zu hundertmal mehr dunkler Materie als sichtbarer heller Materie zusammengehalten werden. Alles im sichtbaren Universum, alles, was je mit Teleskopen hier auf der Erde beobachtet wurde, stellt nur etwa 1 Prozent des Materieinhalts des Kosmos dar.

Es ist nicht möglich, daß es eine Menge dunkler Materie in Form von Felsbrocken oder Wolken kalten Gases und Staubs im Weltall geben kann. Wenn die Kosmologen die Einsteinschen Gleichungen dazu verwenden, die Expansion des Universums bis zum Urknall zurückzuverfolgen, können sie die Temperatur- und Druckverhältnisse berechnen, bei denen das Universum entstand. Diese Gleichungen erklären, welchen Prozessen das Baumaterial für die Sterne im Urknall unterworfen war, so daß die Mischung von 75 Prozent Wasserstoff und 25 Prozent Helium entstand, aus der sich die ersten Sterne bildeten. Nicht nur machen die schweren Elemente, aus denen der Planet Erde und wir selbst aufgebaut sind, kaum ein Prozent der Masse in hellen Sternen aus; die hellen Sterne selbst stellen weniger als ein Prozent des Materials dar, aus dem das Universum besteht. Alles andere muß in einer ganz andersartigen Form von Materie vorliegen und kann nicht aus gewöhnlichen Atomen bestehen. Niemand weiß genau, wie diese dunkle Materie aussieht, aber sie besteht gewiß nicht aus gewöhnlichen Protonen, Neutronen und Elektronen. Das Muster der von COBE entdeckten Fluktuationen in der kosmischen Hintergrundstrahlung liegt genau in einer Linie mit der Art von Struktur, die gemäß den Standardtheorien der Kosmologie dem Universum durch eine solche dunkle Materie aufgeprägt sein sollte.

All diese Ergebnisse beinhalten eine sehr wesentliche Konsequenz: So wie Galaxienhaufen durch die Schwerkraft zusammengehalten werden, so muß auch das ganze Universum durch Schwerkraft zusammengehalten werden – vorausgesetzt, daß es all die dunkle Materie, die durch die COBE-Ergebnisse und die Bewegungen der Galaxien angedeutet ist, wirklich gibt. Obwohl die Theoretiker schon seit langem glauben, daß sie existiert, erscheinen die COBE-Beobachtungen als willkommene Bestätigung dieser Theorien. Sie weisen darauf hin, daß es genügend Materie im Universum gibt, damit die Gravitation von allem, was in ihm ist, stark genug ist, die kosmische Expansion eines Tages anzuhalten und in einen kosmischen Kollaps umzukehren. Dann wird der Raum zwischen den Galaxien schrumpfen, statt sich zu vergrößern, das Licht entfernter Galaxien wird blauverschoben, nicht rotverschoben. Schließlich wird alles zusammengepreßt werden in einem überdichten Feuerball, einem Spiegelbild des Urknalls, der schließlich in eine Singularität kollabiert.

Was dann weiter geschieht, ist die Geschichte, die ich im vierten Teil dieses Buches erzählen werde, die Geschichte des lebendigen Universums. Sie hat zum Inhalt, daß wir im Innern eines Schwarzen Loches leben – eines Schwarzen Loches, das buchstäblich alles im Universum umfaßt: alle Sterne, Galaxien, Quasare und alle dunkle Materie. Wichtig ist, daß die Raumzeit sich um das Universum herumkrümmt und es zu einer in sich selbst abgeschlossenen Einheit macht. Das gesamte Universum ist wie eine Blase in der Raumzeit. Aber diese Blase weist einige sehr interessante Besonderheiten auf, und auch unser Vorhandensein beruht auf bemerkenswerten Einzelheiten. Diese seltsamen Koinzidenzen müssen von einer zufriedenstellenden kosmologischen Theorie erklärt werden. Doch bevor wir so etwas in Angriff nehmen können, müssen wir verstehen, um welche Koinzidenzen es sich handelt, und wie Schwarze Löcher funktionieren.

7
Der Goldilocks-Effekt[1]

Eine der überraschendsten Tatsachen in unserem Universum ist, daß es so groß wie nur irgend möglich sein kann, ohne unendlich zu sein. In den Begriffen, die Einstein in bezug auf die Krümmung der Raumzeit verwendete, heißt dies, daß das Universum nahezu «flach» ist. Und dies scheint wiederum das Ergebnis einer außerordentlichen Koinzidenz bei der Entstehung des Universums im Urknall zu sein, die den Sog der Gravitation gegen die nach außen wirkende Expansion des Universums mit äußerster Präzision ins Gleichgewicht brachte, auch wenn die Verwendung des Wortes «Gleichgewicht» in diesem Zusammenhang eher ungewöhnlich ist. Immerhin expandierte das Universum nach dem Urknall mit einer dramatischen Geschwindigkeit, obwohl der Einfluß der Gravitation versuchte, dies zu verhindern. «Gleichgewicht» im späteren Leben des Universums bedeutet: Die Gravitation ist *genau* stark genug, um die Expansion des Universums *gerade noch* zum Halten zu bringen – aber nicht so stark, daß die Expansion nie zustande gekommen wäre, und auch nicht so schwach, daß die Expansion für alle Ewigkeit weitergehen könnte. Es ist also so, als ob man z.B. einen Baseball vom Boden eines Wolkenkratzers mit exakt der Geschwindigkeit in die Luft wirft, daß er genau am obersten Stockwerk seinen Aufwärtsflug beendet, so daß ein Freund auf der Aussichtsplattform ihn fangen kann, während er scheinbar in der Luft zu schweben scheint. Das Universum wird eines Tages in dieser Weise in einem Zustand maximaler Ausdehnung «schweben», bevor ganz allmählich sein Kollaps einsetzen wird. Wie wir gleich sehen werden, erfordert dies in der Tat ein sehr sorgfältiges Gleichgewicht zwischen Gravitation und Expansion.

Ich werde zu zeigen versuchen, daß all diese scheinbaren Koinzidenzen in der Kosmologie weder außergewöhnlich noch zufällig sind,

---

1 Der Autor bezieht sich hier auf ein englisches Märchen: Goldilocks kommt in die Hütte von drei Bären, wo sie drei Schüsseln Haferbrei auf dem Tisch findet. Nachdem der Haferbrei des großen und der des mittleren Bären zu heiß bzw. zu kalt waren, ist der Haferbrei des kleinen Bären genau richtig (Anm. d. Übersetzers).

sondern das natürliche Ergebnis der Prozesse, die das Universum entstehen ließen. Ich werde aber zuerst einige dieser Koinzidenzen genauer beschreiben und aufzeigen, was eine befriedigende Theorie des Universums erklären muß.

Im ersten Kapitel wurde erwähnt, daß nach den Gleichungen der Allgemeinen Relativitätstheorie der Raum leicht in sich gekrümmt sein kann, so daß das ganze Universum geschlossen ist. In diesem Bild ist das dreidimensionale Universum ein in sich selbst geschlossenes Gebilde, wie die zweidimensionale Erdoberfläche ein in sich selbst geschlossenes Gebilde ist, das in sich selbst gekrümmt ist und eine Kugeloberfläche bildet. Eine der grundlegenden Eigenschaften der Kugeloberfläche ist, daß sie eine wohldefinierte Fläche hat – sie ist endlich. Wenn das Universum auf gleiche Weise – nur mit einer weiteren Dimension – in sich gekrümmt ist, muß es ein endliches Volumen (in drei Dimensionen) besitzen.

Die Allgemeine Relativitätstheorie läßt zwei weitere Möglichkeiten zu. Das Gegenteil von einem geschlossenen Universum ist logischerweise ein «offenes» Universum. Wie man sich ein geschlossenes Universum als dreidimensionales Gegenstück einer Kugel vorstellen kann, so kann man sich ein offenes Universum als dreidimensionales Gegenstück einer sattelförmigen Oberfläche vorstellen – beispielsweise in Form eines Bergpasses. Eine wichtige Eigenschaft einer solchen Oberfläche ist, daß sie sich (anders als ein gewöhnlicher Sattel) bis ins Unendliche erstreckt, ohne je an ein Ende zu gelangen. Wenn das Universum offen wäre, würde es sich in allen Richtungen ins Unendliche erstrecken.

Die dritte Möglichkeit, die die Einsteinschen Gleichungen zulassen, ist die eines «flachen» Universums. Ein flaches Universum ist das dreidimensionale Gegenstück von einem flachen Blatt Papier. Es erstreckt sich ebenfalls bis in die Unendlichkeit, aber in einem flachen Universum gibt es keine Krümmung der Raumzeit, was einen Sonderfall der Gleichungen darstellt, der exakt zwischen einem offenen und einem geschlossenen Zustand ausbalanciert ist.

Wenn wir das expandierende Universum betrachten, gibt es noch eine andere Möglichkeit, sich den Unterschied zwischen einem offenen und einem geschlossenen Universum klarzumachen – eine Möglichkeit, die direkt mit der Art und Weise der Entwicklung des Universums seit dem Urknall und der heute noch fortschreitenden Expansion verbunden ist. Auf den allergrößten Skalen sind bekanntlich zwei entgegengesetzte Prozesse am Werk – die Expansion nach außen, die durch die Prozesse des Urknalls selbst bestimmt wird, und die Anziehung der Gravitation, die die Expansion zu bremsen versucht. Seit dem Urknall hat die Geschwindigkeit, mit der das Universum expandiert, kontinuierlich abgenommen. Wird die Gravitation irgendwann die Oberhand über die Expansion gewinnen, das Universum erst zum Halten bringen und es dann zu einem Kollaps zwingen? Oder wird die Expansion mit einer immer kleiner werdenden Geschwindigkeit für alle Zeiten weitergehen?

Im ersten Fall muß das Universum im Einsteinschen Wortsinne geschlossen sein. Der zweite Fall entspricht einem offenen Universum. Und in einem flachen Universum nimmt die Expansion immer mehr ab, während die Äonen verrinnen, bis die Gravitation es schließlich zu einem Halt bringt, ohne daß es ihr jedoch gelingen würde, die Expansion in einen Kollaps umzukehren.

Stellen wir uns vor, wir würden einen Ball von der Erdoberfläche in die Höhe werfen. Wenn man ihn mit gewöhnlicher Kraft nach oben wirft, wird er zu einer bestimmten Höhe steigen und dann zurückfallen. Wenn man übermenschliche Kräfte hätte, könnte man den Ball so schnell werfen, daß er die Erdanziehung überwinden und für alle Zeiten durch den Weltraum fliegen würde. Und wenn man nicht nur übermenschliche Kräfte, sondern auch ein übermenschliches Geschick besäße, könnte man den Ball mit genau der richtigen Geschwindigkeit werfen, so daß die Schwerkraft der Erde ihn langsam zu einem Halt bringen würde, er jedoch niemals ganz anhalten und zur Erde zurückfallen würde.

Es ist recht einfach, von der Oberfläche der Erde in den Weltraum zu gelangen. Fast jeden Tag starten Raketen, die Satelliten und Raumsonden ins Weltall bringen. Wenn die Erde eine größere Masse und deshalb eine stärkere Anziehungskraft besäße, wäre es entsprechend schwieriger, in den Weltraum zu gelangen. Man bräuchte eine schwächere Rakete (oder einen weniger kräftigen Arm zum Ballwerfen), um von der Mondoberfläche in den Weltraum zu gelangen, weil der Mond kleiner und masseärmer als die Erde ist, aber vom Jupiter aus würde man eine stärkere Rakete benötigen, weil Jupiter massereicher als die Erde ist.

Wenn die Schwerkraft auf der Oberfläche eines Objektes so stark ist, daß überhaupt nichts entkommen kann, nicht einmal Licht, dann bezeichnet man ein solches Objekt als Schwarzes Loch. Wenn wir uns im Innern eines Schwarzen Loches befänden und versuchen würden, mit einer Taschenlampe nach oben zu leuchten, würde das Licht durch die Raumkrümmung in Richtung unserer Füße abgelenkt. Wenn das Schwarze Loch sehr groß wäre (wenn das ganze Universum ein Schwarzes Loch *wäre*), könnte der Lichtstrahl für Milliarden von Jahren auf seiner Reise durch das Weltall das Universum umlaufen und schließlich wieder bei unseren Füßen ankommen, das Endergebnis wäre aber das gleiche! Die Raumzeit um ein Schwarzes Loch wird durch seine Schwerkraft vollständig geschlossen.

Dies ist im geschlossenen Universum genauso. Wenn wir das Universum als geschlossen ansehen, meinen wir damit, daß die gesamte Materie so stark ist, daß nichts, nicht einmal das Licht, ihrem Griff entkommen kann. Der Raum ist in sich selbst gekrümmt, und eines Tages wird die Gravitation die Expansion des Universums überwinden und alles in einen einzigen, überdichten Punkt zusammenstürzen lassen, in eine Singularität. Das Universum ist im wahrsten Sinn des Wortes ein Schwarzes Loch. Der Grund, weshalb dies nicht im Einklang mit unserer vertrauten Vorstellung eines Schwarzen Loches steht, liegt darin, daß es so groß ist. Jeder, der etwas von Schwarzen Löchern versteht, weiß, daß sämtliche Materie und Energie in seinem Innern zum Zentrum des Schwarzen Loches fallen und dort zusammengepreßt werden wird. Aber nichts kann sich schneller als das Licht bewegen, und deshalb benötigt der Kollaps eines Schwarzen Loches mit, sagen wir, einem Durchmesser von einer Milliarde Lichtjahren eine Zeit von einer Milliarde Jahren. Unser Universum ist noch viel größer – alle Materie, aus der es besteht, expandiert augenblicklich aus einer Singularität heraus (wir brauchen uns jetzt kein Kopfzerbrechen zu machen, woher die Singularität kam, alles wird uns bald klarer werden). Es wird viele Milliarden Jahre dauern, bevor alles wieder in die Singularität zurückkollabiert und die Dinge in einen Zustand gelangen, von dem wir uns vorstellen, daß er für ein Schwarzes Loch typisch ist – «was einst war, wird eines Tages wieder sein». Das Universum ist heute ein Schwarzes Loch, es war ein solches im kosmischen Feuerball, trotz der unterschiedlichen Erscheinungsformen: Ein Erwachsener und ein Neugeborenes sind beide menschliche Wesen, trotz ihrer augenscheinlichen Unterschiede.

Aber das Universum ist *gerade noch* ein Schwarzes Loch – die Gravitation ist *gerade noch* im Gleichgewicht mit der Expansion nach außen. Entscheidend hierfür ist die Materiedichte im Universum zu einer beliebigen kosmischen Epoche. Die Stärke der Gravitation hängt von der Materiedichte ab, nicht von der Menge an Materie. Ein Neutronenstern beispielsweise kann die gleiche Materiemenge wie die Sonne aufweisen, aber die Stärke der Gravitation an der Oberfläche des Neutronensterns ist viel stärker, weil die Materie in ein kleineres Volumen gepackt ist, und deshalb eine höhere Dichte besitzt. Als das Universum jünger und dichter war, war sein Gravitationssog stärker – aber als das Universum jünger war, expandierte es auch schneller als heute. Im Laufe der Zeit wird durch die Expansion des Universums die Materie verdünnt, aber die Materiemenge bleibt die gleiche. Während sich die Materie verdünnt und die Gravitationsanziehung schwächer wird, nimmt die Expansionsrate ebenfalls ab, und es wird weniger Gravitationsanziehung benötigt, um das Universum geschlossen zu halten. Die beiden Effekte arbeiten auf eine Weise zusammen, die sicherstellt, daß die Gravitation immer stark genug sein wird, das Universum schließen zu können, wenn sie einmal stark genug dafür war, gleichgültig, wie stark sich das Universum ausdehnt und verdünnt.

Zu jeder Epoche in der Entwicklung des Universums gibt es eine kritische Dichte, die dem «flachen Universum» im Einsteinschen Sinne entspricht. Wenn die Dichte den kritischen Wert übersteigt, ist das Universum geschlossen; eine Dichte, die unter dem kritischen Wert liegt, entspricht einem offenen Universum. Ein geschlossenes Universum kann, um ein Beispiel von Einstein zu geben, durch die Haut eines expandierenden Luftballons veranschaulicht werden. Wenn man sagt, daß das Universum nahezu flach ist, meint man, daß der Ballon nur ganz leicht gekrümmt ist – das Universum ist wie die Haut eines extrem aufgeblasenen Luftballons.

Wenn die Astronomen die Masse aller leuchtenden Sterne in allen Galaxien unserer Nachbarschaft addieren, erhalten sie eine Materiedichte, die etwa einem Prozent der kritischen Dichte entspricht. Wenn man den Einfluß aller dunklen Materie berücksichtigt, die sich durch die Bewegung der Galaxien in Haufen und Superhaufen zu erkennen gibt, erhöht sich die Dichte auf 10 Prozent der kritischen Dichte oder mehr. Untersuchungen der Galaxienbewegungen sind nicht exakt genug, um uns genau zu sagen, wieviel Materie wirklich vorhanden ist, aber sie besagen, daß sie auf keinen Fall höher als das Zehnfache der kritischen Dichte im heutigen Universum sein kann. 15 Milliarden Jahre nach dem Urknall ist die Dichte im Universum ausbalanciert zwischen einem Zehntel und dem Zehnfachen des kritischen Wertes, der dem flachen Universum entspricht. Wenn wir die kritische Dichte gleich 1 setzen, liegt die wirkliche Dichte des Universums irgendwo zwischen 0,1 und 10.

Mit Hilfe der COBE-Beobachtungen, der Inflation und der Theorie der Galaxienentstehung können wir die Dichte sogar noch genauer bestimmen. Wir erinnern uns: Inflation ist der Prozeß, durch den das Universum sich von einem Samenkorn, das kleiner als ein Atomkern ist, im Bruchteil einer Sekunde zu einem sehr viel größeren Gebilde entwickelte. Unter anderem beantwortet dies das Rätsel, warum das Universum nahezu flach wurde. Die «Ballonhaut» des ursprünglichen Samenkorns war sehr stark gekrümmt und nirgendwo flach; durch die Inflation erfolgte die rasche Expansion, die die Größe des Ballons sehr stark vergrößerte (diese Inflation der Größe des Ballons gab der Theorie ihren Namen), so daß es anschließend beinahe flach aussah. Stellen wir uns vor, daß wir einen Kinderballon auf die Größe der Erde aufblasen könnten, ohne daß er platzt, und wir bekommen einen Eindruck dessen, was während der Inflation vor sich ging. Die Oberfläche dieses Ballons erscheint jedem, der darauf sitzt, als flach – wie die Erdoberfläche. Die Inflation, die bei der Geburt des Universums auftrat, lieferte eine noch viel stärkere Expansion.

Wir wissen aufgrund der Inflationstheorie, der COBE-Daten und der Galaxienentstehung, daß die heutige Dichte des Universums mindestens 1 sein muß, wenn die ganze dunkle Materie berücksichtigt wird; sie kann aber auch noch 10 betragen. Den Bereich des Möglichen unter einen Faktor 10 zu bringen, mag nicht sehr bemerkenswert erscheinen – selbst Politiker schaffen es gewöhnlich, mit ihren Haushaltsprognosen genauer zu sein als der Faktor 10. Der springende Punkt ist jedoch, daß die kritische Dichte die einzige «spezielle» Dichte in den Einsteinschen Gleichungen darstellt. Soweit wir wissen, gibt es nichts, was in die Gleichungen der Physik eingebaut ist und besagt, daß die

Dichte nicht irgendeinen beliebigen Wert angenommen haben kann – eine Milliarde mal die kritische Dichte oder ein Milliardstel der kritischen Dichte oder irgendeinen Wert, den wir uns aus der Luft greifen können. Wenn das Universum überhaupt eine Dichte hat, warum sollte es so sein, daß sie so nahe an der Trennlinie zwischen einem offenen und einem geschlossenen Universum liegt – warum sollte das Universum so groß wie irgend möglich sein, ohne unendlich zu sein?

Diese Entdeckung überrascht um so mehr, weil sich die Dichte im Verlauf der letzten 15 Milliarden Jahre vom kritischen Wert wegbewegt haben muß. Es ist sehr schwierig, die gegeneinander wirkenden Mechanismen der Expansion und der Gravitation im Gleichgewicht zu halten. Im Laufe der Zeit weicht ein expandierendes Universum immer mehr von einem flachen Universum ab. Es ist so, als ob man ein Stück Karton entlang einer Mittellinie faltet, um ein umgekehrtes «V» zu bilden, und dann versucht, eine Murmel auf dem entstandenen «Gebirgskamm» zu balancieren. Die Murmel würde rasch nach der einen oder anderen Seite rollen, und während sie rollt, würde sie sich immer weiter vom Kamm entfernen. Man benötigt eine übermenschliche Geschicklichkeit, die Murmel so zu balancieren, daß sie für 15 Milliarden Jahre auf dem «Gebirgskamm» verharrt – aber das Universum scheint bei seiner Entstehung in genau einem solchen präzisen Gleichgewicht zwischen dem «offenen» und dem «geschlossenen» Zustand erschaffen worden zu sein.

Dieser Gebirgskamm, dieser Knick im Karton, entspricht der perfekten Flachheit des Universums, dem Grenzfall zwischen den beiden Alternativen, dem geschlossenen und dem offenen Universum. Wir wissen aus den COBE-Ergebnissen und der Theorie der Inflation, daß das Universum in der Tat geschlossen sein muß und zu allen Zeiten geschlossen war. Wenn man die kritische Dichte mit 1 annimmt, muß die Dichte des wirklichen Universums größer als 1 sein, und sei es nur um einen winzigen Bruchteil größer. Wenn das Universum zu Beginn geschlossen war, hätte die Gravitation die Dichte hoch gehalten, so daß die Expansion stark gebremst hätte und so weiter. Wenn das Universum zu Beginn offen war, würde die Expansion die Materie verdünnt haben, so daß die Gravitation schwächer wird. Dies erlaubte eine weitere Verdünnung und so weiter. Wenn das Universum heute fast flach ist, muß es voriges Jahr ein bißchen flacher gewesen sein, vor 10

Jahren noch mehr, und es muß vor langer Zeit, als es sehr jung war, ganz nahe an der perfekten Flachheit gewesen sein.

Wie nahe? Damit wir heute bei einem Faktor 10 an der perfekten Flachheit sind, muß das Universum eine Sekunde nach seiner Entstehung außerordentlich flach gewesen sein, auf einen Faktor $1:10^{15}$ genau. Der Betrag, um den die Dichte von der kritischen Dichte abwich, kann mit einem Dezimalkomma, gefolgt von vierzehn Nullen und einer 1 geschrieben werden. Wir wissen, daß die Dichte immer mehr als 1 gewesen sein muß. Wenn wir den Wert der kritischen Dichte mit 1 annehmen, muß die wirkliche Dichte des Universums im Alter von einer Sekunde zwischen 1 und 1 000 000 000 000 001 gelegen haben.

Wieviel weiter in die Vergangenheit können wir diese Berechnung treiben? Es mag vermessen klingen, über Dinge vor 15 Milliarden Jahren zu reden, die geschahen, als das Universum eine Sekunde alt war, aber die Astronomen sind recht zuversichtlich und glauben zu verstehen, was sich zu dieser Zeit abspielte. Es ist recht einfach, die Gleichungen in Einsteins Theorie «zurückzudrehen» und die Temperatur und den Druck im Universum zu ermitteln, der nach 1 Sekunde herrschte. Diese Bedingungen sind nicht viel anders als die extremsten Bedingungen, die wir im Sonnensystem vorfinden – die Bedingungen im Zentrum der Sonne. Das ganze Universum befand sich damals im Zustand eines heißen Feuerballs, wie er heute im Innern der Sonne herrscht. Das Verhalten von Teilchen wie Protonen und Neutronen unter solchen Bedingungen ist jedoch gut verstanden. Frühere Stadien im Leben des Universums, als sein Alter nur Bruchteile von Sekunden betrug, können mit ebenso guten und nachvolllziehbaren Theorien beschrieben werden, wie exotischere Teilchen oder die Quantenmechanik. Dies ist die Grundlage der sehr erfolgreichen Theorie der Inflation, die in der Lage ist zu erklären, wie ein sehr glattes Universum, das genügend dunkle Materie enthält, um die Raumzeit (gerade noch!) zu schließen und Materie zu Galaxien zusammenzuklumpen, die von COBE beobachteten Fluktuationen entstehen läßt.

Doch jede wissenschaftliche Theorie (auch die Quantentheorie) hat ihre Grenzen, und keine wissenschaftliche Theorie kann gegenwärtig die Singularität zum Zeitpunkt der Schöpfung genau beschreiben. Eine Singularität ist ein Ort, ein Punkt in der Raumzeit, an dem die Gesetze der Physik völlig zusammenbrechen. Welche materielle Form ein Objekt haben mag – ein Stern, ein Mensch, eine kaputte Waschmaschine, was auch immer – seine Identität geht in der Singularität völlig verloren. Selbst die Atome und die anderen Teilchen, aus denen das Objekt besteht, werden zerstört.

Roger Penrose bewies in den sechziger Jahren, daß jedes Schwarze Loch eine Singularität enthalten muß. Das schließliche Schicksal von allem, was sich im Innern eines Schwarzen Loches befindet, ist, einen Punkt unendlich hoher Dichte zu bilden, wo alles mögliche geschehen kann. Stephen Hawking griff diesen Gedanken auf und bewies, daß das expandierende Universum aus einer Singularität entstanden sein muß. Genauso wie alles, was in eine Singularität fällt, seine Identität verliert und mit der Singularität verschmilzt, kann Energie, die aus einer Singularität entweicht, *irgendeine* Identität annehmen. Aus einer Singularität kann alles erwachsen. Die Gesetze der Physik gelten für den Bruchteil einer Sekunde, in der Energie oder Masse aus einer Singularität entweicht, nicht; und im Prinzip könnte eine Singularität kaputte Waschmaschinen, Menschen oder Sterne emittieren. Aber in «unserem Fall» war es so, daß «unsere» Singularität einen fast flachen Feuerball aus Masse und Energie emittierte.

Ein Gesetz behält jedoch seine Gültigkeit. Die Wahrscheinlichkeit ist höher, daß einfache Dinge emittiert werden, und das einfachste Ding ist die Energie selbst. Es ist deshalb kein Wunder, daß das Universum im Bruchteil einer Sekunde nach seiner Entstehung die Struktur einer Energieblase hatte, die eine kleine, in sich geschlossene Raumregion einnahm. Diese dehnte sich aus und wurde zum Urknall. Der erste Bruchteil dieser ersten Sekunde stellt die Grenze der Quantentheorie dar und beträgt 10^{-43} einer Sekunde. Die lächerlich kleine Zahl ist das «Quantum» der Zeit, das kleinste Zeitintervall, das eine physikalische Bedeutung hat. Soweit es die Gesetze der Physik betrifft, die im Universum gelten, wurde das Universum bei einem Alter von 10^{-43} Sekunden geboren. Davor gab es keine Zeit.

Wenn man die recht extreme Extrapolation der Flachheit des Universums bis zu diesem Augenblick praktiziert, den man als Planckzeit bezeichnet (benannt nach Max Planck, einem der Pioniere der Quantentheorie), hat dies zur Folge, daß ein Universum, das heute mit einem Faktor 10 flach ist und bei einer Sekunde auf einen Faktor 10^{15} genau flach war, im Augenblick der Schöpfung, zur Planckzeit, auf einen

Faktor 10^{60} genau flach war. Dies bedeutet, daß der «Flachheitsparameter» die am genauesten bestimmte Zahl in der Wissenschaft darstellt. Wenn es wirklich ein Zufall war, daß das Universum in genau einem solchen Zustand aus einer Singularität entstand, wäre das sehr bemerkenswert. Es wäre um so bemerkenswerter, wenn man bedenkt, daß selbst eine winzige Abweichung von der Flachheit während der ersten Sekunde des Universums sich sehr rasch verstärkt hätte und das Leben unmöglich gemacht hätte.

Zur Planckzeit betrug der Durchmesser des Universums etwas mehr als 10^{-33} Zentimeter – die Entfernung, die das Licht in der Planckzeit zurücklegt. Diese Strecke bezeichnet man als Plancklänge. Sämtliche Masse und Energie des heutigen Universums (die leuchtenden Sterne und Galaxien und alle dunkle Materie zusammengenommen) war auf dieses kleine Volumen zusammengedrängt und verursachte ein gewaltiges Gravitationsfeld, das fast genau durch die etwa gleichstark wirkende Expansion nach außen ausbalanciert war.

Diese Bedingungen sind so extrem, daß sie unseren Verstand verwirren. Gehen wir deshalb in der Zeit eine Sekunde weiter, in die Zeit, als das Universum überall bloß so heiß und dicht war wie das Innere eines Sterns. Nehmen wir weiter an, daß nach dieser einen Sekunde die Dichte des Universums das Zehnfache der kritischen Dichte betrug. In einem solchen Fall wäre die Schwerkraft so stark gewesen, daß das Universum fast augenblicklich in eine Singularität zurückkollabiert wäre, ohne daß eine Chance bestanden hätte, daß Galaxien, Sterne, Planeten und Menschen hätten entstehen können. Oder nehmen wir an, daß das Universum nur ein Zehntel der kritischen Dichte hatte. Die Schwerkraft wäre dann so schwach gewesen, daß selbst bei Anwesenheit dunkler Materie sich die Gaswolken nie zusammengezogen hätten, um Galaxien, Sterne, Planeten und Menschen zu bilden. Dieses rasende Universum wäre rasch expandiert, und die im Urknall entstandene Materie hätte sich in verdünnter Form in der Leere verteilt. Der Flachheitsparameter scheint also wirklich, als das Universum eine Sekunde alt war, mit einer Genauigkeit von 10^{15} auf einen bestimmten Wert eingestellt worden zu sein, damit wir eine Chance hatten, in diese Welt zu gelangen. War es nur ein glücklicher Zufall, daß das Universum sich in diesem Zustand aus dem Urknall entwickelte – dem für uns optimalen Zustand?

Das eben Geschilderte ist ein wichtiges Argument der sogenannten anthropischen Kosmologie. Sie stellt den Versuch dar, die Beziehungen zwischen den Menschen und dem Kosmos zu ergründen. Man könnte sie auch als Verkörperung des Goldilocks-Prinzips bezeichnen, da das Universum wie der Haferbrei des kleinen Bären für uns «gerade richtig» ist. Das Goldilocks-Prinzip besagt, daß solche Koinzidenzen in Wirklichkeit keine sind, sondern eine tiefere Ursache haben müssen. Es gibt Leute, die den extremen Standpunkt vertreten, daß das Universum zu unserem Wohlergehen erschaffen wurde – daß also der Flachheitsparameter genau richtig gewählt wurde, *damit* sich Sterne, Planeten und Menschen entwickeln konnten. Der entgegengesetzte Standpunkt ist, daß es nichts mehr als ein ungewöhnlicher Zufall ist, eine reine Glückssache, daß die Singularität, aus der sich unser Universum entwickelte, so beschaffen war, daß der Flachheitsparameter genau den richtigen Wert zwischen dem augenblicklichen Kollaps und einer allzu raschen Expansion hatte. Aber die wissenschaftlich interessanteste Möglichkeit ist, einen Grund dafür zu finden, warum das Ausbrechen aus der Singularität ein Universum entstehen ließ, das *gerade noch* geschlossen ist, das so rasch wie irgend möglich expandiert und trotzdem noch ein Schwarzes Loch bleibt. Der Grund mag nichts mit unserer Existenz im heutigen Universum zu tun haben – es kann wirklich ein glücklicher Zufall sein, daß es uns gibt, weil die Bedingungen im Universum sich *aus anderen Gründen* so entwickelten und für uns nur zufällig von Nutzen waren. Trotzdem ist das Ausmaß, in dem diese kosmologischen Koinzidenzen unser Hervorkommen begünstigten, wahrhaft erstaunlich.

Die Stärke der anthropischen Argumentation bei der Einsicht in das Wirken des Universums wird sehr schön durch eine Streitfrage illustriert, um die im 19. Jahrhundert erbitterte Fehden geführt wurden. Die Protagonisten waren die von Charles Darwin angeführten Evolutionsbiologen und die Physiker und Astronomen unter der Führung von William Thomson (dem späteren Lord Kelvin).

Darwins Evolutionstheorie konnte erklären, wie sich alle Lebewesen auf der Erde aufgrund der natürlichen Auslese und dem Überleben des Stärkeren von einem einfachen gemeinsamen Vorfahren entwickeln konnten. Die Evolution benötigte allerdings eine riesige Zeitspanne, um diese Aufgabe zu erfüllen. Geologische Prozesse erforderten ähnlich lange Zeiträume, in denen die Landschaften durch Prozesse wie die Erosion geformt wurden. Darwin und die Geologen schlossen daraus, daß die Erde schon seit sehr, sehr langer Zeit in einem Zustand, der dem heutigen ähnlich ist, existiert haben muß, seit mindestens einer Milliarde Jahren.

Aber die damaligen Astronomen konnten sich keinen Prozeß vorstellen, der die Sonne so lange Zeit hätte scheinen lassen. Wenn sie völlig aus Kohle bestanden hätte, die in einer reinen Sauerstoffatmosphäre brennt, wäre sie nach einigen tausend Jahren ausgebrannt. Die wirkungsvollste Energiequelle, die sich Thomson vorstellen konnte, war die Gravitation. Er erkannte, daß bei einem langsamen Schrumpfen der Sonne unter ihrem eigenen Gewicht die Gravitationsenergie langsam in Wärme umgewandelt werden würde, die dann in den Raum gestrahlt werden konnte. Eine einfache Rechnung zeigte jedoch folgendes: Selbst wenn die Sonne von einer Kugel von mehr als hundertfacher Erdgröße zu einem festen Klumpen von Erdgröße schrumpfen würde und sie mit der gleichen Helligkeit wie heute strahlen würde, wäre die gesamte Gravitationsenergie in wenigen Millionen Jahren aufgebraucht. Die maximale Lebensdauer der Sonne war nach den damals bekannten Gesetzen der Physik sicher kleiner als 100 Millionen Jahre und weit kürzer als alles, was für die Geologie und die Evolution des Lebens erforderlich war.

Trotzdem existieren wir. Vom heutigen Standpunkt aus betrachtet reicht diese Tatsache aus, um zu beweisen, daß Thomson einen Fehler begangen haben mußte. Keine im 19. Jahrhundert bekannte Energieform konnte die Sonne für eine Zeitspanne leuchten lassen, die für das Wirken der Evolution auf der Erde ausgereicht hätte, es mußte also eine unbekannte Energieform im Innern der Sonne am Werk sein. Mit Nachdruck wurde diese Meinung 1899 von dem amerikanischen Astronomen Thomas Chamberlain vertreten. Einige Jahre später sagte Einsteins Spezielle Relativitätstheorie voraus, daß durch Umwandlung von Materie in Energie Wärme freigesetzt werden konnte; einige Jahrzehnte später hatten die Astrophysiker eine detaillierte Kenntnis des Prozesses, der im Innern der Sonne abläuft, von der Umwandlung von Wasserstoff in Helium und von der Freisetzung des kleinen Massendefizits als Energie. Die Stärke des Goldilocks-Prinzips liegt darin, daß es uns sagen kann, wann unsere hochangesehenen Theorien falsch (oder unvollständig) sind, selbst wenn wir noch nicht wissen können, wie sie richtig zu formulieren (oder zu vervollständigen) sind. Darwins Evolutionstheorie hat also in gewisser Weise Einsteins Relativitätstheorie vorausgesagt.

Solche anthropischen Vorhersagen benötigen nicht immer die Wohltat der späten Erkenntnis. Es wurde schon erwähnt, daß Fred Hoyle in den fünfziger Jahren die treibende Kraft hinter einer Arbeit war, die erklären konnte, wie alle Elemente im Innern von Sternen gebildet werden, ausgenommen Wasserstoff, Helium und Spuren anderer sehr leichter Elemente, die aus dem Urknall stammen. Dies schließt auch die Elemente Kohlenstoff, Stickstoff und Sauerstoff ein, die neben dem Wasserstoff von grundlegender Wichtigkeit für das Leben auf der Erde sind. Bei dieser Arbeit gelangte Hoyle zu einer extrem wichtigen Einsicht, die zu einer Vorhersage von Eigenschaften bestimmter Elementarteilchen führte, und die auf der Tatsache beruhte, daß es uns gibt.

Nachdem die Physiker gelernt hatten, wie Kernreaktionen ablaufen, war es relativ einfach vorherzusagen, wie die schweren Elemente im Inneren von Sternen aufgebaut werden. Der erste Schritt ist die Verbindung von vier Wasserstoffkernen (Protonen) zu einem Helium-4-Kern, der aus zwei Protonen und zwei Neutronen besteht. Dieser Prozeß läuft im Innern der Sonne und anderen Hauptreihensternen ab. Die Zahl 4 im Helium-4 gibt die Gesamtzahl der Kernteilchen an (2 Protonen plus 2 Neutronen).

Helium-4 ist ein sehr stabiler Kern, der sich in vielerlei Hinsicht wie ein einzelnes Teilchen verhält – man bezeichnet einen solchen Kern oft auch als Alphateilchen. Diese Stabilität bewirkt, daß Kerne, die aus einer ganzen Zahl von Alphateilchen bestehen, besonders stabil sind und eine große kosmische Häufigkeit zeigen. Solche Kerne sind beispielsweise Kohlenstoff-12 und Sauerstoff-16, die aus 3 bzw. 4 Alphateilchen bestehen. Wenn erst einmal Kohlenstoff-12 in einem Stern vorhanden ist, kann sich unter günstigen Bedingungen von Temperatur und Druck leicht ein Heliumkern an einen solchen Kern anlagern, so daß ein Sauerstoff-16-Kern entsteht. Die Kernfusionsleiter geht in Viererschritten weiter bis zum Eisen-56.

Dazwischenliegende Elemente wie Stickstoff-14 werden erzeugt, wenn leichtere Nachbarn (in diesem Falle Kohlenstoff-12) ein oder zwei

Protonen aus dem umgebenden, superdichten Plasma einfangen, oder wenn bestimmte Kerne radioaktiv sind und ein überflüssiges Proton oder Positron (ein positiv geladenes Gegenstück eines Elektrons) abgeben und so die Zusammensetzung ihrer Kernteilchen geändert wird. Elemente, die schwerer als Eisen-56 sind, werden in Supernovaexplosionen erzeugt, die in jeder Galaxie immer wieder auftreten, wie im nächsten Kapitel erläutert wird.

Es taucht aber ein Problem auf. Die Ausnahme von der Regel, daß besonders stabile Kerne aus Alphateilchen aufgebaut sind, tritt in einem besonders wichtigen Falle auf – auf der allerersten Sprosse der Kernfusionsleiter. Der aus zwei Alphateilchen aufgebaute Kern ist das Beryllium-8. Beryllium-8 ist so instabil, daß es, wenn immer es sich aus zwei Alphateilchen im heißen Plasma des Sterninneren bildet, schon nach 10^{-19} Sekunden wieder zerfällt. Die einzige Möglichkeit, Kohlenstoff-12 entstehen zu lassen (und damit die einzige Möglichkeit, schwerere Kerne als Kohlenstoff-12 zu bilden), besteht darin, ein drittes Alphateilchen während dieses winzigen Bruchteils einer Sekunde, in dem ein Beryllium-8-Kern existiert, auf der Bildfläche erscheinen zu lassen. Doch unter diesen Bedingungen würde die kinetische Energie des dazustoßenden dritten Alphateilchens den Beryllium-8-Kern einfach auseinanderreißen.

1954 erkannte Hoyle, daß es nur eine Möglichkeit gab, diese Schwierigkeit zu umgehen. Sie beruht auf der Eigenschaft der «Resonanz». Atomkerne, wie beispielsweise Kohlenstoff-12, können in mehr als einem Zustand existieren. Man bezeichnet die verschiedenen Zustände als Energieniveaus, und man kann sie mit verschiedenen Noten gleichsetzen, die mit einer einzelnen Gitarrensaite erzeugt werden können. Die Saite kann mit ihrer Grundschwingung vibrieren, bei der die Wellenlänge gleich der Länge der Saite ist, sie kann aber auch Obertonschwingungen erzeugen, harmonische Schwingungen, in denen die Wellenlänge gleich der Hälfte, einem Drittel oder irgendeinem anderen ganzzahligen Bruchteil der Saitenlänge entspricht, so daß immer eine ganze Zahl von Wellen entlang der Saite auftreten.

Wenn man einen Schrei in Richtung einer Gitarre ausstößt, werden die Saiten ein wenig auf die Schallwellen in der Luft reagieren und zu vibrieren anfangen – aber nur ein wenig, weil die Wellenlängen, aus denen der Schrei besteht, im allgemeinen nicht den natürlichen Wellenlängen der Gitarrensaiten entsprechen. Aber wenn man eine Note auf einem anderen Instrument spielt, mit einer Wellenlänge, die exakt einer der harmonischen Schwingungen der Gitarrensaite entspricht, wird diese in Resonanz mitschwingen, als ob sich die Gitarre von selbst spielen würde.

Atomkerne weisen analoge Resonanzen auf. Wenn die richtige Energiemenge auf einen Kohlenstoff-12-Kern übertragen wird, wird er diese Energie absorbieren und für eine bestimmte Zeit in einen angeregten Zustand übergehen, bevor er die Energie wieder abgibt und in sein niedrigstes Energieniveau, den Grundzustand, zurückfällt. Hoyle fand, daß die einzige Möglichkeit, wie ein Kohlenstoff-12-Kern aus einer Kollision eines hochgradig instabilen Beryllium-8-Kerns und eines Alphateilchens entstehen kann, diejenige ist, bei der der Kohlenstoff-12-Kern ein geeignetes angeregtes Energieniveau hat, das der Gesamtenergie eines Beryllium-8-Kerns und eines Alphateilchens entspricht.

Es ist so, also ob der «Schrei» eines Alpha-Teilchens, das auf einen Beryllium-8-Kern trifft, genau im Einklang mit der «harmonischen Note» eines Kohlenstoff-12-Kerns ist. Dann reißt die Kollision nicht alles auseinander, sondern die zusammengetroffenen Kerne schlüpfen glatt in das Kleid eines angeregten Kohlenstoff-12-Kerns. Dieser strahlt nach einiger Zeit seine überschüssige Energie ab und geht in seinen Grundzustand über.

Im Jahre 1954 erschien dies als ein verrückter Gedanke. Um Kohlenstoff und alle schwereren Elemente entstehen zu lassen, müßten die Gesetze der Physik fein abgestimmt sein, müßte eine solche Resonanz erst einmal auftreten können. Kaum jemand nahm die Idee ernst, und die Forscher, die sich erst nach Hoyles ständigem Bitten daran begaben, die Resonanzen von Kohlenstoff-12 im Labor auszumessen, taten es wohl mehr aus dem Grund, ihn zum Schweigen zu bringen, als in der Erwartung, seine Vermutung zu beweisen. Zu ihrer Überraschung fanden sie jedoch genau, was Hoyle vorhergesagt hatte. Die Koinzidenz ist so erstaunlich, daß wir sie uns genauer betrachten wollen. Die auftretenden Energien werden in Megaelektronenvolt (MeV) gemessen, aber das spielt jetzt keine Rolle – wir wollen uns nur die Zahlen anschauen.

Die Energie eines Beryllium-8-Kerns plus eines Helium-4-Kerns beträgt 7,3667 MeV; die Energie eines angeregten Kohlenstoff-12-Kerns beträgt 7,6549 MeV. Der Unterschied beträgt weniger als 4 Prozent, und die restlichen 0,3 MeV, die benötigt werden, das Zusammentreffen erfolgreich verlaufen zu lassen, besteht gerade aus der Bewegungsenergie, die durch das Alphateilchen in die Kollision eingebracht wird. Statt daß das Alphateilchen den Beryllium-8-Kern auseinandersprengt, ist seine Energie gerade groß genug, um die Verbindung über das Energieniveau zu heben und einen angeregten Kohlenstoff-12-Kern zu bilden – «gerade richtig», um die Kohlenstoffkerne zu erzeugen, die im Haferbrei des kleinen Bären die grundlegenden Atome bilden werden.

Man lernt die Bedeutung dieser Koinzidenz erst richtig kennen, wenn man betrachtet, was geschehen würde, wenn das Gleichgewicht etwas zur anderen Seite geneigt wäre, wenn also die Beryllium-8/Alphateilchen-Kombination eine Energie besitzen würde, die 1 Prozent höher liegt als der angeregte Zustand von Kohlenstoff-12. Dann gäbe es keine Resonanz. Das auftreffende Alphateilchen würde das Beryllium-8 auseinanderreißen, und es würde im Universum weder Kohlenstoff noch schwerere Elemente geben – und dazu müßte das Energieniveau des Kohlenstoff-12 nur 5 Prozent vom wahren Wert entfernt liegen!

Die Geschichte ist noch nicht zu Ende. Andere Kerne haben ebenfalls angeregte Zustände. Sauerstoff-16 beispielsweise hat ein Energieniveau bei 7,1187 MeV, aber die Gesamtenergie eines Kohlenstoff-12-Kerns und eines Alphateilchens beträgt 7,1616 MeV. Diese Verbindung hat eine Energie, die nur ganz wenig (0,6 Prozent) über der von Sauerstoff-16 liegt. In diesem Fall kommt die kinetische Energie des Alphateilchens hinzu und macht den Unterschied noch größer.

Bei der langsamen Erzeugung des Sauerstoff-16 im Innern der Sterne treten aber keine Probleme auf, weil Kohlenstoff-12, anders als Beryllium-8, stabil ist und für viele Kollisionen zur Verfügung steht. Bei einem Bruchteil der Kohlenstoff-12-Kerne treten durch solche Kollisionen Kernreaktionen auf, die das gewünschte Resultat liefern. Es bleibt aber genügend Kohlenstoff am Ende eines Sternenlebens zur Verfügung, der in das Baumaterial der nächsten Generation von Sternen und Planeten eingemischt wird. Wenn jedoch das Sauerstoff-16-Niveau ein wenig über dem Energieniveau der Kombination von Kohlenstoff-12 und Alphateilchen liegen würde (was der Fall wäre, wenn das angeregte Energieniveau von Sauerstoff-16 ein Prozent höher läge), würde eine Resonanz auftreten, und der gesamte Kohlenstoff-12 würde in Sauerstoff-16 umgewandelt. Es stände dann kein Kohlenstoff für all die interessanten Reaktionen, die die Grundlage des irdischen Lebens darstellen, zur Verfügung.

Es gibt also zwei bemerkenswerte Koinzidenzen, auf denen die Existenz von Lebensformen wie der unseren beruhen – ein doppelter Goldilocks-Effekt. Die erste ermöglicht die Bildung von Kohlenstoff, die zweite verhindert, daß sich der gesamte Kohlenstoff in Sauerstoff umwandelt, läßt aber die Bildung von genügend Sauerstoff zu, um den Prozeß der Nukleosythese bis hin zum Eisen-56 fortzusetzen. Die Tatsache, daß wir Menschen existieren, daß wir auf der Kohlenstoffchemie beruhende Körper besitzen, die Sauerstoff aus der Luft atmen, sagt uns sehr präzise, welche Eigenschaften einige der Atomkerne haben müssen. Können solche Koinzidenzen durch Zufall auftreten? Wurden sie durch einen Schöpfer in die Struktur des Universums eingebaut? Oder haben sie sich durch natürliche Auslese entwickelt?

Hoyles eigene Vorstellung war, daß es in einem unendlichen Universum verschiedene Regionen geben könnte, in denen verschiedene physikalische Gesetze gelten. In einigen (den meisten!) Regionen würden die Koinzidenzen, die die Bildung von Kohlenstoff und Sauerstoff im Innern von Sternen zulassen, nicht existieren. Dort würden Lebensformen wie wir Menschen, die in der Lage wären, diese Tatsache zur Kenntnis zu nehmen nicht existieren. Aber in einigen Teilen des Universums lassen die Gesetze der Physik (buchstäblich durch Zufall) die Bildung von Kohlenstoff und Sauerstoff zu, und Lebensformen wie die unsrigen würden sich entwickeln, diese Tatsachen erkennen und sich über die Konsequenzen wundern. In Hoyles Bild hat Goldilocks eine unendliche Zahl von Schüsseln mit Haferbei, aus denen sie auswählen kann, Haferbrei mit Temperaturen zwischen kochendheiß und eiskalt und mit allen Stufen des Versalzens bei jeder dieser Temperaturen. Eine dieser Schüsseln muß natürlich den Brei enthalten, der für ihren Geschmack «genau richtig» ist.

Der Gedanke, daß das Universum offen und in diesem Sinne unendlich ist, ist durch neuere Entdeckungen überholt worden, obwohl wir im neunten Kapitel sehen werden, daß eine andere Art von Unendlichkeit diskutiert werden kann. Ich finde diese Art der anthropischen Argumentation sehr unbefriedigend, weil sie uns keine Hoffnung läßt, jemals herauszufinden, warum die Dinge so sind, wie sie sind. Das ganze Universum, uns eingeschlossen, wird als nichts anderes als ein glücklicher Zufall (oder eine Reihe von glücklichen Zufällen) erklärt. Wenn keine Aussicht besteht herauszufinden, warum die physikalischen Gesetze so sind, wie sie sind (weil es in diesem Bild kein «warum» gibt), können die Physiker genausogut ihren Laden dichtmachen und ihre Aufmerksamkeit anderen Problemen zuwenden. Das neue Verständnis des Urknalls liefert aber glücklicherweise einen Hinweis auf das «Warum».

Die Reihe von Koinzidenzen, die von einer zufriedenstellenden Theorie erklärt werden müssen, ist lang. Falls uns eine Koinzidenz in den Energieniveaus von Atomkernen im Innern der Sterne recht weit vom täglichen Leben entrückt zu sein scheint, können viele Beispiele angeführt werden, die uns näherliegen. Betrachten wir beispielsweise die merkwürdigen Eigenschaften des Wassers. In den zwanziger Jahren unseres Jahrhunderts wies Lawrence Henderson von der Harvard-Universität auf die bemerkenswerten Eigenschaften des Wassers hin, die für die Existenz von Leben, wie wir es kennen, essentiell zu sein scheinen. Die Fähigkeit des Wassers, eine Vielzahl von anderen Substanzen zu lösen, ist einzigartig, und es besitzt darüber hinaus weitere Eigenschaften, die es von anderen Flüssigkeiten unterscheiden. Ich werde nur eine aufgreifen – die Tatsache, daß sich Wasser beim Gefrieren ausdehnt, was zur Folge hat, daß Eis auf Wasser schwimmt.

Dies ist eine äußerst bizarre Eigenschaft. Man würde beispielsweise nicht erwarten, daß ein Brocken festes Blei auf der Oberfläche eines mit flüssigem Blei gefüllten Gefäßes schwimmt. Das seltsame Verhalten des Eises scheint für uns nur deshalb «normal» zu sein, weil es in unserer Umwelt eine Menge Wasser und Eis gibt. Aber es ist auch von großer Bedeutung für das Leben auf der Erde. Wenn das Wasser beim Gefrieren absinken würde, wie das bei anderen Substanzen der Fall ist, würde sich im Winter das Eis auf dem Boden der Seen und Weltmeere ablagern, nicht an der Oberfläche. Die Wasseroberfläche würde weiterhin Energie abgeben, und es würde sich immer mehr Eis am Boden der Ozeane ablagern, bis sich schließlich die ganzen Weltmeere in einen einzigen Eisklumpen verwandelt hätten. In einem solchen gefrorenen Zustand, bei dem die helle Oberfläche die Sonnenwärme reflektieren würde, wäre es sehr schwierig, den Planeten wieder aufzutauen. Aber

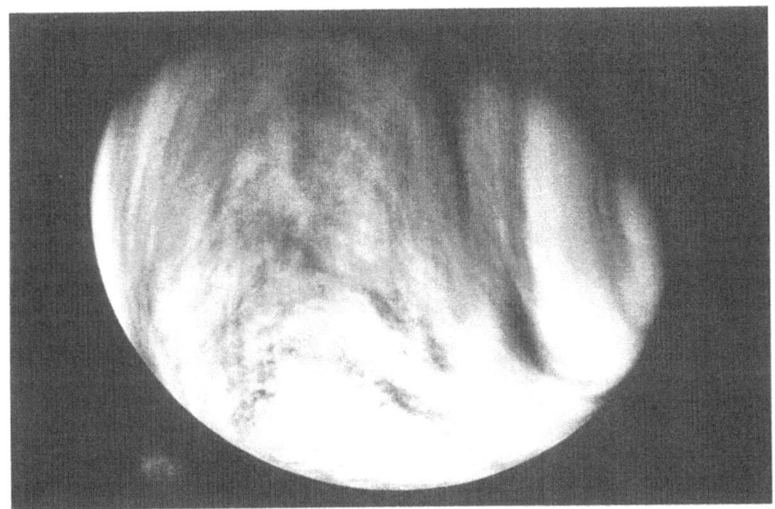

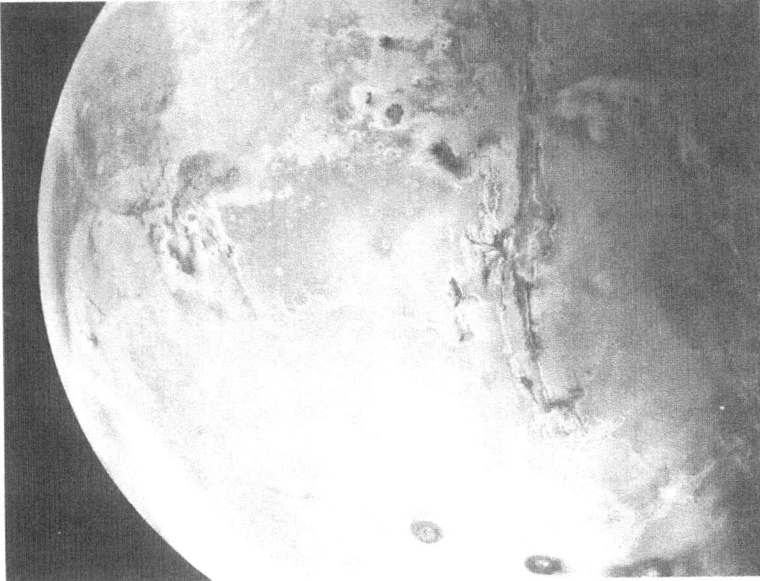

Venus und Mars – unsere Nachbarn im Sonnensystem. Leben konnte sich auf diesen Planeten allerdings nicht entwickeln, schon aus der Distanz erwecken sie den Anschein toter Planeten. Venus (oben) wurde von Pioneer im ultravioletten Licht aufgenommen, die Nordhalbkugel von Mars (unten) ist ein Mosaik von 102 von Viking erhaltenen Bildern (Fotos: NASA).

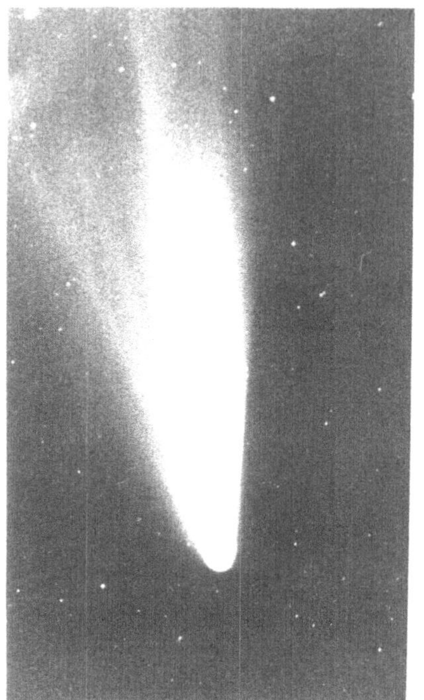

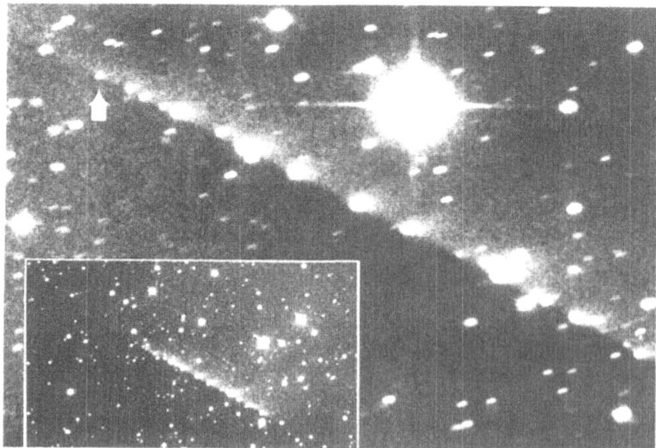

Kometen – gefrorene Eisberge des Weltraums. Eventuell spielen Kometen eine wichtige
Rolle bei der Entstehung des Lebens. Komet West (oben), am 5. Marz 1976 fotografiert.
Die Fragmente von Shoemaker-Levy 9 (unten), kurz (Mai 1994) vor dem Einschlag auf
Jupiter. Sind durch ahnliche Einschlage von Meteoriten oder Kometen Vorboten des
Lebens auf die Erde gelangt? (Fotos· Komet West mit freundlicher Genehmigung von
P. D. Feldman und C. B. Opal entnommen aus: John Brandt, Robert Chapman: *Rendez-
vous im Weltraum*, Birkhauser Verlag, Basel 1994, S. 73; Shoemaker-Levy 9: ESO).

Unsere galaktische Heimat, die Milchstraße – ein lebendiges Wesen?

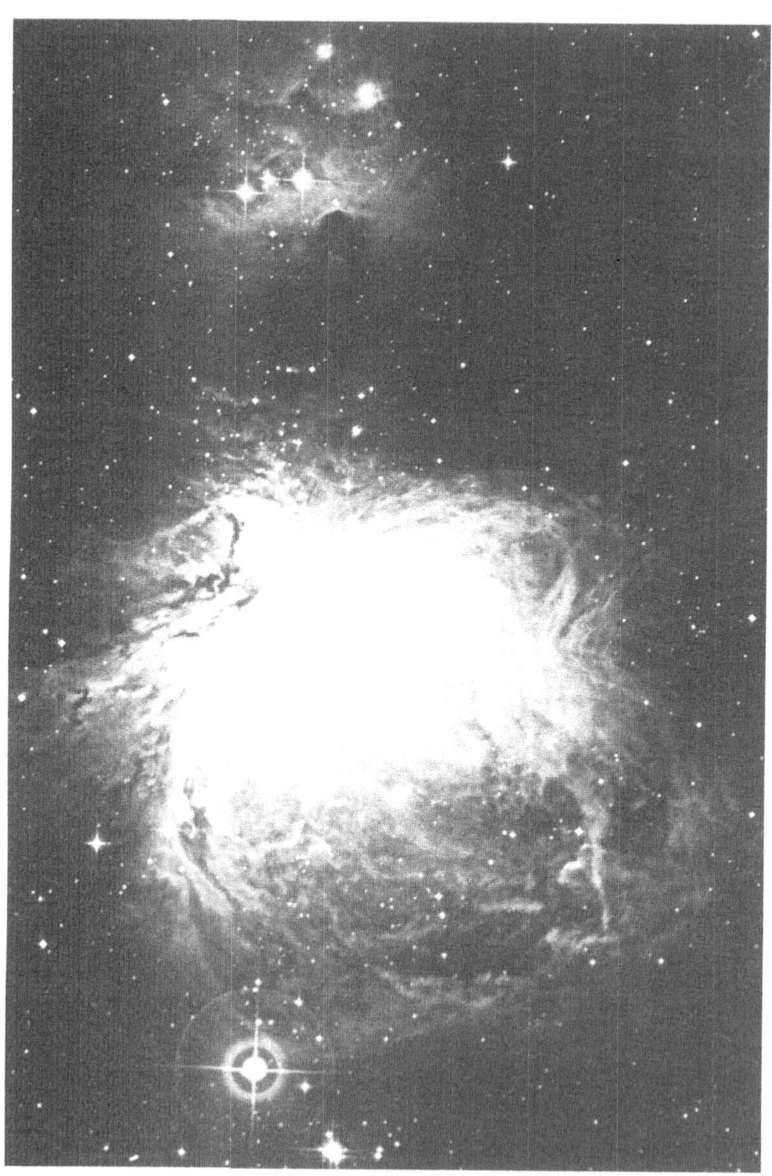

Orionnebel.
Mit einer Entfernung von etwa 1500 Lichtjahren ist der Orionnebel das uns nachst-
gelegene große Gebiet, wo neue Sterne aus interstellarem Gas und Staub entstehen
(Foto: Anglo-Australian Telescope Board).

Supernova LMC.
Die Supernova 1987A, die im Februar 1987 in der Großen Magellanschen Wolke auf-
leuchtete, vor und nach ihrer Explosion. Das linke Bild zeigt den blauen Überriesen
Sanduleak, -69 202, das rechte zeigt an dessen Stelle die Supernova drei Tage nach
ihrem Aufleuchten. Das Universum ist so eingerichtet, daß Galaxien wie die Milchstraße als Kinderstuben für die Supernova dienen, und diese wiederum verstreuen
die schweren Elemente in das interstellare Medium (Foto: ESO).

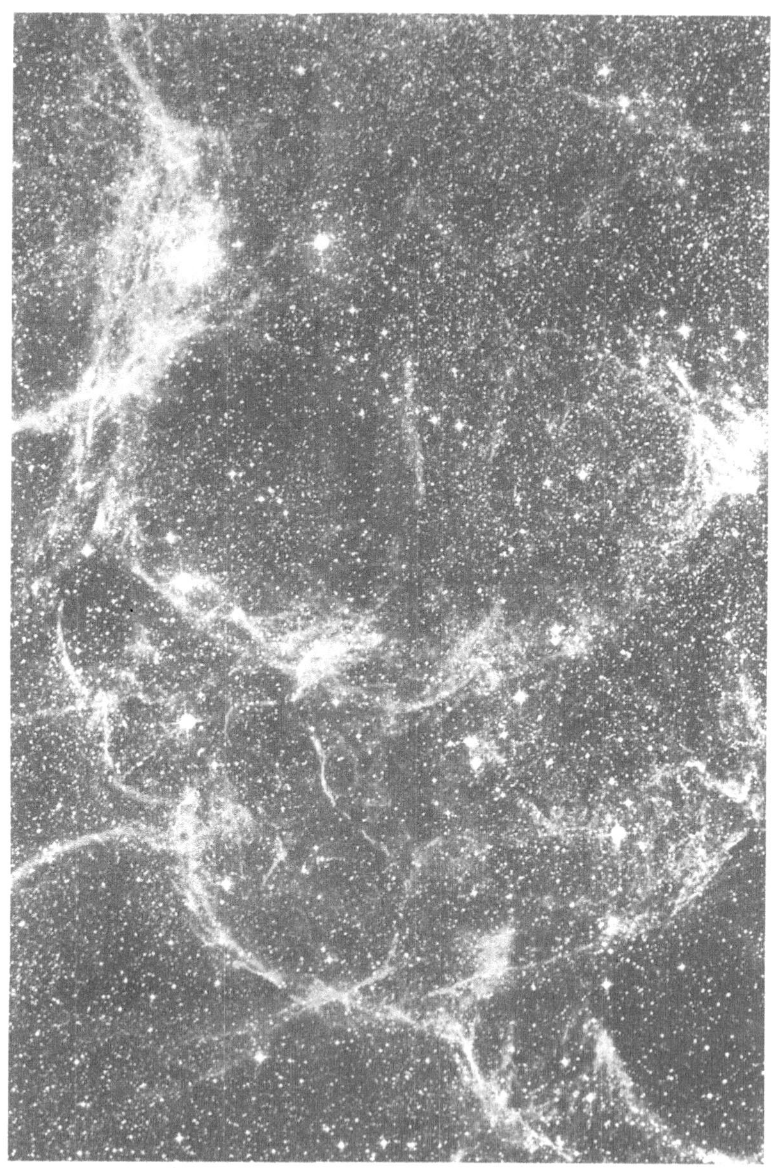

Supernovauberrest.
Der in einer Entfernung von 350 Lichtjahren liegende Supernovauberrest im Sternbild Vela entstand durch eine vor etwa 12000 Jahren explodierte Supernova, an
deren Stelle heute der Vela-Pulsar zu beobachten ist. Die auf dem Photo sichtbaren
Filamente entstehen durch Stoßfronten, die das Material zwischen den Sternen auf
hohe Temperaturen aufheizen und zum Leuchten bringen (Foto: Anglo-Australian
Telescope Board).

Spiralgalaxie.
Die Spiralgalaxie M100 im Galaxienhaufen der Jungfrau, in einer Entfernung von etwa 40 Millionen Lichtjahren. Die Spiralarme weisen eine
flockenhafte Struktur auf, die für
das Vorhandensein von Gebieten
junger, heißer Sterne typisch ist. In
diesem Sinne kann man Spiralgalaxien als lebendig bezeichnen (Foto:
Anglo-Australian Telescope Board).

Spiralgalaxie.
Die Balkenspirale NGC 1365, die größte Galaxie im Galaxienhaufen Fornax, in einer
Entfernung von etwa 50 Millionen Lichtjahren. Die Spiralarme zeigen eine große Zahl
heller Flecken, die Gebiete helleuchtenden Gases sind, ähnlich dem Orionnebel in der
Milchstraße. Die dunklen Streifen an der Innenseite der Arme werden von Staubwol-
ken hervorgerufen, die das Licht der dahinterliegenden Sterne absorbieren (Foto: ESO).

Elliptische Galaxie.
Die elliptische Riesengalaxie M87 im Sternbild der Jungfrau, in einer Entfernung
von etwa 40 Millionen Lichtjahren, besteht zum größten Teil aus alten Sternen und
besitzt wenig Gas zur Bildung neuer Sterne. Nahe dem Kerngebiet befindet sich, auf
diesem Photo nicht sichtbar, ein großer Jet, der auf die Existenz eines massereichen
Schwarzen Loches im Zentrum von M87 hindeutet. Bilden sich solche elliptische
Galaxien durch «Kannibalismus»? (Foto: Anglo-Australian Telescope Board.)

in der wirklichen Welt bildet sich das Eis auf der Oberfläche der Seen und stoppt die Verdunstung, was dazu beiträgt, das darunterliegende Wasser warm zu halten. Es dient auch als isolierender Deckel, der verhindert, daß Wärme abgestrahlt wird. Eis ist ein sehr gutes Isoliermaterial, und deshalb ist ein aus Eisblöcken bestehender Iglu in der Arktis eine gemütliche und praktische Behausung.

Dieses Verhalten kann auf die ungewöhnlichen Eigenschaften der Wasserstoff- und Sauerstoffatome zurückgeführt werden, aus denen Wassermoleküle (H_2O) bestehen. Eine der grundlegenden Faktoren ist die Tatsache, daß Wasserstoff nur ein Elektron besitzt und das Proton im Inneren – der Wasserstoffkern – deshalb nicht sehr gut von der Außenwelt abgeschirmt ist. Ein Teil seiner positiven Ladung ist durch die Elektronenhülle «sichtbar» und gibt ihm die Möglichkeit, mit Elektronen in den Wolken um andere Atome schwache Bindungen einzugehen, selbst wenn er schon in einem Molekül wie dem Wasser chemisch gebunden ist. Diese Art von Bindung, die man als Wasserstoffbindung bezeichnet, wirkt besonders stark zwischen Wasserstoffatomen in Wassermolekülen und den Sauerstoffatomen in benachbarten Wassermolekülen. Dies bewirkt eine gewisse Klebrigkeit der Wassermoleküle, die sich deshalb nicht so leicht voneinander entfernen, als sie es andernfalls tun würden. Das hat zur Folge, daß Wasser bei Temperaturen bis zu 100 Grad Celsius noch flüssig ist, obwohl die am ehesten vergleichbare Verbindung, Wasserstoffsulfid (H_2S) schon unterhalb von -50 Grad Celsius zu kochen anfängt und bei Raumtemperatur ein Gas ist.

Die Wasserstoffbindung zwischen den Molekülen ist auch für die kristalline Struktur des Eises verantwortlich, in dem die Moleküle in einem sehr offenen Gitter angeordnet sind, so daß Eis leichter als Wasser ist. Und als ob dies noch nicht genug wäre: Neben ihren vielen anderen chemischen Effekten verursacht die Wasserstoffbindung das Zusammenhalten der zwei Stränge der DNS.

Die Eigenschaften von Kohlenstoff, Wasserstoff und Sauerstoff scheinen nicht nur wesentlich für das Auftreten des Lebens auf der Erde zu sein, sondern ihre ungewöhnlichen «Anordnungen» scheinen das Entstehen von Leben auch zu begünstigen – in der gleichen Weise, wie die Eigenschaften von Kohlenstoff-12- und Sauerstoff-16-Kernen, in Verbindung mit den Beryllium-8- und Alphateilchen, so «angeordnet» zu sein scheinen, daß sie die Nukleosynthese in Sternen ermöglichen (und in der gleichen Weise, wie der Haferbrei des kleinen Bären Goldilocks Geschmack «angepaßt» zu sein scheint).

Während Henderson die Wichtigkeit von Kohlenstoff, Wasserstoff und Sauerstoff für die Entwicklung des Lebens erkannte, schreckte er doch davor zurück vorzuschlagen, daß diese Eigenschaften der Elemente sich von selbst entwickelt hätten. In seinem Buch *Die Ordnung der Natur* aus dem Jahre 1917 schreibt er: «Die Eigenschaften von Wasserstoff, Kohlenstoff und Sauerstoff sind in Raum und Zeit unveränderlich.»

Die meisten heutigen Wissenschaftler würden dieser Aussage zustimmen, da auch sie darin übereinstimmen, daß die Eigenschaften dieser Elemente von der Natur der Elementarkräfte abhängen, die überall im Universum wirken, und dies seit dem Urknall in exakt der gleichen Weise getan haben – seit der Zeit, als das Alter des Universums gleich der Planckzeit war. In ihrem 1986 erschienenen Buch *The Anthropic Cosmological Principle* zitieren die beiden Forscher John Barrow und Frank Tipler ausdrücklich Henderson und fahren fort, daß «die Elemente sich nicht ‹entwickeln› können in dem Sinne, daß sie die Freiheit haben, verschiedene Entwicklungswege einzuschlagen, wie dies Lebewesen tun können. Dieser Teil von Hendersons Aussage muß noch als korrekt angesehen werden.» An anderer Stelle des Buches führen sie weiter aus:

«Die Physik des 20. Jahrhunderts hat herausgefunden, daß es invariante Eigenschaften in der Natur und in ihren elementaren Bestandteilen gibt, die die Größe und Struktur fast aller ihrer zusammengesetzten Objekte festlegen. Die Größe von Objekten wie Sternen, Planeten und selbst Menschen ist weder ein Zufall noch das Ergebnis irgendeines fortschreitenden Ausleseprozesses, sondern einfacher Manifestationen der verschiedenen Stärken der Naturkräfte.»

Hiermit stimme ich nicht überein. Ich widerspreche nicht den Einzelheiten der Argumentation von Henderson und von Barrow und Tipler, sondern ich finde mich nicht mit der Beschränktheit ihrer Vision ab. Die Naturkräfte, auf die sie sich beziehen, sind mit sehr großer Sicherheit überall im bekannten Universum dieselben, so daß die Eigenschaften von Sternen, Planeten oder von Wasser zweifellos in jeder Galaxie, die wir in unseren Teleskopen erkennen können, die gleichen sind wie in unserer Milchstraße. Aber woher stammen diese Kräfte, woher stammt das sichtbare Universum? Was war vor dem Urknall, und gibt es irgendeinen Grund, warum der Satz von Naturkräften, der aus der Singularität zur Planckzeit entstand, die genauen Werte annahm, die er jetzt hat? Ich glaube, daß all diese Fragen heute beantwortet werden können, indem man das Universum in einen evolutionären Zusammenhang stellt. Aber bevor ich mich mit diesen Antworten befasse, sollte ich erklären, was es mit den Naturkräften auf sich hat. Sie beruhen auf vier Arten der Wechselwirkung zwischen Teilchen, und von ihnen hängen alle Koinzidenzen in der Kosmologie ab, von den Eigenschaften des Wassers bis zur Kohlenstoff-12-Resonanz, von der Größe eines Menschen bis zur Form einer Galaxie.

Zwei der Kräfte kennen wir aus dem alltäglichen Leben. Die erste ist die Schwerkraft, die uns am Erdboden festhält, die die Erde um die Sonne kreisen läßt, die das ganze Universum zusammenenhält und dafür Sorge trägt, daß es eines Tages wieder in eine Singularität kollabiert. Die zweite bekannte Kraft stellt in Wirklichkeit die Verbindung zweier Kräfte dar: der Elektromagnetismus. Bis zum 19. Jahrhundert nahm man an, daß Elektrizität und Magnetismus zwei unterschiedliche Kräfte seien, aber sie wurden in den von James Clerk Maxwell aufgestellten Gleichungen zu einer Kraft «vereinheitlicht». Ein fließender elektrischer Strom ruft immer auch ein Magnetfeld hervor, und ein bewegtes Magnetfeld induziert in einem Leiter ein elektrisches Feld. Dies ist die Grundlage für die Erzeugung von Elektrizität in Kraftwerken und die Wirkungsweise von Elektromotoren. Licht und Radiowellen sind beides Formen elektromagnetischer Strahlung. Ihre Ausbreitungsgeschwindigkeit, die berühmte Konstante c, ergibt sich aus den Maxwellschen Gleichungen des Elektromagnetismus.

Schwerkraft und Elektromagnetismus sind weitreichende Kräfte. Die Schwerkraft wirkt im gesamten Universum wie in gewisser Weise auch der Elektromagnetismus, wenn sich das Licht zwischen weit voneinander entfernten Galaxien ausbreitet. Anders als die Schwerkraft treten Elektrizität und Magnetismus in zwei Sorten auf, die einander kompensieren. Ein Atom, ein Planet wie die Erde und eine Galaxie wie die Milchstraße enthalten die gleiche Menge positiver elektrischer Ladung (in Form von Protonen) wie negativer Ladung (in Form von Elektronen), so daß die Gesamtladung gleich null ist. In ähnlicher Weise ist jeder magnetische Nordpol von einem magnetischen Südpol begleitet. Damit ist der Effekt des Elektromagnetismus auf das Universum viel geringer (oder zumindest weniger auffällig) als es sonst der Fall wäre. Obwohl die Bahn des Planeten Mars beispielsweise durch die Anziehungskraft der Erde leicht beeinflußt wird (und umgekehrt), wird seine Bahn nicht direkt von elektromagnetischen Kräften von der Erde (und umgekehrt) beeinflußt, weil die Planeten keine allgemeine elektrische oder magnetische Ladung tragen.

Die beiden anderen Naturkräfte wirken nur auf kleinen Distanzen, über eine Entfernung, die ungefähr dem Durchmesser eines Atomkerns entspricht. Ein Neutron und ein Proton innerhalb eines Kerns berühren praktisch einander. Sie «fühlen» den Einfluß der Kernkräfte ihres Partners, sie können aber nicht den Einfluß der Kernkräfte des nächstgelegenen Atoms spüren. Auch wenn sie nur eine kurze Reichweite besitzt, ist die starke Kernkraft eine mächtige Anziehungskraft, die den Kern gegen die Abstoßungskräfte zwischen all den Protonen zusammenhält.

Die schwache Kernkraft ist mit alltäglichen Worten schwerer zu beschreiben, weil sie nicht einfach Dinge zueinanderzieht (wie die Gravitation) oder sie auseinandertreibt (wie zwei Magnete, deren Nordpole aufeinander gerichtet sind). Die schwache Kernkraft ist für den radioaktiven Zerfall verantwortlich, insbesondere für die Art und Weise, wie ein Neutron ein Elektron ausschleudern kann, um sich selbst in ein Proton zu verwandeln.

Das Verhalten aller Dinge im sichtbaren Universum und das Verhalten des Universums selbst hängt vom Gleichgewicht zwischen diesen vier Kräften ab, zusammen mit den exakten Werten der Grundeinheit der elektrischen Ladung (der Ladung eines Elektrons) und den exakten Massen von Proton, Neutron und Elektron. Die Grundvorstellung des Urknalls als eines einzigartigen Ereignisses bietet keine Erklärung dafür, warum diese grundlegenden Dinge die Eigenschaften aufweisen, die sie besitzen. Es ist entweder purer Zufall (Koinzidenz), oder das Werk eines Schöpfers – was immer Sie bevorzugen. Es besteht aber kein Zweifel, daß die exakten Werte dieser grundlegenden Dinge von allergrößter Wichtigkeit für die Natur des Universums und die Existenz aller Lebensformen sind.

Die vier Naturkräfte unterscheiden sich nicht nur in ihrer Reichweite, sondern auch in ihrer Stärke. Diese Unterschiede sind ein Schlüssel für die Entwicklung des Universums und unserer Existenz. Die Stärken werden üblicherweise gemessen, indem man angibt, wie zwei Protonen in einem Atomkern die zwischen ihnen wirkenden Kräfte «fühlen» würden. Da der Elektromagnetismus die erste Kraft ist, die im Laboratorium untersucht worden ist, wollen wir die Stärke der elektromagnetischen Wechselwirkung gleich 1 setzen. Auf dieser Skala ist die Stärke der Gravitation kümmerliche 10^{-38}: Die Abstoßung zweier Protonen in einem Kern ist 10^{38}mal stärker als die zwischen ihnen wirkende gravitative Anziehungskraft.

Auf der gleichen Skala wäre die Stärke der schwachen Kernkraft 10^{-10}. Selbst diese schwache Kraft ist 10^{28}mal stärker als die gravitative Anziehungskraft, so daß die Gravitation den Zerfall eines Neutrons in ein Proton und ein Elektron nicht stoppen kann. Aber die Stärke der starken Kernkraft beträgt etwa 1000, stark genug, um den Kern bequem zusammenzuhalten, obwohl elektrische Kräfte versuchen, ihn auseinanderzubrechen. Sie kann den radioaktiven Zerfall nicht verhindern, weil das bei diesem Prozeß ausgestoßene Elektron der starken Kernkraft nicht unterworfen ist, so wie ein Stück Holz magnetischen Kräften nicht unterworfen ist.

So wie es Maxwell gelang, die Beschreibung der Elektrizität und des Magnetismus in einem einzigen Satz von Gleichungen zusammenzufassen, so träumen die heutigen Physiker davon, einen einzigen Satz von Gleichungen zu finden, der aller vier Naturkräfte zugleich beschreibt. Es ist ihnen schon gelungen, eine «elektroschwache» Theorie zu entwickeln, die Elektromagnetismus und schwache Kernkraft vereinheitlicht, und sie glauben, eine gute Idee zu haben, wie man auch die starke Kernkraft integrieren könnte. Die Gravitation verhält sich wesentlich widerspenstiger. Die Physiker glauben auch, daß die Eigenschaften von Protonen und Neutronen auf der Tatsache beruhen, daß jedes dieser Teilchen aus drei kleineren Einheiten zusammengesetzt ist, den sogenannten Quarks. Aber all dies braucht uns jetzt nicht zu kümmern. Wir besitzen schon genug Information, um zu erklären, warum es in unserem Universum Planeten, Sterne und Menschen gibt.

Die Größe der Atome beispielsweise kann einfach durch die Massen der Protonen und Elektronen und die Stärke der elektrischen Anziehungskraft zwischen ihnen erklärt werden. Obwohl man die Quantenmechanik benutzen kann, um die Rechnungen etwas zu verfeinern, ist die einfache Vorstellung eines um den Atomkern «kreisenden» Elektrons – wie ein Planet, der die Sonne umkreist – korrekt genug, um die Größe abzuschätzen. Das Gleichgewicht zwischen der elektrischen Anziehungskraft, die das Elektron zum Kern zieht, und der Zentrifugalkraft, die es nach außen zu bewegen versucht, hängt von der Masse des Elektrons und seiner elektrischen Ladung ab. Eine einfache Rechnung führt zu dem Ergebnis, daß die Größen der Atome etwas weniger als 10^{-8} Zentimeter betragen.

Wenn wir Planeten betrachten, spielt das Gleichgewicht zwischen den elektrischen Kräften der Elektronen in den äußeren Teilen der Atome und der Anziehungskraft eine Rolle. Die Gravitation versucht, alles zusammenzuziehen, sie ist aber auf der Skala der Atome eine sehr schwache Kraft. Die elektrische Ladung der Elektronen eines Atoms bewirkt, daß die Atome auseinandergehalten werden (wieder sind Quanteneffekte von Bedeutung, wenn man die Berechnung korrekt durchführen will, aber sie sind hier für uns nicht so wichtig). Die nach außen wirkende Kraft, die verhindert, daß die Atome zusammengedrückt werden, ist für jedes Atom dieselbe, aber die nach innen wirkende Schwerkraft, die ein Atom zerdrücken will, hängt davon ab, wieviele Atome über das betrachtete Atom gestapelt sind. Wenn man mit 10^{38} Atomen zu tun hat, kann es passieren, daß die Gravitation stärker als die elektrischen Kräfte wird und die Atome in der Mitte des Materiehaufens zusammendrückt.

Es ist nicht ganz so einfach, weil die 10^{38} Atome nicht alle exakt am gleichen Punkt sein können. Sie sind über einen Fels, einen Planeten oder einen Stern verteilt (ein Fels von einigen Kilometern Größe besteht aus etwa 10^{40} Atomen). Dies stellt einen Nachteil für die Schwerkraft dar und reduziert ihre Effizienz um einen Exponenten von 1/3, weil das Volumen eines Materiebrockens mit der dritten Potenz des Radius geht. Damit kann die Gravitation Atome im Zentrum eines Planeten zerdrücken, wenn er aus etwa 10^{57} Atomen besteht (38 ist 2/3 von 58).

Gravitation gewinnt gegen die elektrische Kraft die Oberhand, wenn die Gesamtmasse einer Atomansammlung etwa 10^{57}mal die Masse eines Protons beträgt. Unter diesen Bedingungen werden die Atome zerdrückt und in ein Plasma freier Elektronen und Atomkerne umgewandelt. Kernreaktionen setzen ein, wenn die Kerne näher aneinandergepreßt werden und miteinander kollidieren. Die Ansammlung von Atomen ist zu einem Stern geworden. Ein Materieklumpen von 10^{57} Atomen besitzt in der Tat die Größe eines Sterns, der ein wenig kleiner als die Sonne ist (mit einer Masse von 85 Prozent der Sonnenmasse).

Das Gleichgewicht zwischen der Schwerkraft und den elektrischen Kräften ist auch für das Leben auf der Erde von großer Bedeutung. Die Moleküle werden von elektrischen Kräften zwischen den einzelnen Atomen zusammengehalten. Auf der Erdoberfläche werden diese Kräfte praktisch durch die Schwerkraft ausbalanciert, die von der Anziehungskraft aller Atome der Erde zusammen ausgeübt wird. Die elektrischen Kräfte, die beispielsweise die Atome einer Kaffeetasse zusammenhalten, werden sehr wahrscheinlich auseinandergerissen, wenn die Tasse auf einen harten Fußboden fällt. Der Grund ist der, daß die Tasse kinetische Energie aufnimmt, während sie unter dem Einfluß der Schwerkraft zu Boden fällt. Wenn sie am Boden ankommt, muß diese Bewegungsenergie in irgendeine andere Form übergehen. Sie wird von den Atomen und Molekülen der Tasse aufgenommen und zerreißt die chemischen (d.h. elektrischen) Bindungen, die sie zusammenhalten.

Wenn man die Tasse aus geringer Höhe fallen läßt, wird sie vermutlich nicht zerbrechen. Die auf die Atome und Moleküle verteilte kinetische Energie wird ausreichen, die Temperatur der Tasse um den Bruchteil eines Grades zu erhöhen, sie reicht aber nicht aus, die chemischen Bindungen aufzubrechen. Sie zerbricht aber mit größerer Wahrscheinlichkeit, wenn sie aus größerer Höhe fallengelassen wird, weil sie unter dem Einfluß der Schwerkraft stärker beschleunigt wird und den Boden mit größerer Wucht trifft.

Das gleiche gilt für Menschen und andere Landlebewesen. Wenn man sich beim Hinfallen einen Knochen bricht, liegt dies daran, daß die während des Falls durch die Schwerkraft gelieferte Energie ausreicht, die elektrischen Bindungen zwischen den Atomen und Molekülen des Knochens auseinanderzubrechen. Die einzigen Zahlen von Wichtigkeit sind die relativen Stärken der elektromagnetischen Kraft und der Gravitation, die Massen der Protonen und Neutronen, die Zahl der Atome in unserem Körper und die der Atome der gesamten Erde. Ein einfaches Gleichsetzen dieser Zahlen sagt aus, daß jedes auf der Erde lebende Tier, das eine Masse von mehr als 100 Kilogramm hat, beim Hinfallen eine gute Chance hat, einen Knochen zu brechen. Man kann ein bißchen schwerer als 100 Kilogramm und geschickt genug sein, um nicht hinzufallen, oder man kann sehr viel schwerer sein und sich sehr bedächtig bewegen – wie ein Elefant. All dies hat aber seine Grenzen. Und das ist ein nicht unwesentlicher Grund dafür, daß es keine 10 Meter großen Menschen auf der Erde gibt.

Dies sind alles sehr interessante Berechnungen, die uns helfen zu erklären, warum das Universum so ist, wie es ist, und warum wir so sind, wie wir sind. Aber sie gehören nicht in die Kategorie der kosmischen Koinzidenzen. Die Größe eines Menschen beispielsweise stellt einfach eine Anpassung an die Bedingungen dar, die auf der Oberfläche unseres Planeten herrschen. Wenn wir jedoch noch einmal betrachten, was im Innern der Sterne vor sich geht, finden wir weitere Hinweise darauf, daß es mit dem Gleichgewicht der vier Naturkräfte etwas Besonderes auf sich hat.

Wenn man mit den zwei grundlegenden Sorten von Kernteilchen, den Protonen und Neutronen, ein wenig experimentiert, könnte man sich vorstellen, daß es drei Sorten eines Doppelkerns gibt: das Diproton (zwei aneinandergelagerte Protonen), das Dineutron (zwei aneinandergelagerte Neutronen) und das Deuterium (die Verbindung eines Protons mit einem Neutron). Tatsächlich kann nur das Deuterium im Universum existieren, und dies hat grundlegende Konsequenzen für die Energieerzeugung in Sternen und für die Nukleosynthese.

Der Grund, weshalb das Diproton und das Dineutron instabil sind, liegt darin, daß sie zuviel Energie besitzen. Nichts ist jemals in vollständiger Ruhe. Die Schwingungsenergie eines Teilchens wie des Protons wird auch als Nullpunktenergie bezeichnet. Zwei (oder mehr) Teilchen in einem Kern schwingen beständig hin und her, und diese Nullpunktenergie versucht, den Kern auseinanderzubrechen – sie muß also zu der auseinanderstrebenden Tendenz hinzuaddiert werden, die zwischen den positiven elektrischen Ladungen der Protonen auftritt. Es gibt noch eine weitere Komplikation aufgrund von Quanteneffekten, die es für zwei Teilchen unterschiedlicher Sorte leichter machen, aneinander zu haften – wie im Deuterium.

Wenn man alle Effekte berücksichtigt, findet man, daß in einem Deuteriumkern die starke Kernkraft zwei Teilchen gerade noch zusammenhalten kann; in einem Diproton oder Dineutron ist die Kombination von elektrischer Abstoßungskraft und Nullpunktenergie zu groß, als daß sie von der starken Kernkraft kompensiert werden können. Dies ist von sehr großer Bedeutung. Wenn das Diproton existieren würde, wäre es eine Form des Heliums – Helium-2. Wenn die starke Kernkraft nur um ein weniges (13 Prozent) stärker wäre, als sie in Wirklichkeit ist, wäre der gesamte Wasserstoff im Universum in einem sehr frühen Stadium des Urknalls in Helium-2 verwandelt worden, und es gäbe im heutigen Universum überhaupt keinen Wasserstoff mehr. Es gäbe kein Wasser, keine der merkwürdigen Koinzidenzen, die Henderson beim Wasser entdeckt hat, und es gäbe keine organischen Lebensformen. Da die Energieerzeugung in allen Hauptreihensternen auf der Umwandlung von Wasserstoff in Helium-4-Kerne beruht, gäbe es in einem solchen Universum auch keine Sterne wie die Sonne. Wenn andererseits die starke Kernkraft etwas schwächer wäre (um etwa 31 Prozent), könnte selbst das Deuterium nicht zusammengehalten werden. Das Universum würde dann aus nichts anderem als aus Wasserstoff bestehen, da eine Nukleosynthese nicht in Gang kommen könnte. In beiden Fällen würden wir nicht existieren.

Dies ist ein gewichtiges Beispiel für das Wirken des Goldilocks-Effekts. Ist die Stärke der starken Kernkraft «gerade richtig» für Goldilocks, weil, wie Hoyle argumentierte, sie nur Teil einer unendlichen Vielfalt von Möglichkeiten ist, von denen eine zufällig die richtige sein muß? Oder ist der kosmische Haferbrei von einem kosmischen Küchenchef liebevoll zubereitet worden, der weiß, was Goldilocks mag? Oder gibt es irgendeinen Grund, warum ein Universum wie das unsrige sich mehr oder weniger in einen Zustand entwickeln muß, wie wir ihn jetzt antreffen?

Welche dieser Möglichkeiten wir auch immer bevorzugen, es gibt viele weitere Dinge, die erklärt werden müssen. Unsere Existenz hängt beispielsweise von der Tatsache ab, daß die Masse des Neutrons sehr nahe an der des Protons liegt. Für diese Tatsache gibt es in der Standardphysik keine Erklärung; es ist bloß eine der Tatsachen des Lebens, daß das Neutron nur 1,29 MeV mehr als ein Proton wiegt (da Masse und Energie äquivalent sind, können beide in den gleichen Einheiten gemessen werden). Es ist ein Rätsel, warum es einerseits überhaupt einen Unterschied in den Massen geben soll, und warum andererseits der Unterschied genau diesen Wert haben soll. Was immer die Gründe dafür sind – der Wert der Massendifferenz hat eine große Bedeutung für die Nukleosynthese und die Energieerzeugung in Sternen, da von ihm die Stabilität der Atomkerne abhängt.

Wieder spielen Quanteneffekte eine Rolle, aber ich werde nicht in Details gehen. Von Wichtigkeit ist die sogenannte Bindungsenergie eines Kerns, die ausreichend sein muß, die Massendifferenz zwischen Protonen und Neutronen zu überwinden. Die Bindungsenergie des Deuteriums beträgt nur 2,23 MeV. Wenn also die Massendifferenz zwischen einem Proton und einem Neutron doppelt so groß wäre, könnte Deuterium nicht existieren.

Wenn wir schon solche «Was-wäre-wenn-Fragen» erörtern, können wir uns auch überlegen, wie das Universum aussähe, wenn die Schwerkraft nicht so schwach wäre, sondern zehnmilliardenmal stärker (sie wäre dann immer noch die schwächste aller Naturkräfte und wäre 10^{-26}mal so stark wie die elektrische Kraft). Man würde für einen Stern nicht mehr so viele Atome benötigen. Die Atome und Kerne sähen in einem solchen Universum ganz ähnlich aus wie in unserem eigenen, da die Schwerkraft immer noch viel schwächer wäre als alle anderen Naturkräfte und Prozesse im subatomaren Bereich nicht beeinflußte. Sterne in einem Universum starker Gravitation hätten jedoch Massen von kleinen Planeten oder Asteroiden, und weil sie aus weniger Atomen beständen, verbrauchten sie ihren Brennstoff viel schneller. Sehr viel schneller übrigens – in etwa einem Jahr.

Ein typischer Stern in einem Universum hoher Schwerkraft hätte einen Durchmesser von 2 Kilometern und würde blaues Licht ausstrahlen, jeder Planet in einer Entfernung von etwa 500 000 Kilometern (knapp die doppelte Entfernung zwischen Erde und Mond) würde eine angenehme mittlere Temperatur von 25 Grad Celsius aufweisen. Ein solcher Planet wäre nicht größer als ein kleiner Mond in unserem Sonnensystem. Es wäre aber sehr unwahrscheinlich, daß sich Leben auf einem solchen Planeten in der kurzen Lebenszeit seines Muttergestirns entwickeln könnte. Zu einer Zeit, zu der die Nukleosynthese schwere Elemente gebildet hätte und sich Planeten gebildet hätten, wäre das Universum nur ein paar Jahre alt, und ein paar Lichtjahre im Durchmesser.

Wenn andererseits die Gravitation noch schwächer wäre, als sie tatsächlich ist, wäre sie nie imstande gewesen, in einem expandierenden Universum Gaswolken zusammenzuhalten, aus denen sich dann Galaxien, Sterne und Planeten hätten bilden können. Solch ein Universum wäre von einem dünnen Gas aus Wasserstoff und Helium erfüllt, das sich immer weiter verdünnt.

Jede Änderung einer der Naturkräfte oder der Massen der Elementarteilchen scheint das Gleichgewicht unseres Universums vom Leben weg zu verschieben. So wie der Haferbrei des kleinen Bären für Goldilocks «gerade richtig» ist, würde jede Änderung des Rezeptes den Haferbrei für sie weniger bekömmlich machen. Aber immerhin hatte Goldilocks drei Näpfe mit Haferbrei zur Auswahl, ihre Chancen, einen zu finden, der ihr schmeckte, waren damit schon relativ groß. Wir haben nur ein Universum – wir müssen es so akzeptieren, wie es ist.

Je mehr wir erkennen, wie es aufgebaut ist, um so mehr scheint es uns in einer sehr seltsamen Art und Weise konstruiert zu sein, die die Nukleosynthese, die Bildung von Sternen, Planeten und Menschen begünstigt. Hoyle bemerkte in seinem 1965 erschienenen Buch *Galaxies, Nuclei and Quasars*, daß es so schiene, «als ob die Gesetze der Physik im Hinblick auf die Folgen, die im Innern von Sternen ablaufen, absichtlich so geschaffen wurden». Und er beschrieb das Universum und insbesondere die Kohlenstoff- und Sauerstoffresonanzen als «das Werk eines Kontrukteurs». Hoyle wird von Paul Davies in seinem 1982 erschienenen Buch *The Accidental Universe* mit den Worten zitiert: «Eine vernünftige Interpretation der Tatsachen scheint zu sein, daß ein Überwesen mit der Physik, Chemie und Biologie herumgespielt hat und daß es in der Natur keine nennenswerten ‹blinden Zufälle› gibt.»

Dies ist jedoch fast genau das «Argument der Schöpfung», das vor der Einsicht in das Wirken der Evolution als Evidenz für die Existenz Gottes verwendet wurde. (Es wird in dieser Form als Beweis gegen die Idee der Evolution von denjenigen verwendet, die die Darwinsche Theorie nicht verstehen können oder wollen.) Dieses Argument wurde in seiner klassischen Form im 18. Jahrhundert von William Paley dargelegt: Die Tatsache, daß eine Biene, eine Eiche oder ein menschliches Wesen so genau ihrer Umgebung angepaßt sind, offenbare das Werk eines großen Schöpfers, denn diese perfekte Konstruktion könne kein Zufall sein. Die Widerlegung dieses Arguments beruht darauf, daß die Evolution durch natürliche Auslese und nicht aufgrund irgendeines Zufalls wirkt, den uns das «Argument der Schöpfung» als einzige Alternative zum Wirken Gottes zugesteht. Variationen von einer Generation zur nächsten – Mutationen – treten in der Tat durch Zufall auf, aber der für die Evolution so wichtige *Ausleseprozeß* arbeitet in keiner Weise zufällig, sondern beruht auf dem *Überleben des Stärkeren*.

Diese Argumentation wird sehr schön von Richard Dawkins in seinem Buch *Der blinde Uhrmacher* erklärt. Der Ausleseprozeß verläuft so, daß er so erstaunliche «Koinzidenzen» des Lebens auf der Erde erklären kann wie die Schnabelform eines Kolibris, die ihn in die Lage versetzt, in die Blüten der Pflanzen einzudringen, von denen er sich ernährt. Diese Abstimmung des Vogelschnabels auf die Blüte ist nicht wie das Zusammenpassen eines Puzzlespiels, das sorgfältig von einem Hersteller auseinandergesägt wurde, sondern viel eher vergleichbar mit der Form eines Flußes, der als Resultat einer gemeinsamen Entwicklung von Fluß und Flußbett das Flußbett perfekt ausfüllt. Ich glaube darüber hinaus, daß die Evolution auch benutzt werden kann, um das Gleichgewicht zwischen den vier Naturkräften zu erklären, die marginale Stabilität des Deuteriums und all die anderen kosmologischen Koinzidenzen, über die sich Hoyle und andere so sehr verwunderten.

Aber ich glaube auch, daß diese Rätsel bis vor sehr kurzer Zeit vom falschen Standpunkt aus betrachtet worden sind. Für menschliche Wesen wie uns erscheint es nur natürlich, die kosmologischen Koinzidenzen so zu deuten, als sei das Universum für unser Wohlergehen eingerichtet worden (entweder durch einen Schöpfer oder durch die Evolution). Doch diese anthropozentrische Sicht kann sehr falsch sein. Nehmen wir das Beispiel unserer Augen. Sie haben sich so entwickelt, daß sie das Sonnenlicht sehr effektiv nutzen. Ohne Sonnenlicht (oder einen künstlichen Ersatz) wären unsere Augen sinnlos. Ohne Zweifel wurde eine künstliche Beleuchtung, wie diejenige in der Ecke des Raumes, in der ich dieses Buch schreibe, zu unserem Wohlergehen geschaffen, indem man die Natur der menschlichen Augen im Sinne hatte. Aber es gibt keinen Grund zur Annahme, daß die Sonne geschaffen wurde, Licht für das menschliche Auge abzugeben. Im Gegenteil: Zuerst war das Licht, und dann entwickelten sich die Augen, die Nutzen aus ihm zogen.

Unser ganzer lebendiger Planet, Gaia, hat sich entwickelt, um die von der Sonne ausgestrahlte Energie zu nutzen – in einer im Grunde genommen parasitären Weise.

Erinnern wir uns an James Lovelocks Worte «Gaia tut, was für sie von Nutzen ist, und nicht notwendigerweise das, was für uns von Nutzen ist». Das Universum mag sich entlang einer Linie entwickelt haben, die gut für das Universum ist (oder für Universen allgemein). Irgendwelche Wohltaten für uns sind bloß ein zufälliger Nebeneffekt. Wir (und ich meine damit das gesamte organische Leben) können vielleicht nur besonders erfolgreich nutzen, was uns das Universum zu bieten hat, so wie unsere Augen besonders erfolgreich im Ausnutzen des Sonnenlichtes sind. Die Verwendung des vom Universum erzeugten Kohlen-, Wasser- und Sauerstoffs ist eine gleichermaßen parasitäre Verhaltensweise des Lebens, so wie wir es kennen.

In diesem Zusammenhang stellt sich eine interessante Frage: Warum ist die Erzeugung von Kohlenstoff, Wasserstoff, Sauerstoff und Stickstoff «gut» für das Universum an sich? Warum gibt es Nukleosynthese, und warum gibt es Hauptreihensterne und Galaxien wie die Milchstraße? Warum sind solche Gebilde im Universum entstanden?

Diese Fragen möchte ich im verbleibenden Teil des Buches beantworten. Es kann wohl sein, daß die Gesetze der Physik etwas Besonderes sind und daß sie durch einen Entwicklungsprozeß ausgewählt worden sind. Aber es gibt keinen einzigen Hinweis darauf, daß all dies etwas mit unserer Existenz zu tun hat. Es scheint mir wahrscheinlicher zu sein, daß die Gesetze der natürlichen Auslese, die zur Existenz unseres Universums geführt haben, vollständig blind hinsichtlich der Existenz organischer Lebensformen und lebendiger Planeten wie der Erde sind. Unsere Existenz ist ein Beispiel des überbordenden Opportunismus des Lebens, das sich auf jede vorhandene Energiequelle stürzt und sich in jeder nur vorstellbaren ökologischen Nische ausbreitet. Wir sahen schon, daß diese Nischen sich von der Größenordnung der Viren bis hin zur Größe eines ganzen Planeten erstrecken. Nun werden wir sehen, daß die Größenordnung sich unendlich weit nach oben erstreckt. Dann werden wir imstande sein, die wirkliche Antriebskraft der Evolution von Universen zu verstehen, und wir werden die mögliche natürliche Koinzidenz erkennen, daß das, was gut für das Universum ist, zufällig auch gut für uns ist.

Teil IV
Ist das Universum lebendig?

8
Ist die Milchstraße lebendig?

Daß die Milchstraße, eine Ansammlung von Sternen, Gas und Staub (plus der noch geheimnisvollen dunklen Materie) lebendig ist, mag eine vermessene Behauptung sein. Selbst die Astronomen, die Begriffe wie «Entwicklung» verwenden, um zu beschreiben, wie sich die Struktur einer einzelnen Galaxie oder die Natur der Galaxien allgemein im Alterungsprozeß des Universums verändern, behaupten nichts anderes, als daß dies eine Analogie oder eine Metapher darstellt. Ich glaube jedoch, daß es mehr als eine Analogie ist und daß wir durch unsere Vorstellung, daß Objekte wie Galaxien nur unbelebte, zufällig entstandene Ansammlungen von Materie auf bestimmten Orts- und Zeitskalen sind, in die Irre geführt worden sind.

Wir haben gesehen, daß Galaxien riesige Gebilde sind. Die Milchstraße hat einen Durchmesser von Zehntausenden von Lichtjahren. Unsere Perspektive von innen ist der einer Mikrobe vergleichbar, die etwas über den menschlichen Körper herauszufinden versucht und sich darüber klar werden muß, daß dieses riesengroße Ding ebenfalls ein Lebewesen ist. Die Zeitskalen der Evolution von Galaxien und des Universums sind noch weniger verstehbar. Unsere Milchstraße rotiert in einigen hundert Millionen Jahren einmal um ihre Achse. Andere dynamische Entwicklungsprozesse spielen sich auf ähnlichen oder größeren Zeitskalen ab.

Während der Lebenszeit eines Menschen scheint die Milchstraße (und das Universum) statisch und unveränderlich zu sein. Es ist für uns sehr schwierig, die Natur der Änderungen im Universum selbst herauszufinden, wo ein Zeitraum von Milliarden Jahren doch nur seiner allerersten Jugendzeit entspricht. Wir erhalten nur deshalb einen Einblick in die im Universum vorgehenden Veränderungen, weil sich das Licht mit endlicher Geschwindigkeit ausbreitet, so daß Galaxien in unterschiedlichen Entfernungen von uns so erscheinen, wie sie zu verschiedenen Zeiten in der Geschichte des Universums ausgesehen haben. Die Untersuchung von Millionen von Galaxien hilft uns auch, ein Verständnis ihres Lebens zu erhalten, indem wir viele Galaxien in unterschiedlichen Entwicklungsstadien betrachten. Wir können junge, mittelalte und alte Galaxien erkennen, und wir können aus diesen Bevölkerungsstudien den Lebenslauf einer einzelnen Galaxie ausarbeiten.

All dies ist jedoch noch viel bruchstückhafter als unsere Kenntnis des Lebens auf der Erde. Erst in den achtziger Jahren wurde die Idee, daß unser ganzer Planet als lebendes System angesehen werden kann, ernster genommen, und die Gaia-Hypothese ist auch jetzt noch Objekt einer heftigen Debatte. Wir haben noch nicht einmal diese Idee ganz begriffen und deshalb ist es kaum verwunderlich, daß es noch wesentlich mehr Gedankenarbeit erfordert, die ganze Milchstraße als ein lebendiges System anzusehen. Trotzdem liefern das Gaia-Konzept und James Lovelocks Einsichten in die Natur des Lebens genau das Sprungbrett, um diesen Gedankensprung zu wagen.

Lovelock erkannte, daß die grundlegende Eigenschaft des irdischen Lebens darin besteht, daß das gesamte Ökosystem des Planeten weit vom chemischen Gleichgewicht entfernt ist. Selbst von einer großen Entfernung aus könnte ein Besucher aus dem All die Zusammensetzung der Erdatmosphäre mit Hilfe der Spektroskopie untersuchen und daraus den Schluß ziehen, daß hier das Leben am Werk sein muß, das diese Ungleichgewichtsbedingungen schafft *und erhält*. Doch eine Galaxie wie die Milchstraße ist ebenfalls in einem Zustand, der von einem Gleichgewichtszustand weit entfernt ist, und auch sie wird durch in ihrem Inneren ablaufende Prozesse in diesem Zustand gehalten! Das gleiche Kriterium, das Lovelock zu der Einsicht verhalf, die Erde sei ein lebendiges Wesen, gilt auch für die Milchstraße.

Es gibt natürlich Unterschiede. Der Ungleichgewichtszustand der Milchstraße beruht auf physikalischen, nicht auf chemischen Instabilitäten. Und das Problem der Zeitskalen macht es für uns schwer festzustellen, wie instabil die Struktur der Milchstraße wirklich ist. Sie ist und bleibt jedoch weit von einem Gleichgewichtszustand entfernt.

Das Wesentliche ist die Spiralstruktur der Milchstraße. Wie andere Spiralgalaxien ist auch sie eine abgeplattete, scheibenförmige Ansammlung von Sternen. Die Scheibe rotiert langsam, und jeder Stern in der Scheibe folgt seiner eigenen Bahn um das Zentrum der Galaxis.

Aufgrund der Gravitation bewegen sich Sterne näher am Zentrum mit größerer Bahngeschwindigkeit als Sterne weiter draußen – ähnlich wie Merkur, der sonnennächste Planet, ein kürzeres «Jahr» hat als die Erde, während die weiter von der Sonne entfernten Riesenplaneten entsprechend längere Jahre haben.

Unter diesen Umständen sollte in der Anordnung der Sterne innerhalb der Scheibe keine Struktur – kein Muster – auftreten. Irgendein vorhandenes Muster sollte sich schnell (innerhalb von ein paar Rotationen der Milchstraße) durch die differentielle Rotation verwischt haben. Trotzdem zeigen die Scheiben der Galaxien deutlich eine wunderschöne Spiralstruktur. Sie besteht aus Armen heller Sterne, die sich aus dem Zentrum der Galaxie herauswinden und elegant nach hinten gelenkt werden. Die Spiralstruktur ähnelt sehr dem Muster, das sich bildet, wenn man Milch in eine Tasse schwarzen Kaffee einrührt. Aber das Muster der weißen Milch im schwarzen Kaffee wird durch die differentielle Rotation der Flüssigkeit sehr rasch in eine einheitliche braune Farbe verwandelt. Es stellt ein instabiles Muster dar, das sich weit vom Gleichgewichtszustand befindet. Das gleiche gilt für das Spiralmuster der Sterne in einer Scheibengalaxie wie unserer Milchstraße. Der Gleichgewichtszustand entspricht einer gleichmäßigen Verteilung von Sternen in der Scheibe ohne irgendeine großräumige Struktur. Und doch zeigt die Untersuchung vieler Galaxien, daß die Spiralstruktur über viele Rotationen hinweg vorhanden sein muß.

Nehmen wir an, wir hätten eine Lebenszeit von ein paar Milliarden Jahren, so daß wir uns hinsetzen und zuschauen könnten, wie Galaxien rotieren. Nehmen wir weiter an, wir hätten einen Aussichtspunkt in den Tiefen des Raumes hoch über der Milchstraße und könnten auf ihre Spiralstruktur herunterschauen. Wir würden erkennen, daß die einzelnen Sterne sich durch das Spiralmuster hindurchbewegen, wobei sie den einfachen Gesetzen der Physik gehorchen. Doch das Spiralmuster selbst, das diesen einfachen Gesetzen Hohn zu sprechen scheint, würde durch diese Bewegungen nicht zerstört. Es würde fortbestehen und sich der Zerstörung durch die Bewegung der Sterne widersetzen. Es hätte für uns den Anschein, daß dort etwas sehr Seltsames vor sich geht, wie es einem fremden Spektroskopiker scheint, daß in der Atmosphäre der Erde etwas

Seltsames geschieht. Und während wir der Bewegung der Spiralarme um die Milchstraße herum zusähen, die scheinbar unabhängig von der differentiellen Bewegung der Sterne wäre, würde uns offenbar, daß wir ein lebendiges System beobachten.

Die Lebensprozesse, die die Spiralstruktur in den Scheibengalaxien erzeugen und erhalten, beginnen mit den Sternen. Ein Stern wie unsere Sonne befindet sich natürlich in einem Zustand, der weit entfernt vom Gleichgewicht ist. Doch nicht einmal der kühnste Anhänger der Gaia-Hypothese würde behaupten wollen, daß die Sonne in einer Weise lebendig ist, wie dies die Erde oder die Milchstraße sind, weil nämlich die Sonne äußerste Anstrengungen unternimmt, einen Gleichgewichtszustand zu erreichen. Im Sonneninnern wird Wasserstoff in Helium umgewandelt und Energie freigesetzt. Wenn der gesamte Kernbrennstoff der Sonne erschöpft ist, in schwerere Elemente umgewandelt worden ist, die einen niedrigeren Energiezustand darstellen, wird die Schwerkraft die Sonne zu einem festen Brocken abkühlenden Materials zusammenziehen. Sie wird dann endlich einen Gleichgewichtszustand erreicht haben – als Weißer Zwerg nämlich, in dem die Masse der gesamten Sonne (abzüglich der Masse der «Elefanten», die in Energie umgewandelt worden sind) auf ein Volumen zusammengepreßt sein wird, das so groß ist wie die Erde. Und obwohl ein einzelner Stern nicht als lebendig angesehen werden kann, sind die Prozesse, die im Innern eines Sterns ablaufen, und die Art und Weise, wie Sterne entstehen und vergehen, wesentliche Bestandteile der Prozesse, die die Spiralstruktur der Milchstraße aufrechterhalten.

Wenn ein Stern wie die Sonne all ihren Wasserstoff im Kern zu Helium-4 verbrannt hat, muß sie ihren Aufbau einer neuen Phase des Kernbrennens anpassen. Der fast vollständig aus Helium bestehende Kern schrumpft, setzt dadurch Gravitationsenergie frei und ermöglicht es, daß Wasserstoffbrennen in einer Schale und um den Kern wieder einsetzt. Im Kern selber können sich Helium-4-Kerne – Alphateilchen – im Tripel-Alpha-Prozeß dank der lebenswichtigen Kohlenstoffresonanz in Kohlenstoff-12-Kerne verwandeln. Da der Kern heißer ist, expandieren die äußeren Schichten des Sterns, und der Stern wird zu einem Roten Riesen. Die Sonne selbst wird in etwa 5 Milliarden Jahren zu einem Roten Riesen werden, wobei sie zu einem Durchmesser von etwa der Größe der Erdbahn anschwellen wird.

Nach dieser Entwicklungsstufe hängt das Leben eines Sterns von seiner Masse ab. Wegen der «verpaßten» Resonanz bei Sauerstoff-16 werden viele Sterne nie heiß genug, um einen merklichen Anteil ihres Kohlenstoffs in Sauerstoff umzuwandeln, und enden als Weiße Zwerge, die hauptsächlich aus Helium oder Kohlenstoff oder aus einer Mischung von beidem bestehen. Sterne mit einer weit größeren Masse als der der Sonne werden in ihrem Zentrum jedoch sehr stark zusammengedrückt. Sie können einen genügend starken Gravitationsdruck in ihrem Innern aufbauen, um komplexere Kernreaktionen in Gang zu setzen. Die Kohlenstoff-12-Kerne können kollidieren und zusammenhaften, um Magnesium-24 zu bilden, wobei Energie freigesetzt wird. In heftigen Kollisionen dieser Art wird manchmal ein Alphateilchen emittiert, so daß das Endprodukt ein Neon-20-Kern ist, manchmal sogar zwei, die in anderen Kernreaktionen Verwendung finden. Das Resultat ist ein Sauerstoff-16-Kern. Neon-20 selbst kann Energie durch ein Gammaquant aufnehmen und ein Alphateilchen emittieren, wobei ebenfalls ein Sauerstoff-16-Kern entsteht.

Man bezeichnet dieses komplexe Netzwerk von Reaktionen als «Kohlenstoffbrennen». Es setzt ein, wenn das gesamte Helium im Kern eines Sterns aufgebraucht worden ist. In einem weiter fortgeschrittenen Stadium kann Neon-20 zu «brennen» anfangen, es kann ein streunendes Alphateilchen einfangen und sich in Magnesium-24 verwandeln.

Nach dem Kohlenstoffbrennen treten in einem massereichen Stern auch Fusionsprozesse auf, bei denen Sauerstoff-16-Kerne eine Rolle spielen, und es kommt zur Bildung von Silizium, Schwefel, Phosphor und Magnesium; schließlich setzt Siliziumbrennen ein, wobei Silizium-28-Kerne sich zusammenschließen, um Eisen-56-Kerne zu bilden. In jeder dieser Stufen gibt es Nebenreaktionen, die einen Teil der Elemente in solche umwandeln, die nicht aus einem geradzahligen Vielfachen eines Alpha-Teilchens bestehen.

Eisen-56 stellt aber das Ende dieser Reaktionskette dar, weil von allen möglichen Anordnungen von Nukleonen (die Kernteilchen – Protonen und Neutronen) der Eisen-56-Kern die niedrigste Energie besitzt. Stellen wir uns ein Tal inmitten von Bergen vor, mit schmalen, terrassenförmig angelegten Feldern auf beiden Seiten. Auf der einen Seite des Tales stellen die Terrassen die Energie pro Nukleon dar, die in den Kernen von Wasserstoff, Helium und so weiter gespeichert und bergabwärts angeordnet sind. Auf der anderen Seite des Tales entsprechen die Terrassen den Energien von Kernen wie die Energie des Bleis oder des Urans. Im Tal selbst liegt das Niveau des Eisen-56. Obwohl alle Kerne auf beiden Seiten des Tales recht vergnügt auf ihren eigenen Terrassen sitzen können, können sie, wenn man ihnen einen entsprechenden Schubs gibt (der manchmal sehr klein sein kann), über den Rand ihrer Terrasse rollen und auf das nächstuntere Niveau fallen. Wenn man ihnen genügend viele Schubse gibt, werden sie den ganzen Weg hinunter zum Eisen-56-Niveau fallen. Genau dies geschieht im Innern massereicher Sterne, wenn Wasserstoff Schritt für Schritt in Eisen-56 umgewandelt wird.

Um jedoch Elemente herzustellen, die schwerer als Eisen sind, muß man den Kernen genügend Energie mitgeben, um auf der anderen Seite des Tales wieder bergauf zu steigen, von Terrasse zu Terrasse. Die Kerne müssen gezwungen werden, zu verschmelzen, und sie absorbieren bei diesem Prozeß Energie. In gewisser Weise «möchte» jeder Kern ein Eisenkern werden. Leichtere Kerne nutzen gerne die Gelegenheit, aneinander kleben zu bleiben, um schwerere Kerne zu bilden, denn das bringt sie ein Stück weiter in Richtung des Eisens. Schwere Kerne wie Uran können relativ leicht davon überzeugt werden, auseinanderzuplatzen und Fragmente zu bilden, die näher am magischen Eisen-56 liegen. Diese schweren Elemente werden in den Todeszuckungen von sehr massereichen Sternen gebildet, wenn deren innere Bereiche kollabieren und die Gravitationsenergie die Kerne trotz ihres Widerstandes zwingt, von der Tiefe des Eisen-56-Tales wieder aufzusteigen.

All diese Erkenntnisse hat man aus einer Kombination des Studiums vieler Sterne in verschiedenen Entwicklungsstadien und aufgrund von Berechnungen, auf welche Weise Kernreaktionen unter den im Sterninneren herrschenden Bedingungen ablaufen, erhalten. Man berücksichtigt oft auch Informationen aus Laborexperimenten, wie die Messung von Energieniveaus des Kohlenstoffkerns. Wir greifen nur ein Beispiel heraus – ein Stern von der 25fachen Masse der Sonne, der typisch für die Sterne ist, die die hellen Spiralarme einer Galaxie wie der Milchstraße bilden. In einem solchen Stern dauert das Wasserstoffbrennen nur 7 Millionen Jahre, das Heliumbrennen 500 000 Jahre, das Kohlenstoffbrennen hält den Stern sogar nur für 6 Jahrhunderte heiß, das Neon nur für ein Jahr, Sauerstoff für sechs Monate, und die Umwandlung von Silizium in Eisen-56 läuft in einem Tag ab. Zu diesem Zeitpunkt bricht die Hölle los.

Dieses Stadium tritt im Leben eines jeden Sterns mit einer Masse von mehr als 8 Sonnenmassen auf, obwohl Sterne am unteren Ende des Massenbereichs erst nach viel längerer Zeit diesen Zustand erreichen. Wenn das Innere eines Sterns aus Eisen-56, den stabilsten Atomkernen, besteht, hat der Stern keine Möglichkeit mehr, Wärme zu erzeugen, die ihn gegen den Sog der Gravitation stabilisiert. Plötzlich spürt das Sterninnere das volle Gewicht der ganzen, über ihm liegenden Materieschichten. Der Druck ist so groß, daß Elektronen und Protonen gezwungen sind, miteinander zu verschmelzen und Neutronen zu bilden. Obwohl Eisen-56 die effizienteste Möglichkeit ist, eine Ansammlung von Neutronen und Protonen zusammenzupacken, kann die Packung *sehr viel* dichter sein, wenn man es nur mit Neutronen zu tun hat (teilweise aus dem Grund, weil es kein Problem mehr mit den positiven Ladungen der Protonen gibt, die sich gegenseitig abstoßen). Innerhalb einer Sekunde schrumpft der gesamte Kern eines Sterns, der praktisch eine Eisenkugel von Erdgröße ist und die anderthalbfache Masse der Sonne hat, zu einer Neutronenkugel von etwa der Größe des Mount Everest.

Dem Material in den äußeren Schichten des Sterns wird praktisch der Boden unter den Füßen weggezogen, und es fällt auf den neugeborenen Neutronenstern, wobei es durch die Gravitation auf eine Geschwindigkeit beschleunigt wird, die bis zu 15 Prozent der Lichtgeschwindigkeit beträgt. Wenn es auf die Neutronen auftrifft, wird alle Bewegung reflektiert, und das Material macht sich auf den Weg nach außen. Dabei entsteht eine energiereiche Stoßfront, die den Stern buchstäblich auseinanderreißt. Ein Stern von 25 Sonnenmassen hat in diesem Entwicklungsstadium einen Durchmesser, der der Jupiterbahn gleichkommt. Fast 24 der 25 Sonnenmassen liegen über dem Neutronenstern. Aber die von diesem kompakten Stern ausgehende Stoßfront ist so energiereich, daß sie das ganze Material abheben kann. In diesem Prozeß wird ein Teil der Energie der Stoßfront zur Erzeugung der schweren Elemente verwendet, und mehr als 20 Sonnenmassen von Kohlenstoff, Sauerstoff, Stickstoff und dem ganzen Rest werden in den Raum geschleudert, wo sie sich mit den Wolken aus Wasserstoff und

Helium vermischen, die das Baumaterial zur Bildung neuer Sterne und Sonnensysteme liefern.

Es stellt sich heraus, daß dies nur aufgrund einer anderen bemerkenswerten Koinzidenz möglich ist – einem anderen Aspekt des Goldilocks-Effektes. Eine kritische Zutat bei dem Energietransport vom Sterninneren in die Stoßfront, die eine Supernova auseinanderreißt, rührt von Teilchen her, die man als Neutrinos bezeichnet. Sie werden bei der Umwandlung des Eisensterns in einen Neutronenstern freigesetzt und wechselwirken mit den vielen Sonnenmassen von Material, die mit mehr als einem Zehntel der Lichtgeschwindigkeit auf den Neutronenstern stürzen. Die Effizienz, mit der Neutrinos mit diesem einstürzenden Sternmaterial wechselwirken, ist direkt mit der Stärke der schwachen Kernkraft verknüpft. Wenn die schwache Kernkraft ein bißchen schwächer wäre, als sie in Wirklichkeit ist, würden die Neutrinos ungehindert durch das Sternmaterial hindurchgehen und in den Raum entweichen, ohne einen Teil ihrer Energie auf die Stoßfront zu übertragen, die versucht, den Stern auseinanderzureißen. Wenn sie ein bißchen stärker wäre, würden die Neutrinos nie die Stoßfront erreichen, sondern würden in Reaktionen in der Nähe des Neutronensterns aufgebraucht.

In beiden Fällen würde der Stern nicht auseinandergerissen, und es gäbe keine sich ausbreitende Wolke von Material, die bei der Bildung neuer Sterne von Nutzen wäre. Die schwache Kernkraft ist in der Tat «gerade richtig», um zu gewährleisten, daß Supernovae den größtmöglichen Effekt auf ihre Umgebung haben.

Eine relativ kleine Supernova (mit einer Anfangsmasse von etwa 10 Sonnenmassen) wird den im Zentralbereich entstandenen Neutronenstern relativ intakt lassen. Er wird sich, so gut er kann, in einen Gleichgewichtszustand begeben. Man hat viele solche Neutronensterne, sogenannte Pulsare, gefunden und durch die von ihnen ausgesandte Radiostrahlung identifiziert. Bei massereicheren Ausgangssternen und energiereicheren Supernovaexplosionen kann der innere Kern jedoch so stark zusammengepreßt werden, daß er zu einem Schwarzen Loch komprimiert wird.

Dies geschieht bei jedem Neutronenstern, der eine Masse von mehr als dem Dreifachen der Sonnenmasse besitzt. Es tritt auch bei einem masseärmeren Neutronenstern auf, der genügend Materie aus seiner

Umgebung aufsammelt, bis er seine kritische Masse überschreitet. Die Schwerkraft ist in einem solchen Objekt so stark, daß sie die Raumzeit um das Objekt so sehr krümmt, daß es vom umgebenden Universum abgeschirmt ist. Die «Entweichgeschwindigkeit» von diesem abgeschlossenen Bereich der Raumzeit übertrifft die Lichtgeschwindigkeit, und deshalb kann nichts von ihm entkommen. Das Schwarze Loch wird durch Einsteins Gleichungen der Allgemeinen Relativitätstheorie beschrieben. Es ist in jeder Hinsicht ein Miniaturuniversum geworden, eine Welt für sich. Anders als unser Universum, das von einer Singularität wegexpandiert, kollabiert das Material im Innern eines Schwarzen Loches rasch in eine Singularität hinein.

Wie wir im nächsten Kapitel sehen werden, ist selbst dies nicht das Ende der Geschichte, zumindest, was die Welt innerhalb des Schwarzen Loches angeht, aber es ist das Ende der Geschichte, soweit es unser Universum und die Milchstraße anbetrifft. Wenn sich ein Schwarzes Loch einmal gebildet hat, haben wir keinen direkten Kontakt mehr mit dem, was in seinem Innern vorgeht. Die Geburt eines Schwarzen Loches oder eines Neutronensterns in einer Supernovaexplosion hat jedoch weitreichende Konsequenzen für das Leben unserer Milchstraße. Die Explosion liefert nicht nur die Rohmaterialien für das Leben, sondern ist auch der grundlegende Lebensprozeß, der die Spiralstruktur der Milchstraße aufrechterhält.

Wieder einmal ist es wichtig, dies in der richtigen zeitlichen Perspektive zu sehen. Verglichen mit der Lebenszeit eines Menschen sind Supernovae relativ seltene Ereignisse. Die letzte Supernova in unserer Galaxis wurde im Jahr 1604 von der Erde aus beobachtet. Die berühmte Supernova des Jahres 1987, die bei den Astronomen eine fieberhafte Aktivität auslöste, war die seit 1604 nächstgelegene, trat aber bei einem der nächsten Nachbarn unserer Milchstraße auf. Wir können natürlich nicht jeden Stern unserer Milchstraße sehen, und es ist leicht möglich, daß einige Supernovae in der Milchstraße explodieren, ohne von irdischen Astronomen wahrgenommen zu werden. Aufgrund der Untersuchung anderer Galaxien schätzen Astronomen, daß alle paar Jahrzehnte irgendwo in unserer Milchstraße eine Supernova ausbricht.

In einer Galaxis von rund 100 Milliarden Sternen scheint dies nicht allzu viel zu sein. Aber die Lebenszeit unserer Milchstraße ist so lang, daß es im Vergleich dazu ein sehr rascher Prozeß ist. Wenn zwei

Supernovae in jedem Jahrhundert auftreten, gibt es 20 in jedem Jahrtausend und 20 000 pro Jahrmillion. Überdies traten Supernovae wesentlich häufiger auf, als die Milchstraße jünger und voller Gas- und Staubwolken war, die sich noch nicht in Sterne kondensiert hatten. Seit der Geburt unserer Sonne hat die Milchstraße einige hundert Millionen Supernovaexplosionen erlitten. Das Gas an jedem Ort der Scheibe wird mindestens alle paar Jahrmillionen der Stoßfront einer Supernova ausgesetzt. Auf der Zeitskala der Galaxien ist dies ein häufiges Ereignis. Obwohl es für uns nicht zu erkennen ist, muß die Struktur des Gases zwischen den Sternen eine Art von Schaum zusammenstürzender Supernovaüberreste sein. Zu jedem Zeitpunkt im Leben einer Galaxie wie der unsrigen finden die meisten Supernovaexplosionen entlang der nachfolgenden Ränder der Spiralarme selbst statt.

Die Spiralarme zeigen sich deshalb so deutlich in photographischen Aufnahmen von Spiralgalaxien, weil sie von heißen, blauweißen jungen Sternen umgrenzt sind. Diese Sterne sind wesentlich massereicher als unsere Sonne und haben Lebenszeiten von nur wenigen (höchstens zehn) Millionen Jahren, leuchten aber während ihres kurzen Lebens mit großer Helligkeit. Am Ende des Lebens der meisten von ihnen stehen Supernovaexplosionen. Die Materiedichte (Sterne, Gas und Staub) in einem Spiralarm ist nur unwesentlich höher als im Rest einer galaktischen Scheibe: Der Unterschied beruht nicht so sehr auf der Dichte der Materie, sondern darauf, was die Galaxie mit dem Material macht.

Anders als das Spiralmuster der Milch im Kaffee sind diese Arme nicht einfach zufällige Strukturen, die durch die differentielle Rotation in ein Spiralmuster aufgewickelt werden. Eine Galaxie rotiert, grob gesagt, einmal alle hundert Millionen Jahre. Wir wissen dies auch aus einer weiteren Anwendung der Spektroskopie, die sich den Doppler-Effekt zunutze macht, um Verschiebungen in den Spektrallinien von Sternen in Spiralgalaxien zu messen und die Geschwindigkeit zu berechnen, mit denen sich diese Sterne um das Zentrum ihrer eigenen Galaxie herumbewegen. Die Lebenszeit einer Galaxie wird jedoch in Milliarden von Jahren gemessen, so daß eine typische Spiralgalaxie seit ihrer Entstehung viele dutzend Male um die eigene Achse rotiert ist. Wenn die Spiralarme nur das Ergebnis der differentiellen Rotation wären, würden sie jetzt die Galaxie in engen Windungen umschlingen, etwa so viele Male, wie die Galaxie sich um ihre Achse gedreht hat. Aber die typische Spiralstruktur zeigt nur eine oder zwei Windungen in den Armen, die durch eine Kette heller Sterne vom Zentrum der Galaxie bis zur Kante der Scheibe angedeutet wird.

Dies ist nur so zu erklären, daß die Spiralarme der sichtbare Teil einer Dichtewelle darstellen, die sich in der gleichen Richtung wie die Sterne um die Galaxie herumbewegt, aber mit geringerer Geschwindigkeit. Vergleichen wir diesen Vorgang mit einer Welle auf der Wasseroberfläche: Im Wasser bewegen sich einzelne Wassermoleküle auf und ab (in Wirklichkeit bewegen sie sich in kleinen Kreisen), während die Welle vorüberläuft, sie bewegen sich aber nicht mit der Welle weiter. Obwohl es so scheint, als ob die Welle aus Wasser bestehe, das sich über die Oberfläche des Ozeans bewegt, besteht sie in Wirklichkeit zu verschiedenen Zeiten aus verschiedenen Molekülen.

Man kann die spiralförmige Dichtewelle einer Galaxie am besten verstehen, wenn man die Galaxie von oben betrachtet. Jeder Stern umkreist das Zentrum der Galaxie in einer fast kreisförmigen Bahn. Aber er schwingt in seiner Bahn ein bißchen, bewegt sich aufgrund des gravitativen Einflusses der anderen Sterne und der dunklen Materie mal zum Zentrum hin, und dann wieder vom Zentrum weg. Diese Hin- und Herbewegung bedeutet nichts anderes, als daß der Stern in einem kleinen Kreis läuft, während das Zentrum dieses Kreises der kreisförmigen Bahn um die Galaxie folgt. Die so geartete allgemeine Bewegung von Hunderten von Millionen Sternen bildet eine sich langsam bewegende, spiralförmige Dichtewelle.

Es gibt eine nette Analogie, die das Erscheinungsbild einer solchen sich bewegenden Dichtewelle erklären hilft. Betrachten wir eine Stadt, die von einem Autobahngürtel umgeben ist, wie z.B. Köln. Wenn wir uns vorstellen, daß die Autobahn mit Autos erfüllt ist, die sich alle mit einer konstanten Geschwindigkeit von 100 Stundenkilometern in die gleiche Richtung bewegen, würde jemand, der dies in der Nacht von einem hochfliegenden Hubschrauber aus betrachtet, als ein Lichtmuster erkennen, das gleichförmig auf der Autobahn umläuft. Stellen wir uns nun vor, daß es auf der Autobahn zusätzlich einen großen Lastkraftwagen gibt, der mit nur 50 Stundenkilometern in die gleiche Richtung fährt. Die hinter dem LKW fahrenden Autos müssen abbremsen und eine Lücke auf einer benachbarten Fahrbahn suchen, um den

LKW zu überholen. Es staut sich eine Menge Autos hinter dem LKW auf. Natürlich befinden sich in diesem Stau lauter verschiedene Fahrzeuge – den vorderen gelingt es zu überholen und ihre Fahrt mit 100 Stundenkilometern fortzusetzen, und am Ende des Staus kommen neue hinzu. Was man jedoch vom Hubschrauber aus sieht, ist ein Strom von Lichtern, die sich mit 100 Stundenkilometern bewegen, und zusätzlich einen dichten Knoten von Lichtern (eine Dichtewelle), die sich langsamer, mit 50 Stundenkilometern bewegen. Eine Photographie wird die Bewegung einfrieren und einen Kreis von Lichtern mit gleichförmigem Abstand zeigen sowie zusätzlich einen Knoten dichtgepackter Lichter, die sich gerade hinter dem LKW befinden.

Da Spiralgalaxien verglichen mit der Lebenszeit des Menschen so langsam rotieren, sehen wir sie auf diese Weise wie eingefroren, obwohl die gleiche Art von dynamischer Aktivität in den Spiralarmen einer Galaxie wie unserer eigenen abläuft. Eine Dichtewelle bewegt sich mit einer Geschwindigkeit von etwa 30 Kilometern pro Sekunde um das Zentrum einer Galaxie, was dem Dreifachen der Schallgeschwindigkeit in dem verdünnten Gas des interstellaren Raumes entspricht. Das bedeutet, daß die Dichtewelle eine Überschall-Stoßfront an der vorderen Kante des Spiralarms (des äußeren, konvexen Teils der Spirale) ausbildet, ähnlich der Stoßfront eines mit Überschallgeschwindigkeit fliegenden Flugzeugs wie der Concorde. Aber die Sterne und die Materiewolken in der Galaxie bewegen sich mit Geschwindigkeiten von 200 bis 300 Kilometern pro Sekunde durch die Stoßfront. Die Wolken von Gas und Staub türmen sich, wie in einem Verkehrsstau, hinter einem Spiralarm auf, entlang der inneren Krümmung. Sie werden in die Stoßfront hineingedrückt, und dieses Zusammendrücken führt zur Entstehung von massereichen Sternen.

Wenn irgend etwas eintritt, was einen solchen Prozeß in Gang setzt, ist er weitgehend selbsterhaltend. Die Explosion einer Supernova, die eine Stoßfront durch das umgebende interstellare Material sendet, ist gerade richtig, um nahegelegene Wolken zusammenzupressen, die schon nahe daran waren zu kollabieren und neue Sterne zu bilden. So wird eine weitere Sternentstehungsaktivität in Gang gesetzt. Wenn ein solcher Prozeß einmal begonnen hat, breitet er sich wie ein Waldfeuer über das betroffene Gebiet einer Galaxie aus. Und erinnern wir uns, daß so, wie alle Autos auf der Autobahn den LKW überholen müssen, alle

Gaswolken in der Galaxie durch die Spiralarme hindurchgehen – da sich auf jeder Seite der Galaxie ein Spiralarm befindet, tritt dies zweimal während eines Umlaufs auf. Alle hundert Millionen Jahre wird alles in der Galaxie von diesem Prozeß des Zusammendrückens erfaßt. Die um die Galaxie kreisenden Dichtewellen bereiten das interstellare Material wieder auf: Altes Gas und alter Staub, der von alten, toten Sternen zurückgelassen wird, wird zu neuen Sternen zusammengepreßt.

Die heute kollabierenden Wolken, die massereiche Sterne entlang eines Spiralarms bilden, sind allerdings sehr verschieden von der einfachen Mischung von Wasserstoff und Helium, aus der die erste Sterngeneration kurz nach dem Urknall entstand. Obwohl diese Wolken immer noch überwiegend aus Wasserstoff und Helium bestehen, enthalten sie auch andere Atome und Moleküle, einschließlich Wasser und organische (auf Kohlenstoff basierende) Verbindungen wie Ameisensäure, Formaldehyd und Äthanol, und dazu eine Prise Staub in Form von Kohlenstoffkörnern. Der Orionnebel, ein uns relativ nahes Sternentstehungsgebiet, enthält mindestens sechzig verschiedene Molekülsorten, die anhand ihrer Spektren identifiziert worden sind. Obwohl der Orionnebel wegen seiner großen Nähe zu uns im Detail besonders gut untersucht worden ist, können wir annehmen, daß eine solche Zusammensetzung für jede interstellare Gaswolke typisch ist.

Astronomen haben abgeschätzt, daß die Gesamtmasse molekularen Gases in der Milchstraße innerhalb der Sonnenbahn bis zu 3 Milliarden Sonnenmassen betragen kann, 15 Prozent der Gesamtmasse der Sterne in diesem Gebiet. Das Material der Wolken wird beständig zu Sternen umgewandelt, und Materie aus Sternen wird ständig neu aufbereitet, um neue Wolken zu bilden.

Eine typische Molekülwolke hat einen Durchmesser von etwa 100 Lichtjahren und eine Masse von bis zu mehreren Millionen Sonnenmassen. Wenn sie kollabiert, bildet sie nicht bloß einen oder zwei massereiche Sterne. sondern eine große Menge. Aus jeder Wolke entsteht ein Klumpen blauer Sterne. Diese Sternhaufen sind entlang der Spiralarme angeordnet, so daß dies, wenn wir eine Spiralgalaxie aus einiger Entfernung betrachten, so aussieht, als ob eine Reihe von Saphiren sich entlang einer spiralförmigen Halskette befänden.

Es ist aber für eine solche Wolke schwieriger zu kollabieren und zu fragmentieren, um Sterne zu bilden, als man sich das zunächst vorgestellt hatte. Beim Zusammenziehen einer Wolke wird Gravitationsenergie freigesetzt, die die Moleküle in der Wolke aufheizt und in schnellere Bewegungen versetzt, was einen höheren Druck hervorruft, der den Schrumpfungsprozeß zum Halten bringt.

Die Wolke muß eine Möglichkeit finden, diese Energie in Form von Strahlung loszuwerden, so daß sie abkühlen und weiter schrumpfen kann, bis hinunter zu den Dichten, bei denen sich Sterne bilden können. Dies geschieht auf zweierlei Weise. Zum einen strahlen viele Moleküle, wie Kohlenmonoxid und Wasserdampf, Energie ab, wenn sie erhitzt werden. Wir wissen, daß dieser Prozeß abläuft, weil wir anhand der charakteristischen Strahlung diese Moleküle überhaupt erst entdecken können. Zum anderen erzeugen neugebildete Sterne, die sich im dichtesten Bereich einer riesigen Molekülwolke bilden, eine Menge sichtbares Licht und ultraviolette Strahlung. Diese Strahlung ist bestrebt, die Wolke auseinanderzutreiben und die Prozesse der Sternentstehung anzuhalten, gäbe es nicht die Mengen von Kohlenstoffstaubkörnern in diesen Wolken. Obwohl der Staub höchstens 1 Prozent der Masse der Wolke ausmacht, absorbiert er die ultraviolette Strahlung und strahlt sie bei infraroten Wellenlängen wieder ab, in einem Bereich, wo die Strahlung leichter in den Raum hinaus dringen kann. Viele Beobachtungen zeigen, daß Gebiete starker Infrarotstrahlung auch Gebiete aktiver Sternentstehung sind. Supernovaüberreste in Form von expandierenden Gashüllen sind auch mit Gebieten aktiver Sternentstehung verbunden.

Die Einzelheiten all dieser Prozesse sind noch recht wenig verstanden. Die Untersuchung von Molekülwolken, Spiralstruktur und der Bildung von kurzlebigen, massereichen blauweißen Sternen, die zu Supernovae werden, gehört zu den wichtigsten und faszinierendsten Forschungsgebieten der heutigen Astronomie. Doch es ist offenkundig, daß Staubkörner aus Kohlenstoff, wie auch komplexe kohlenstoffhaltige Moleküle, eine wesentliche Rolle bei dem Kühlungsprozeß spielen, ohne dessen Hilfe sich keine große Zahl von Sternen an den Rändern der Spiralarme bilden könnte. Es ist sogar möglich, daß die komplexe organische Chemie (die Fred Hoyle mit Lebensprozessen in Verbindung bringen wollte), die fern von Planeten in den interstellaren Wolken abläuft, bei der Sternentstehung eine Rolle spielt. Diese Prozesse der Sternentstehung und der Entwicklung der Galaxien sind jedoch komplizierter, als man es sich früher vorgestellt hatte. Lee Smolin von der Syracuse-Universität im Staat New York gelangte sogar zu folgender Überlegung:

«Es scheint eine Art von Ökologie in der Physik von Spiralgalaxien zu existieren, wodurch die für die Sternentstehung verantwortlichen Strukturen – die Spiralarme und die damit verbundenen Gas- und Staubwolken – über Zeitskalen intakt gehalten werden, die weit größer sind als die ihnen entsprechenden dynamischen Zeitskalen... Diese Strukturen müssen selbstorganisierende Zyklen von Materialien und Energie einschließen, Zyklen der Art, wie man sie in verschiedenen Ungleichgewichtszuständen und in biologischen Systemen findet.»

Der wesentliche Punkt ist: Der Einfluß von Supernovaexplosionen, die sowohl schwere Elemente wie auch Stoßfronten durch das interstellare Material senden, ist von äußerst großer Bedeutung für die Bedingungen, die die Entstehung von solchen Sternen begünstigen, die ihr Leben als Supernovae beenden. Dies ist nichts anderes als eine Gaia galaktischer Größenordnung. Es hängt alles vom delikaten Gleichgewicht der vier Naturkräfte ab – vom Goldilocks-Effekt. Die schwache Kernkraft muß «gerade richtig» sein, damit Supernovae ihr Material im Raum verteilen. Kohlenstoff, der nur aufgrund der im siebten Kapitel besprochenen Koinzidenzen existiert, und komplexe organische Moleküle sind vielleicht auch dazu nötig.

All dies läßt diese Koinzidenzen unter einem neuen Blickwinkel erscheinen. Das Universum ist schließlich nicht für das Wohlergehen organischer Lebensformen eingerichtet. Es ist so eingerichtet, daß Galaxien wie unsere Milchstraße als Kinderstuben für Supernovae dienen. In den Spiralarmen solcher Galaxien entstehen aufeinanderfolgende Generationen massereicher, kurzlebiger Sterne. Es ist reiner Zufall, daß für diese Prozesse Kohlenstoff, Wasser und komplexe organische Moleküle benötigt werden. Deshalb hat sich die Erzeugung dieser Stoffe als Teil der Lebensprozesse der Galaxien entwickelt. Als sie dann einmal existierten, war es vielleicht unvermeidlich, daß sich daraus Lebensformen wie das Leben auf der Erde entwickelten. Aber wir können uns bestenfalls als Abfallprodukt der Prozesse betrachten, durch die unsere Milchstraße sich selbst in einem Zustand des Ungleichgewichts hält – Prozesse, durch die sie sich selbst am Leben erhält.

Die Spiralstruktur weist eine weitere Merkwürdigkeit auf. Obwohl die natürliche Form der Störung, die in einer Spiralgalaxie wächst, eine spiralförmige Dichtewelle ist, zeigen viele Berechnungen und Computersimulationen, daß die resultierende Spiralstruktur nur für ein paar Rotationen der Galaxie hindurch sichtbar sein sollte. Warum weisen also so viele der Galaxien, die wir heute sehen, eine Spiralstruktur auf? Mit Hilfe von Modellrechnungen der Computer wurde entdeckt, daß die einfachste Weise, die Spiralstruktur eine viel längere Zeit am Leben zu erhalten, diejenige ist, den gravitativen Einfluß eines unsichtbaren Halos dunkler Materie, der die Galaxie umgibt, anzunehmen. Wenn die Masse des Halos zehnmal so groß wie die Masse aller leuchtenden Sterne ist, stabilisiert er die Spiralstruktur und läßt sie länger leben, bevor sie ihre Form in einen Balken ändert, der quer durch das Zentrum der Galaxie verläuft.

Wir sehen tatsächlich solche «Balkenspiralen» etwa in einem Verhältnis, das mit dieser Berechnung übereinstimmt. Auch Astronomen haben aufgrund von Messungen der Rotation der Scheibe gefolgert, daß Spiralgalaxien in dunkle Halos eingebettet sein müssen. Und natürlich besagen kosmologische Theorien und die COBE-Beobachtungen, daß das Universum hundertmal mehr Masse enthalten muß als diejenige, die wir in Form von hellen Sternen und Galaxien sehen. Es paßt also nicht nur alles sehr schön zusammen, sondern die dunkle Materie (oder zumindest ein Teil von ihr) scheint auch ein wesentlicher Bestandteil zu sein, damit Spiralgalaxien als effiziente Supernovaproduzenten funktionieren können.

Guillermo Tenorio-Tagle vom Max-Planck-Institut für Astrophysik in Garching hat 1992 in der Enzyklopädie der Astronomie und Astrophysik die Prozesse eines sich selbst regulierenden Systems großräumiger Sternentstehung diskutiert. Daß Spiralgalaxien überraschenderweise einen stationären Zustand weit weg vom Gleichgewicht halten können, ist in der Tatsache begründet, daß massereiche Sterne, die nur ein bis zehn Millionen Jahre leben imstande sind, ein Spiralmuster zu erzeugen, das eine Milliarde Jahre oder mehr existieren kann. In diesem Prozeß ist die Rate, mit der Gas und Staub in neue Sterne umgewandelt wird, fast die gleiche wie die, mit der alte Sterne Materie an das interstellare Material zurückgeben – in beiden Fällen beträgt sie ein paar Sonnenmassen pro Jahr, bezogen auf die gesamte Milchstraße. Das scheint nicht viel zu sein, aber es sammelt sich über ein paar Millionen Jahre zu einer gewaltigen Masse an.

Dieser Prozeß erinnert an die Art und Weise, wie eine Ansammlung von Zellen (es gibt tausendmal mehr Zellen in unserem Körper als Sterne in der Milchstraße), von denen viele eine Lebenszeit von nur wenigen Wochen haben, imstande sind, die Struktur unseres Körpers für siebzig Jahre und länger zu erhalten. Es ist abgeschätzt worden, daß unser Körper täglich mehr als ein Kilogramm Zellen «verliert», zumeist über Haut und Darm, aber wir «nutzen uns nicht ab», weil diese Zellen beständig ersetzt werden. Auf die gleiche Weise nutzt sich die Spiralstruktur einer Galaxie wie der Milchstraße nicht ab, weil die hellen blauen Sterne ständig erneuert werden.

Tenorio-Tagle beschreibt die Prozesse, durch die die Stoßfronten von Supernovaexplosionen neue Riesen-Molekülwolken bilden, als eine Form von «kontinuierlicher Reproduktion» und weist darauf hin, daß dies ein sich selbst regulierender Prozeß ist. In einer Wolke, in der ein paar Supernovaexplosionen auftreten, sammeln die von den Explosionen ausgehenden Stoßfronten interstellares Material auf und führen zur Bildung einer größeren Wolke, die kollabiert und mehr massereiche Sterne bildet. Auf diese Art und Weise ist vermutlich in der Jugendzeit unserer Milchstraße der ganze Prozeß in Gang gekommen. Aber der Prozeß des Anwachsens von Molekülwolken kann nicht für alle Zeiten weitergehen. Wenn er den Punkt erreicht, bei dem die Sternentstehung in einer kollabierenden Wolke zu schnell vor sich geht, weil ihre Dichte größer als die optimale Dichte ist, wird die Energie, die von den ersten neugeborenen Sternen ausgestrahlt wird, die Wolke auseinandertreiben und den Sternentstehungsprozeß in einer frühen Stufe abbrechen. Die nächste Generation von Wolken wird weniger dicht sein und damit effektiver bei der Bildung von Sternen, die zu Supernovaexplosionen führen; dies bewirkt eine Vielzahl überlappender Stoßfronten, die ihrerseits viele Wolken bilden, die gerade richtig sind, um als Kinderstuben für die Bildung der Sterne der nächsten Generation zu diesen. Und wenn eine Wolke ein bißchen zu groß oder zu klein ist, werden die natürlichen Regulierungsprozesse ihre Nachkommen in der nächsten Wolkengeneration wesentlich näher an die «gerade richtige» Größe bringen.

Von entscheidender Wichtigkeit bei der Bildung großer neuer Wolken (mit Durchmessern von einigen hundert Lichtjahren) ist die Explosion vieler massereicher Sterne in unmittelbarer Nachbarschaft voneinander, deren Stoßfronten große Materiemengen zusammenkehren. Wolken, die «gerade richtig» für die Entstehung vieler Supernovae sind, produzieren Supernovae, die «gerade richtig» für die Entstehung von Wolken sind, die ähnlich denjenigen sind, die sie geboren haben. «Die selektive Evolution schreitet in einer fast Darwinschen Art und Weise fort», sagt Tenorio-Tagle.

Warum so zögerlich? Warum muß das Wort «fast» hinzugefügt werden? Dieser Prozeß kann als Evolution durch natürliche Auswahl und das Überleben des Stärkeren im strengen Darwinschen Sinne bezeichnet werden. Und die Tatsache, daß es sich um Sterne und Hunderte von Lichtjahren große Gas- und Staubwolken und um Zeitskalen von Millionen von Jahren handelt, sollte uns nicht blind für die Wahrheit machen. Wir brauchen das Wörtchen «fast» nicht: Die Sternentstehungsprozesse in Spiralgalaxien sind so effizient, weil sie sich entwickelt haben, um das Beste aus dem vorhandenen Baumaterial zu machen. Es mag zwar übertrieben erscheinen zu behaupten, daß ein einzelner Stern lebendig ist, aber es ist auch übertrieben zu sagen, daß unsere Milchstraße *nicht* lebendig ist, in dem gleichen Sinne, wie die Erde als Planet lebendig ist. Innerhalb einer lebendigen Galaxie scheint ein typisches Molekülwolke-Supernova-System genauso lebendig zu sein wie ein Raupe-Schmetterling-System hier auf der Erde.

Nicht alle Galaxien sind gleich effizient beim Ausbrüten von Supernovae. Wie zu erwarten, gibt es einige, in denen keine offenkundige Spiralstruktur vorhanden ist, und der «Waldbrand»-Effekt scheint außer Kontrolle geraten zu sein, scheint die ganze Galaxie erfaßt zu haben, erzeugt überall Ausbrüche von Sternentstehung. Zum anderen Extrem hin gibt es die sogenannten elliptischen Galaxien, linsenförmige Systeme, in denen sehr wenig Sternentstehung vorzukommen scheint. Das moderne Verständnis des Entwicklungsweges, an dessen Ende sich die heutigen Galaxien befinden, enthält sehr viel mehr Gedankengut aus dem Bereich der Biologie als aus dem der «altmodischen» Physik. Die Beschreibung der Evolution von Galaxien ist mit Worten gespickt, die der Biologie entlehnt sind, und obwohl die Astronomen uns eifrig versichern, daß die Terminologie nicht mehr als eine metaphorische Umschreibung sei, scheint es immer deutlicher zu werden, daß sie damit einer gewaltigen Selbsttäuschung unterliegen.

Die Vorstellungen der Astronomen über den Ursprung und die Entwicklung der Galaxien änderten sich Anfang der neunziger Jahre dramatisch, als verbesserte Teleskope (einschließlich des Hubble-Weltraumteleskops) und andere Instrumente sie in die Lage versetzten, durch das Studium immer schwächerer, stärker rotverschobener Galaxien immer tiefer in die Vergangenheit einzudringen. Sie dachten zunächst, daß sich die Galaxien, die wir heute um uns herum sehen, alle mehr oder weniger zur gleichen Zeit, kurz nach dem Urknall gebildet hätten. Sie könnten sich zwar seit dieser Zeit durch ihren Alterungsprozeß intern geändert haben, aber in ihrer Gesamtheit sollten sie zu allen Zeiten das gleiche Bild des Universums zeigen. Diese Vorstellung ist heute völlig zu den Akten gelegt worden, sie wurde durch eine dynamische Evolutionsvorstellung ersetzt, in der Galaxien miteinander wetteifern, fusionieren und einander auffressen. Die bedeutendste Erkenntnis ist, daß elliptische Galaxien, die man früher für die ältesten hielt, heute als relative Neulinge angesehen werden.

Elliptische Galaxien kommen seltener vor als Spiralgalaxien, aber die größten unter ihnen sind viel größer als die größte Spiralgalaxie. Während Spiralen Massen von etwa 100 Milliarden Sternen besitzen, können die größten elliptischen Galaxien hundertmal massereicher sein. Andererseits gibt es Schwärme von Zwerggalaxien, deren Zahl schwer abzuschätzen ist, weil sie schwach und deshalb schwer zu finden sind. Eine Zwerggalaxie mag nicht massereicher als ein Kugelhaufen im Halo unserer Milchstraße sein, sie besitzt einen Durchmesser von weniger als einem Kiloparsek und eine Masse von etwa einer Million Sonnen.

Elliptische Galaxien bestehen aus roten kühlen Sternen. Da rote kühle Sterne alt sind, dachten Astronomen zuerst, dies deute darauf hin, daß diese Galaxien vor langer Zeit entstanden sind. Elliptische Galaxien enthalten auch wenig Gas und Staub. Aber Spiralgalaxien enthalten auch rote kühle Sterne, nicht nur die jungen Sterne, die für die Scheibe typisch sind. In einer solchen Galaxie finden sich die roten Sterne sowohl im Zentralbereich, dem «Bulge» (dem Dotter des Spiegeleies), als auch über den Halo zerstreut. Es ist jetzt klar, daß die roten

Sterne in elliptischen Galaxien tatsächlich *aus* Spiralgalaxien stammen. Elliptische Galaxien bilden sich durch das Verschmelzen zweier Spiralgalaxien, die miteinander kollidieren, und durch den Prozeß, bei dem eine Spiralgalaxie von einer elliptischen Galaxie verschlungen wird. Das ist der Grund dafür, warum elliptische Galaxien so groß werden können.

Hinweise darauf gibt es aufgrund von Beobachtungen kollidierender Galaxien und von Computersimulationen solcher Kollisionen. Computermodelle zeigen, daß die Kollision zweier Spiralgalaxien zur Zerstörung ihrer dünnen Scheiben führt. Die Spiralen fließen zu einem einzigen Sternsystem zusammen, das die Gestalt einer elliptischen Galaxie hat. In solch einer Kollision stoßen die Sterne nicht zusammen – wir erinnern uns an die großen Zwischenräume im Bonbon-Modell unserer Milchstraße. Aber die Gravitationsfelder der beiden Galaxien wechselwirken derart miteinander, daß alle Sterne in ein System hineingezogen werden. Die Gas-und Staubwolken der beiden Galaxien kollidieren und senden Stoßfronten durch das neu entstandene System.

Wenn eine größere elliptische Galaxie eine kleinere Spiralgalaxie verschlingt, nimmt die elliptische Galaxie an Masse zu, aber viele Sterne der Spiralgalaxie haben am Ende Bahnen, die einander sehr stark ähneln. Photographien von elliptischen Galaxien zeigen in ihrem Innern helle Bögen von Sternen, die diesen gemeinsamen Bahnen entsprechen. Während man also früher annahm, daß elliptische Galaxien strukturlose Sternansammlungen seien, zeigen moderne Instrumente, daß sie von schwachem Gekräusel von Licht, von Streifen und Kreuzen durchzogen sind, die allesamt Hinweise darauf geben, daß Spiralgalaxien von diesen elliptischen Galaxien verschlungen worden sind und dabei sind, verdaut zu werden.

Obwohl es immer schwieriger wird, Einzelheiten in Galaxien weiter draußen im Raum (und damit zu früheren Zeiten) zu erkennen, können ganze Haufen von Galaxien noch recht gut bei hohen Rotverschiebungen beobachtet werden. Große Galaxienhaufen in unserer Nachbarschaft enthalten viele elliptische Galaxien und erscheinen eindeutig rötlich. Bei Entfernungen, die einer Zeit von etwa 5 Milliarden Jahren in der Vergangenheit entsprechen, sind die Galaxienhaufen merklich blauer, was darauf hindeutet, daß zu jener Zeit in ihnen eine aktive

Sternentstehung stattfand. Das Hubble-Weltraumteleskop zeigt, daß die blauen Objekte in vielen dieser Haufen in Wirklichkeit Paare von Spiralgalaxien im Prozeß der Verschmelzung sind und zu einem späteren Zeitpunkt zu elliptischen Galaxien werden. Es scheint, daß das Gas und der Staub in diesen Spiralen durch die gravitative Störung und die auftretenden Stoßfronten zu einer endgültigen, letztmaligen Sternentstehungsexplosion – einem letzten großen Waldbrand – angeregt werden.

Aus diesem Grunde enthalten die elliptischen Galaxien heute nur noch wenig oder gar kein Gas und Staub und auch sehr wenig blaue Sterne. Alles ist bei dem Verschmelzungsprozeß vor ein paar Milliarden Jahren in blaue Sterne verwandelt worden. Es ist sehr wohl möglich, daß unsere Milchstraße schließlich mit ihrem nächsten Nachbarn, der Spiralgalaxie M31 im Sternbild der Andromeda, verschmelzen wird und dabei in blauweißem Glanz eine neue elliptische Galaxie entsteht. Die Schnelligkeit, mit der eine neugebildete elliptische Galaxie ein stabiles Muster bildet, in dem die Sterne aus den vorher existierenden Galaxien zu einer neuen Anordnung geordnet werden, liefert einen weiteren starken Hinweis darauf, daß alle Galaxien in massereiche dunkle Halos eingebettet sind. Die Gravitation der dunklen Materie lenkt alle Sterne rasch in wohlgeordnete Bahnen.

Die allergrößten elliptischen Galaxien treten in den Zentren von Galaxienhaufen auf. Sie sitzen dort nach den Worten einiger Astronomen «wie die Spinne im Netz» und werden fett, indem sie alle kleineren Galaxien, deren Bahnen innerhalb des Haufens sie zu nahe an den Riesen im Zentrum heranführen, einfangen. In den neunziger Jahren beschreiben die Astronomen den Vorgang, durch den sich elliptische Galaxien bilden, mit dem Wort «verschlingen», und sie bezeichnen die Galaxie, die bei dem Verschmelzen zweier ungleich großer Galaxien am besten wegkommt, als den «Kannibalen».

Obwohl weniger als 1 Prozent aller heute sichtbaren Galaxien aktiv in Verschmelzungsprozesse verwickelt sind, spielen sie sich auf in kosmischer Hinsicht sehr kurzen Zeitskalen ab, so daß wahrscheinlich etwa die Hälfte aller Galaxien im Universum in den letzten sieben oder acht Milliarden Jahren mit Galaxien ähnlicher Größe verschmolzen sind. Solche Verschmelzungsprozesse traten in der ersten Lebenshälfte unseres Universums sicherlich häufiger auf als heute.

Es scheint fast so, als ob sich die Spiralgalaxien selbst aus der Verschmelzung kleinerer Einheiten gebildet haben – oder besser gesagt, aus dem Wettbewerb kleinerer Einheiten, die sich voneinander ernährt haben und bei diesem Prozeß größer geworden sind. Die Kugelhaufen, die unsere Milchstraße heute umgeben, werden genauso als «Fossilien» angesehen wie Urweltfunde auf der Erde. Ihr Alter kann recht genau aus der Analyse ihrer chemischen Zusammensetzung bestimmt werden. So ist beispielsweise ein Kugelhaufen 14 Milliarden Jahre alt ist, ein anderer nur 10, ein dritter bloß 7 Milliarden Jahre. Die Streuung im Alter der Kugelhaufen deutet darauf hin, daß sich unsere Milchstraße aus einer Verschmelzung von vielleicht einer Million kleinerer Gasklumpen bildete, von denen ein jeder aus bis zu einer Million Sonnenmassen bestand.

Wenn immer eine neue Gaswolke mit der anwachsenden Milchstraße kollidierte, erzeugte die auftretende Stoßfront eine Sternentstehungsexplosion, bildete einen neuen Kugelhaufen. Das übriggebliebene Gas der Wolke wurde von der Schwerkraft angezogen, durch Reibung abgebremst und schließlich in der rotierenden Scheibe eingelagert. Die erste Generation heißer blauer Sterne durchlief rasch ihren Lebenszyklus, explodierte und reicherte die Scheibe mit schweren Elementen an. Es entstanden Molekülwolken, und bald darauf bildete sich das typische Spiralarmmuster heraus.

Der gesamte Verschmelzungsprozeß kleinerer Einheiten, der zum Aufbau von Galaxien wie der Milchstraße führte, läuft besonders gut in Verbindung mit Szenarien ab, bei denen die kalte, dunkle Materie eine Rolle spielt, wobei die Schwerkraft der dunklen Materie das Zusammenziehen der einzelnen Fragmente unterstützt. Es wäre in der Tat ohne dunkle Materie sehr schwierig zu erklären, wie sich Galaxien überhaupt hätten bilden können. Wieder einmal haben die COBE-Beobachtungen das Bild bestätigt, von dem die Astronomen wußten, daß es das richtige Bild des Universums sein mußte.

In einem Artikel des Jahres 1992 für die Zeitschrift *New Scientist* beschreibt Nigel Henbest eine Szene aus der fernen Vergangenheit:

«Wenn wir das Universum kurz nach dem Urknall anschauen könnten, würden wir nicht junge Versionen von spiralförmigen und elliptischen Galaxien sehen. Wir würden statt dessen von unzähligen kleinen Gaswolken umgeben sein, die miteinander zusammenstoßen. Fast so wie einzelne Zellen auf der Erde sich zu den komplexen Strukturen des heutigen Lebens entwickelten, können diese kleinen Wolken der Anfang der ganzen Vielfalt der Galaxien im heutigen Universum sein, von den wunderschönen Spiralen bis zu den riesengroßen elliptischen Galaxien.»

Wieder dieses abschwächende «fast»! Dieser ganze Prozeß ist zweifellos ein Beispiel für das Wirken der Evolution, bei dem es zum Wettstreit von Einzelobjekten um natürliche Vorräte (Gas zur Bildung von Sternen) geht, das zum Entstehen komplexerer Systeme führt.

Das ganze Bild ist aber so neu, daß noch Rätsel zu lösen und Lücken zu füllen sind, um den Prozeß der Galaxienentwicklung ganz zu verstehen. Ein Rätsel betrifft das Geheimnis der schwachen blauen Galaxien, die zuerst von Anthony Tyson und Mitarbeitern bei den AT&T Bell Laboratorien in den achtziger Jahren entdeckt wurden. Eine große Anzahl dieser Zwerggalaxien tritt bei Rotverschiebungen auf, die einem Blick von 2 bis 3 Milliarden Jahren in der Vergangenheit entsprechen, als die Erde etwa halb so alt war wie heute. Hätte es damals Astronomen auf der Erde gegeben, hätten sie durch ihre Teleskope das Universum mit dem Licht dieser blauen Zwerggalaxien erfüllt gesehen. Jede von ihnen besaß nur ein Hundertstel der Größe unserer Milchstraße, und es gab so viele von ihnen, daß ihr Auftreten auf langbelichteten astronomischen Photographien als «kosmisches Tapetenmuster» beschrieben wird. Keine dieser Galaxien ist heute mehr aktiv.

Wohin sind sie verschwunden? Es wäre schön, sich vorzustellen, daß sie eine Zwischenstufe in der Bildung von Galaxien wie unserer eigenen einnahmen und von den heute zu beobachtenden Spiralen aufgefressen worden sind; aber man kann sich schwer vorstellen, wie die dünne Scheibe einer Spiralgalaxie Verschmelzungen mit solchen relativ großen Objekten überleben kann. Die Zwerggalaxien können einfach ausgebrannt sein. Da sie so klein sind, könnte ein Feuersturm der Sternbildung und anschließend auftretender Supernovae eine genügend starke Stoßfront erzeugt haben, um das gesamte übriggebliebene Gas und den Staub in den Raum zu schleudern, so daß dieses Material für immer dem schwachen Gravitationsfeld der Zwerggalaxie verlorenging – in diesem Falle wären diese Zwerggalaxien heute noch vorhanden, aber zu schwach, um gesehen zu werden.

Vor der Ära der blauen Zwerggalaxien war das Universum erfüllt von Galaxien, die zwar größer in ihrer Ausdehnung als die heutigen Galaxien waren, nicht aber größer in ihrer Masse. Sie waren alle weiter ausgedehnt, weil die Schwerkraft noch keine Gelegenheit gehabt hatte, die Einzelteile, aus denen sie sich gebildet hatten, näher zusammenzuziehen.

In einem Artikel für die Zeitschrift *Science*, der diese neuen Entdeckungen kommentiert, war der Autor in bezug auf das, was sich dort vielleicht abspielte etwas weniger zurückhaltend als Nigel Henbest:

«Heutzutage könnte ein unbedarfter Zuhörer, der einer Diskussion unter Astronomen lauscht, diese mit Biologen verwechseln, die über ein Ökosystem diskutieren. Ihr Gespräch ist erfüllt von Hinweisen auf sich bildende, sich entwickelnde und schließlich aussterbende Populationen. Aber statt von Lebewesen reden diese Leute von Galaxien.»

Der Artikel fährt fort: «Ganze Galaxiengruppen haben sich zusammen entwickelt wie Arten von Lebewesen.» Der plausible Grund, warum die Sprache der Biologie besser als die Sprache der Physik der Beschreibung der Galaxienentwicklung angepaßt ist, liegt in der Tatsache, daß Galaxien sich tatsächlich wie lebendige Wesen verhalten. Und in zumindest einer Hinsicht hat die Betrachtung einer Galaxis wie der Milchstraße als erweiterte Version von Gaia einen Vorteil gegenüber der ursprünglichen Vorstellung von Gaia, die sich nur auf die Erde als lebendigen Planeten bezog.

Kritiker der Gaia-Hypothese beschweren sich manchmal darüber, daß, da wir nur von einem lebendigen Planeten Kenntnis besitzen und wir keine Zeichen von Wettstreit um Ressourcen zwischen verschiedenen Planeten sehen, die Anwendung von Evolutionsgedanken auf den Planeten als Ganzes im besten Fall ungenau, im schlimmsten Fall einfach falsch sei. Doch da wir Millionen von Galaxien sehen können, die alle Gaia-artige Verhaltensmuster wie das Verharren an einem Punkt fern vom Gleichgewichtszustand und das Prinzip des Überlebens des Stärkeren aufweisen, kann diese Kritik nicht auf die galaktische Gaia-Hypothese angewandt werden.

Einige Astronomen, wie Sir Martin Rees von der Universität Cambridge, sind bereit, darüber zu reden, einige Gedanken aus der Biologie mit an Bord zu nehmen und sie auf das Studium des gesamten Universums anzuwenden. Sie sind gewillt, Konzepte von Ökosystemen und Bevölkerungsdynamik zu verwenden, wobei sie allerdings betonen, daß es sich hierbei nur um «Metaphern» handelt, obwohl solche Konzepte recht gut funktionieren. Diese Vorsicht ist nicht neu. James Lovelock selbst weist manchmal darauf hin, daß die Vorstellung von Gaia als Metapher nützlich sein kann, selbst wenn sie als biologischer Begriff nicht genau genug ist. Er argumentiert, daß dieses Konzept neue Einsichten in Rückkopplungsprozesse bietet, die hier auf der Erde wirksam sind, wie beispielsweise die Wechselwirkung zwischen Mikroorganismen in den Meeren, Dimethylsulfid, Bewölkungsstärke und Eiszeiten. Dies erscheint mir wie ein leichtes Zurückschrecken vor dem Gegner. Aber wenn es in der nächsten Generation von Astronomen genug Selbstvertrauen gibt, diese Ideen anzuwenden, sei es auch nur in der Form von Metaphern, werden sie sich vielleicht am Ende so sehr daran gewöhnen, daß die Unterscheidungen verschwimmen.

Es ist sicher wichtig, daß die Vorstellung sich entwickelnder Bevölkerungen in einem astronomischen Zusammenhang ernst genommen werden sollte, weil sie auf den gegenwärtig größtmöglichen Skalen die einzig wahre Einsicht in den Ursprung und die Natur des Universums selbst bieten. Aber bevor ich damit anfangen kann, diese Fragen zu diskutieren, ist es nötig, eine weitere Eigenschaft des Universums zu erklären.

Ich habe behauptet, daß unsere Milchstraße lebendig ist – buchstäblich lebendig, im vollen biologischen Sinne. Wie andere Galaxien auch, ist sie in einem Prozeß der Evolution und des Wettbewerbs im Universum entstanden. Das Endprodukt dieses Entwicklungsprozesses liefert Spiralgalaxien, die sehr effiziente Supernova-Kinderstuben sind. Wenn Spiralgalaxien jedoch verschmelzen oder verschlungen werden, und schließlich zu elliptischen Galaxien werden, gibt es ein letztes Aufleuchten von Supernovaaktivität, bei dem praktisch das ganze übrige Gas und der Staub im System verarbeitet wird. Es stellt sich die Frage, warum eine galaktische Entwicklung das Auftreten von Supernovae begünstigen sollte.

Die Antwort liegt im Kern einer Supernova verborgen – wenn der Stern selbst explodiert. In sehr vielen Fällen wird er zu einem Schwarzen Loch. In anderen Fällen wird er zu einem Neutronenstern – und einige dieser Neutronensterne werden genügend weiteres Material einfangen, um schließlich zu Schwarzen Löchern zu werden. Bis zum Jahre 1992 haben Astronomen eine Handvoll solcher Schwarzer Löcher von einigen Sonnenmassen in unserer Galaxis identifiziert. Aufgrund ihrer Natur sind Schwarze Löcher nur sehr schwer nachzuweisen. Aber ein paar treten in Doppelsternsystemen auf, umkreisen einen mehr oder weniger normalen Stern, reißen aufgrund ihrer starken Anziehungskraft aus seinen äußeren Schichten Materie heraus und verschlingen sie. Auf ihrem Weg hinein in den Schlund des Schwarzen Loches heizt sich die einfallende Materie auf sehr hohe Temperaturen auf und sendet Röntgenstrahlen aus. Röntgenstrahlen, die von einem ansonsten unsichtbaren Stern stammen, der einen normalen Stern umkreist, sind ein starker Hinweis auf das Vorhandensein eines Schwarzen Loches. Einige dieser «Röntgendoppelsterne» sind Neutronensterne, aber in anderen Fällen hat die dynamische Untersuchung der Bahnen im Doppelsternsystem ergeben, daß der unsichtbare Stern eine Masse von mehr als dem Dreifachen der Sonnenmasse besitzt, und deshalb muß es sich um ein Schwarzes Loch handeln.

Um eine Vorstellung davon zu erhalten, wie viele dieser Schwarzen Löcher von einigen Sonnenmassen es in der Milchstraße gibt, haben die Astronomen zwei voneinander unabhängige Berechnungen angestellt. Eine beruht auf der Zahl der Supernovae, die während der Lebenszeit unserer Milchstraße aufgeleuchtet sind. Die andere extrapoliert von der winzigen Stichprobe von Röntgenquellen, die man bisher in der Milchstraße entdeckt hat, indem man annimmt, daß Schwarze Löcher nicht nur in solchen Doppelsternsystemen, sondern überall in der Galaxis existieren sollten. Beide Abschätzungen liefern etwa die gleiche Zahl: Es sollte in unserer Galaxis, grob gesagt, einige hundert Millionen Schwarze Löcher geben.

Es gibt Millionen anderer Spiralgalaxien im heutigen Universum, von denen jede eine solche Anzahl von Schwarzen Löchern in sich trägt. Und die extremen Feuerstürme, die bei der Verschmelzung von Spiralgalaxien und der Bildung der elliptischen Galaxien auftreten, produzieren viele Millionen weitere Schwarze Löcher, die sich aus den Supernovae bilden, die aus den letzten Resten von Gas und Staub entstanden sind. Eine elliptische Riesengalaxie kann also sehr wohl einige zehn oder einige hundert Milliarden Schwarze Löcher enthalten. Das Universum ist folglich extrem effizient, Materie in Schwarze Löcher zu verwandeln, und der Prozeß hängt, wie wir gesehen haben, von einer Kette recht ungewöhnlicher Koinzidenzen in den Gesetzen der Physik ab. Diese Erkenntnis ist der Schlüssel zum neuen Verständnis des Universums – eines Universums, das lebendig ist, das sich im Wettstreit mit anderen Universen entwickelt hat.

9
Das lebendige Universum

Das zentrale Geheimnis der Kosmologie ist die Gleichförmigkeit des Universums: Wo immer wir hinschauen, überall bietet das Universum den gleichen Anblick. Es gibt natürlich in verschiedenen Himmelsrichtungen unterschiedliche Galaxien, die in leicht unterschiedlichen Mustern angeordnet sind. Aber welchen Teil des Himmels wir auch anschauen oder photographieren, wir sehen die gleichen Galaxienarten in ähnlichen Mustern angeordnet. Das Universum ist auf großen Skalen bemerkenswert gleichförmig. Das extremste Beispiel dafür ist die kosmische Hintergrundstrahlung, doch wo liegt das Geheimnis? Das Geheimnisvolle ergibt sich aus der Untersuchung der kosmischen Hintergrundstrahlung selbst.

Wir erinnern uns, daß dieses schwache Rauschen der Radiostrahlung, das wir heute bei einer Temperatur von knapp unter 3 Grad K messen, aus einer Zeit zu uns dringt, zu der das Universum gerade 300 000 Jahre alt war. Zu dieser Zeit, als die Temperatur überall im Weltraum etwa auf die Temperatur der Sonnenoberfläche (etwa 6 000 Grad K) abgekühlt war, waren die Elektronen zum ersten Mal in der Lage, sich mit den Wasserstoff- und Heliumkernen zu verbinden, um stabile Atome zu bilden. Damit waren alle elektrisch geladenen Teilchen in elektrisch neutralen Atomen gebunden, und elektromagnetische Strahlung (Licht und Radiowellen) konnte nicht mehr länger mit Materie wechselwirken. Das Universum wurde schlagartig, und zum ersten Mal, für die Strahlung durchsichtig. Die damals freigesetzte Strahlung kühlte im Laufe der nächsten 15 Milliarden Jahre langsam von 6 000 K auf die heute gemessenen 3 K ab, während das Universum expandierte.

Was wir heute sehen, wenn wir die Hintergrundstrahlung beobachten, ist ein Bild des Universums, als die Strahlung zum letzten Male mit Materie wechselwirkte – 300 000 Jahre nach dem Urknall. Dies ist nicht viel anders als das Bild, das wir von der Sonne erhalten. Wenn wir die Sonne betrachten, sehen wir ein Bild der Sonne, wie sie an dem Punkt aussieht, an dem die Strahlung zum letzten Male mit der Materie wechselwirkt – an der Oberfläche der Sonne. Der einzige Unterschied ist, daß die «Oberfläche» der Hintergrundstrahlung eine Oberfläche in der Geschichte ist, keine Oberfläche im Raum. Alle möglichen interessanten Dinge spielen sich im Inneren der Sonne ab, aber das Licht, das zu uns gelangt, trägt die Merkmale der Oberflächenverhältnisse, nicht diejenigen des tiefen Sonneninneren. In gleicher Weise spielten sich in den ersten 300 000 Jahren nach dem Urknall alle möglichen interessanten Dinge ab, aber die Hintergrundstrahlung zeigt die Merkmale der physikalischen Bedingungen der Zeit von diesen 300 000 Jahren, nicht des Urknalls selbst.

Trotzdem liefert uns in beiden Fällen das, was wir beobachten können, Hinweise auf die Bedingungen in tieferen Schichten – oder zu früheren Zeiten. Von kleinen Schwankungen abgesehen, strahlt die Sonne in alle Richtungen die gleiche Menge Energie in den Raum. Das bedeutet, daß ihr innerer Aufbau relativ gleichförmig ist. Die Hintergrundstrahlung ist in allen Richtungen *sehr* gleichförmig, und das bedeutet, daß der Urknall sehr glatt und gleichförmig verlaufen ist.

Dies ist die erste und wichtigste Tatsache der Untersuchung dieser Strahlung (abgesehen von der Tatsache ihrer Existenz, die einen direkten Hinweis auf die Entstehung des Universums in einem heißen Urknall darstellt): Sie ist gleichförmig. Als COBE die Hintergrundstrahlung zum ersten Male registrierte, konnte man daraus fast augenblicklich ihre Temperatur von 2,735 Grad K bestimmen, was die damals genaueste Messung darstellte. COBE fand, daß das Spektrum der Strahlung *genau*, mit Abweichungen von weniger als einem Prozent, dem Spektrum eines sogenannten Schwarzen Körpers entspricht – dem Spektrum, das durch das Urknallmodell vorhergesagt wurde. Und COBE zeigte, daß die Temperaturunterschiede in der Strahlung, die aus verschiedenen Richtungen des Himmels gemessen werden, kleiner als ein Zehntausendstel sind. Mit anderen Worten, das Universum war 300 000 Jahre nach dem Urknall mit einer Genauigkeit von 1 zu 10 000 gleichförmig.

Sehr rätselhaft dabei ist, warum die Strahlung von einer Seite des Himmels die Strahlung von der anderen Seite des Himmels so genau «kennt», daß sie ihr gleich ist. Regionen in entgegengesetzten Richtungen des Himmels wechselwirkten zur Zeit des Urknalls miteinander (sie «berührten einander»). Seit dieser Zeit sind sie durch die Expansion des Universums immer weiter auseinandergetragen worden – und die Expansion wirkt in einer Weise, daß sie im Laufe der Zeit die Irregularitäten größer werden läßt, nicht verkleinert. Schlimmer noch, es zeigt sich, daß Gebiete in entgegengesetzten Richtungen des Himmels nie miteinander im Kontakt gestanden haben, selbst zur Zeit des Urknalls nicht (zumindestens nicht gemäß dem einfachsten Urknallmodell).

Wenn wir in unserer Vorstellung die Expansion des Universums zum Bruchteil einer Sekunde nach der Schöpfung zurücklaufen lassen, wäre alles, was wir heute sehen, in einem Raumbereich zusammengedrängt, der gerade einen Millimeter im Durchmesser ist. Das mag zwar lächerlich klingen, ist aber das, was uns die Beobachtungen des expandierenden Universums und die Gleichungen der Allgemeinen Relativitätstheorie sagen. Dieses kleine Samenkorn enthielt schon die Energie, aus der später die Materie der Sterne und der Galaxien sowie die dunkle Materie entstand (gemäß der Gleichung $E = mc^2$ oder besser gemäß $m = E/c^2$) sowie ferner die Strahlung, die später zur kosmischen Hintergrundstrahlung wurde. Die Zeit, als das Universum gerade knapp einen Milimeter groß war, entspricht einer Zeit von 10^{-35} Sekunden nach dem Augenblick der Schöpfung. In den darauffolgenden 15 Milliarden Jahren wuchs das millimetergroße Samenkorn zum gesamten sichtbaren Universum an, das einen Durchmesser besitzt, der mehr als 10^{28} mal größer ist.

Dies stellt uns jedoch vor ein riesiges Rätsel. Erinnern wir uns, daß sich das Licht mit einer Geschwindigkeit von 3×10^{10} Zentimetern pro Sekunde ausbreitet, und da sich nichts schneller bewegen kann, ist dies die schnellste Möglichkeit, mit der eine Nachricht durch den Raum geschickt wird. Als das Universum nur 10^{-35} Sekunden alt war, konnte kein Signal irgendeiner Sorte – keine Information – mehr als eine Entfernung von 10^{-25} Zentimetern gelaufen sein (wir haben bei dieser Überschlagsrechnung die «3» im Wert der Lichtgeschwindigkeit vernachlässigt). Ein Raumvolumen mit einem Durchmesser von 1 Millimeter (0,1 Zentimeter) würde also zu dieser Zeit aus 10^{24} einzelnen Sektoren bestanden haben, von denen ein jeder keine Information darüber hatte, was in den anderen Sektoren vor sich ging. Es war buchstäblich noch nicht genug Zeit dafür gewesen, daß einer dieser Sektoren auf der einen Seite des millimetergroßen Samenkorns etwas über das hätte herausfinden können, was sich in einem anderen Sektor auf der entgegengesetzten Seite des Samenkorns abspielt. Durch die Expansion des Universums ist jeder dieser Sektoren heute auf ein Gebilde von 10 Metern Durchmesser angewachsen. Nahe beisammen liegende Sektoren hätten miteinander verschmelzen und Information in Form von Strahlung, die sich mit Lichtgeschwindigkeit fortpflanzt, austauschen müssen. Doch dann sollten sie zu einer Zeit von 300 000 Jahren nach dem Urknall ein merklich körniges Bild des Universums hervorrufen, das einer stark vergrößerten Photographie ähnlich sieht. Man findet aber keine Spur dieser Körnigkeit in der Hintergrundstrahlung.

Dieses Rätsel wurde Anfang der achtziger Jahre von Alan Guth gelöst, der am Massachusetts Institute of Technology arbeitete. Ich habe in meinem Beispiel für die erstaunliche Glattheit des Universums die Zeit von 10^{-35} Sekunden nach der Schöpfung gewählt, weil in Guths Lösung des Rätsels genau zu dieser Zeit eine dramatische Änderung in der Natur des expandierenden Universums stattfindet. Seine Lösung ist die Inflationstheorie, die ich im zweiten Kapitel schon kurz erwähnte.

Die Inflation beschreibt die Prozesse, aufgrund derer sich die fundamentalen Kräfte der Physik aufspalteten. Die besten physikalischen Theorien, die wir heute besitzen, sind die sogenannten Theorien der Großen Vereinheitlichung. Sie sind deshalb die besten, weil sie am genauesten erklären, wie die Naturkäfte wirken, selbst unter den extremen Bedingungen, die auftreten, wenn Teilchenströme in Beschleunigern wie denen des CERN bei Genf aufeinandertreffen. In vieler Hinsicht ähneln solche Kollisionen für einen winzigen Augenblick den Verhältnissen, wie sie im Urknall selbst herrschten. Und wenn eine Theorie eine genaue Beschreibung der Bedingungen in Teilchenexperimenten liefert, die *beinahe* den frühen Phasen im Urknall ähneln, dann kann die gleiche Theorie mit Zahlen, die noch höheren Energien entsprechen, benutzt werden, um auszurechnen, was zu noch früheren Zeiten im Urknall vor sich ging. Dieses Verfahren wird als Extrapolation bezeichnet, und es ist nicht perfekt. Es gibt immer eine Wahrscheinlichkeit, daß bei höheren Energien irgendeine üble (oder angenehme!) Überraschung auftritt. Aber bis jetzt hat sie alle Prüfungen sehr gut bestanden. Die neuesten «Atomkollisionsexperimente» reichen langsam an die Energien heran, die unter natürlichen Bedingungen in der ersten Sekunde der Existenz unseres Universums herrschten.

Es lohnt sich, einen Ausblick auf die Experimente zu tun, die für das Ende der neunziger Jahre geplant sind. Wenn das Universum sich aus einem heißen Feuerball von Energie entwickelte, wie wurde diese Energie in die Materie, die wir heute um uns herum sehen, verwandelt? Die Standardtheorie der Materie besagt, daß gewöhnliche Protonen und Neutronen – Mitglieder einer Teilchenfamilie, die man manchmal als Hadronen bezeichnet – aus Grundeinheiten aufgebaut sind, die man als Quarks bezeichnet. Diese Quarks werden zusammengehalten, indem sie gegenseitig sogenannte Gluonen austauschen. Der Gluonenaustausch erzeugt eine Kraft, die so stark ist, daß kein einzelnes Quark aus einem Hadron entkommen kann. Aber unter den Bedingungen extremen Drucks und extremer Temperatur im ersten Sekundenbruchteil unseres Universums hat es keine Hadronen geben können. Der Standardtheorie zufolge bestand das Universum damals aus einer Suppe von Quarks und Gluonen, einem Quark-Gluonen-Plasma.

Die Quark-Gluonen-Ära endete ungefähr eine hunderttausendstel Sekunde nach dem Beginn der Expansion des Universums. Zu dieser Zeit trat ein Phasenübergang auf, und es bildeten sich die Hadronen. Er war dies ein «alltäglicher» Phasenübergang, sehr ähnlich denen, die heute ablaufen, wenn sich Dampf in Wasser oder Wasser in Eis verwandelt, der nichts mit dem inflationären Prozeß zu tun hatte. Doch dieser Phasenübergang trat (anders als die Verwandlung von Dampf in Wasser o.dgl.) überall im Universum zur gleichen Zeit ein. Physiker auf beiden Seiten des Atlantik planen jetzt Experimente, die den Phasenübergang von den Quarks zu den Hadronen erforschen und weitere experimentelle Tests der Theorien liefern sollen, auf denen unser Verständnis des frühen Universums beruht.

Um ein Gefühl dafür zu bekommen, wie extrem diese Bedingungen sind, müssen wir Temperaturen und Dichten betrachten, die weit von denen des alltäglichen Lebens entfernt sind. Die Physiker messen beide Größen in der gleichen Einheit – dem Elektronenvolt (eV). Genaugenommen ist dies eine Energieeinheit, und damit ist sie ein gutes Maß für die Temperatur. Teilchen, die mit kinetischen Energien von ein paar Elektronenvolt miteinander kollidieren, haben eine Temperatur, die einigen tausend Grad auf der Kelvinskala entspricht. Dies sind die Energien und Temperaturen, die bei gewöhnlichen chemischen Reaktionen auftreten können.

Energie kann in eine äquivalente Masse umgewandelt werden, indem man sie durch c^2 dividiert. Wenn Elektronenvolt als Masseneinheit oder bei der Angabe von Dichten verwendet wird, wird die Division durch c^2 einfach weggelassen. In diesen Einheiten ist die Masse eines Elektrons 500 keV (Kiloelektronenvolt, 1 keV=10^3 eV), die Masse eines Protons 1 GeV (Gigaelektronenvolt, 1 GeV = 10^9 eV). Ein Neutron hat fast die gleiche Masse (genaugenommen ein bißchen mehr, aber dies ist, wie wir im achten Kapitel gesehen haben, eine der wichtigen Koinzidenzen des Goldilocks-Effekts), und das Zusammenpacken von Neutronen und Protonen in Atomkernen oder von Neutronen in einem Neutronenstern liefert die größte Materiedichte, die im heutigen Universum existieren kann (abgesehen von einer schwachen Möglichkeit, daß Hadronen in den Zentren einiger Neutronensterne so stark zusammengepreßt werden, daß sie eine Quark-Gluonen-Suppe bilden). Der Radius eines Protons beträgt etwa 8×10^{-16} Meter, was für unsere Überschlagsrechnung nahe genug an einem Femtometer liegt (1 fm = 10^{-15} m). Damit liegt die Dichte eines Protons – die höchste Dichte alltäglicher Materie – bei rund 1 GeV pro fm^3.

Mit Hilfe von leistungsfähigen Computern sind Berechnungen des Verhaltens von Materie beim Quark-Hadronen-Phasenübergang durchgeführt worden. Die kritische Temperatur für diesen Phasenübergang (die der kritischen Temperatur entspricht, bei der Wasser kocht) liegt nach diesen Rechnungen zwischen 150 und 200 MeV (Megaelektronenvolt, 1 MeV = 10^6 eV) und entspricht einer *Energie*dichte von 2 bis 3 GeV pro fm^3. Damit ist im Volumen eines einzigen Protons genug Energie konzentriert, um gemäß Einsteins Gleichung drei Protonen herzustellen. Wie können die Physiker solche extremen Bedingungen erzeugen?

Die heute im CERN in Europa und am Brookhaven National Laboratory in den Vereinigten Staaten verfolgte Methode ist, aus schweren Ionen bestehende Teilchenströme frontal kollidieren zu lassen. Diese Ionen sind die Kerne schwerer Elemente, die alle Elektronen verloren haben. Sie tragen also große elektrische Ladungen, die der Summe der Ladungen aller Protonen im Kern entspricht.

Wissenschaftler, die routinemäßig Teilchenbeschleuniger verwenden, führen Experimente durch, in denen aus Protonen oder Elektronen (oder ihren Gegenstücken aus Antimaterie) bestehende Teilchenströme auf Targets, die aus Kernen schwerer Elemente bestehen, oder auf entgegenkommende Ströme von Elementarteilchen aufprallen. Inzwischen entwickeln Forscher die Technik, die benötigt wird, um zwei Ströme kollidieren zu lassen, die beide aus den gleichen schweren Kernen bestehen. Um uns eine Vorstellung von einem Frontalzusammenstoß zweier schwerer Kerne zu machen, betrachten wir den (noch hypothetischen) Fall eines Goldkerns, der auf 0,999957 der Lichtgeschwindigkeit beschleunigt wird.

Ein Goldkern besteht aus 118 Neutronen und 79 Protonen. Er besitzt also 79 positive Elementarladungen, die sozusagen den Handgriff darstellen, mit dem der Kern mit Hilfe von Magnetfeldern auf eine solche Geschwindigkeit beschleunigt werden kann. Bei dieser Geschwindigkeit lassen relativistische Effekte die Masse des Kerns anwachsen, während er in Bewegungsrichtung zusammenschrumpft und zu einem fliegenden Pfannkuchen wird. All diese Effekte werden von der Speziellen Relativitätstheorie vorhergesagt und sind in zahllosen Experimenten bestätigt worden.

Die beiden Effekte beinhalten den gleichen relativistischen Faktor, so daß in diesem bestimmten Beispiel die Masse auf das 108fache der Ruhemasse ansteigt, während die Ausdehnung des Kerns in Flugrichtung auf ein 108tel der Ausdehnung eines ruhenden Goldkerns zusammenschrumpft. Grob gesagt, er ist 100mal schwerer geworden, jedes Nukleon hat jetzt eine Masse von mehr als 100 GeV. Zur gleichen Zeit hat die Dicke auf ein Hundertstel der früheren Dicke abgenommen. Mit dem Hundertfachen der Masse in einem Hundertstel des Volumens hat der Kern jetzt eine Dichte, die zehntausendmal so groß ist wie die Dichte eines Kerns im Ruhezustand.

Wenn solch ein relativistischer Kern auf einen identischen Kern trifft, der in entgegengesetzter Richtung fliegt, ist das Ergebnis spektakulär. Die Materiedichte in den kollidierenden Kernen ist im Augenblick des Zusammenstoßes das 20000fache der Dichte eines gewöhnlichen Goldkerns; ähnliche Dichten werden bei Kollisionen von Kernen anderer schwerer Elemente wie Blei oder Uran erzeugt. Und während die beiden nuklearen Pfannkuchen versuchen, einander zu durchdringen, treten wiederholt Frontalzusammenstöße von Protonen und Neutronen auf, wie auch zwischen Nukleonen und dem «Schrott», der durch die Kollisionen entstanden ist. Das Resultat einer solchen Kollision wird aus dem Standardmodell der Nukleonen abgeleitet, das besagt, daß Nukleonen aus Quarks aufgebaut sind.

Jedes Proton und jedes Neutron – jedes Nukleon – enthält drei Quarks. Doch wie ich schon gesagt habe, können die Quarks nicht isoliert existieren. Sie treten in Dreiergruppen oder in Paaren auf. Am besten ist dies zu verdeutlichen, indem man sich vorstellt, sie seien durch ein elastisches Band (in Wirklichkeit handelt es sich um einen Austausch von Gluonen) verbunden, das je zwei oder drei von ihnen zusammenhält. Dies ist ein Beispiel für das Wirken der starken Kernkraft. Wenn man versuchen würde, zwei Quarks zu trennen, würde dieses elastische Band sich dehnen. Die Energie, die in das Trennen der Quarks gesteckt würde, würde in einer ähnlichen Weise gespeichert, wie Energie in einem auseinandergezogenen Gummiband oder einer Feder gespeichert ist.

Dies bedeutet, daß bis zu einem bestimmten Punkt zwei auf diese Weise verbundene Quarks um so fester zusammengehalten werden, je weiter sie voneinander entfernt sind – das Gegenteil von dem, was bei den uns vertrauteren Kräften des Elektromagnetismus und der Gravitation auftritt. Schließlich wird das auseinandergezogene elastische Band reißen, doch erst, wenn genug Energie in das System gepumpt wurde, um nach der Formel $E = mc^2$ zwei «neue» Quarks an den beiden Enden des Risses zu erzeugen.

Der Prozeß ähnelt dem Versuch, den Nordpol eines Magneten von seinem Südpol zu trennen, indem man einen Stabmagneten in zwei Teile zersägt. Jedes Mal, wenn man die zwei Pole auseinanderbricht, erhält man zwei neue Stabmagneten, von denen jeder wieder einen Nord- und einen Südpol besitzt.

Die Kollision von zwei schweren Ionen, die sich mit relativistischer Geschwindigkeit bewegen, liefert ein Bild, bei dem Quarks aus einzelnen Nukleonen herausgezogen werden und die sie verbindenden elastischen Bänder so weit auseinandergezogen werden, daß sie zerreißen, wobei neue Kombinationen von Quark-Paaren und -Dreiergruppen gebildet werden – ein Bild von zerrissenen und wiederverbundenen elastischen Stücken – hochenergetische Spaghetti. Solch ein elastisches Band kann schließlich zwei Quarks miteinander verbinden, die mit nahezu Lichtgeschwindigkeit in entgegengesetzte Richtungen fliegen, wobei eine große Menge kinetischer Energie der Kollision von diesem Verbindungsprozeß absorbiert wird. Die anschließend freigesetzte Energie führt zur Bildung einer Menge neuer Teilchen am Kollisionsort, nachdem die ursprünglichen Kerne sich schon wieder entfernt haben.

Dies ist das Quark-Gluonen-Plasma, das die Physiker so gerne studieren – all diese «Mini-Urknalle», in denen Bedingungen erzeugt werden, die seit 15 Milliarden Jahren nicht mehr existiert haben. Und weil Teilchen aus Energie erzeugt werden (aus der relativistischen Energie der kollidierenden Kerne), ist es leicht, eine Gesamtmasse von Teilchen aus diesem Mini-Feuerball zu produzieren, die größer ist als die Masse der ursprünglichen Kerne im Ruhezustand. Solche Teilchenkollisionen sind nicht einfach eine Frage des Zerbrechens der zusammenprallenden Kerne in ihre Bausteine, sondern auch ein Mittel, die hohen Energiedichten zu erzeugen, aus denen sich neue Teilchen bilden können. Die Energie, die zur Bildung dieser Teilchen verwendet wird, stammt aus den Magnetfeldern, die verwendet wurden, die ursprünglichen Kerne zu beschleunigen.

Wie nahe sind die Experimentatoren an die Erzeugung eines Quark-Gluonen-Plasmas herangekommen? Die bestehenden Teilchenbeschleuniger sind nicht zur Durchführung von solchen Experimenten konstruiert worden, und abgesehen von der erforderlichen Energieeinspeisung gibt es andere Randbedingungen, die zu Einschränkungen der verwendeten Kernsorten führten. Im CERN beispielsweise kann der SPS-Beschleuniger nur mit Kernen betrieben werden, die die gleiche Anzahl von Protonen und Neutronen aufweisen, wohingegen sehr schwere Kerne immer sehr viel mehr Neutronen als Protonen haben. Bei der Verwendung von Schwefel-32 kann der SPS 19 GeV pro Nukleon erreichen, ein Fünftel des Betrages, der bei Kollisionen wie der eben beschriebenen auftritt. Existierende Beschleuniger in Brookhaven können bei Verwendung von Silizium-28 5 GeV pro Nukleon erreichen. Mit neuen Beschleunigersystemen (die unter dem Namen «Vor-Beschleuniger» bekannt sind) werden beide Laboratorien bald imstande sein, schwerere Kerne bis hin zum Blei zu verwenden, aber nur bis etwa zu den gleichen relativistischen Faktoren.

1997 oder 1998 werden sowohl der Relativistische Hadronen-Kollidierer (RHC) in Brookhaven als auch der Große Hadronen-Kollidierer (LHC) des CERN in Betrieb genommen werden, die mit Energiedichten, Temperaturen und Kollisionsgeschwindigkeiten arbeiten werden, die im von der Theorie vorhergesagten Bereich der Bildung eines Quark-Gluonen-Plasmas liegen.

Die Theorien der Großen Vereinheitlichung wurden zum großen Teil auf der Grundlage der Ergebnisse solcher Teilchenkollisions-Experimente entwickelt, und sie werden durch die neue Generation von Experimenten mit kollidierenden Ionen weiter getestet. Sie besagen, daß bei sehr hohen Temperaturen die Unterschiede in der Stärke der einzelnen Naturkräfte verschwinden. Die starke Kernkraft, die schwache Kernkraft und der Elektromagnetismus sind dann allesamt gleich stark (die Gravitation liegt weit außerhalb und kann nicht einfach in diese vereinheitlichten Theorien integriert werden). Die Temperatur, bei der dies geschieht, ist die Temperatur des Universums, als es 10^{-35} Sekunden alt war. Alan Guth, der Vater der Inflationstheorie, konnte erklären, wie die Quantenprozesse, die mit der Auftrennung der Naturkräfte den Antrieb (die exotischere Art eines Phasenübergangs, die im zweiten Kapitel erwähnt wurde) geliefert haben könnten, zu dieser Zeit das Universum wild aufgeblasen haben könnten, bevor es zu der gemächlicheren Form der Expansion kam, die wir heute beobachten.

Die Inflationstheorie besagt, daß das Universum nicht aus einem Bereich von einem Millimeter Durchmesser expandierte, der aus 10^{24} einzelnen Sektoren bestand, sondern daß ein einziger dieser Sektoren als erster von einer Größe von 10^{-25} Zentimetern nicht nur zu einer Größe von einem Millimeter, sondern zu einer Größe von einem Kilometer anwuchs – und das alles innerhalb von 10^{-32} Sekunden. Zur Verdeutlichung sei es in einem anderen Maßstab beschrieben: Es ist so, als ob man einen Tennisball zur Größe des heute sichtbaren Universums aufbläst – und zwar ebenfalls in 10^{-32} Sekunden. Anschließend war die Inflation zuende. Das nun sehr glatte und gleichförmige Universum expandierte in klassischer Weise weiter und gelangte durch den Quark-Hadronen-Phasenübergang, als es eine Hunderttausendstel Sekunde alt war. Unser ganzes beobachtbares Universum stammt aus einem Bereich, der etwa einen Durchmesser von einem Millimeter innerhalb dieser ursprünglichen, 1 Kilometer großen Region der inflationierten Super-Gleichförmigkeit hat. COBE fand also deshalb eine so gleichförmige Hintergrundstrahlung, weil aufgrund der Inflation das ganze beobachtbare Universum sich aus einem winzigen Teil eines einzelnen ursprünglichen Sektors entwickelt hat.

Obwohl die Inflation sehr erfolgreich die Gleichförmigkeit des Universums erklären konnte, schien sie in der Theorie der achtziger Jahre unter zwei Schwierigkeiten zu leiden. Die erste ist, daß sie zwar sehr erfolgreich all die Dinge erklären konnte, die damals schon bekannt waren, aber keine erfolgreiche Vorhersage liefern konnte. Um die Wichtigkeit wirklicher *Vorher*sagen hervorzuheben, nennen Wissenschaftler eine Erklärung, die nach der Entdeckung gemacht wird, manchmal eine *Nachher*sage. Der große Erfolg der Inflation, die Erklärung für die Tatsache, daß das Universum gleichförmig ist, ist eine *Nachher*sage – wir wissen, daß das Universum gleichförmig ist, und Guth konnte erklären, warum dies so ist. Aber Wissenschaftler vertrauen nur Theorien, die Dinge vorhersagen, die wir noch nicht gekannt haben, die aber später durch Beobachtung und Experiment bestätigt werden – wirkliche *Vorher*sagen.

Als die Kosmologen sorgfältig die Einzelheiten der Inflation untersuchten, fanden sie zu ihrer Überraschung, daß der Prozeß doch nicht *vollständig* gleichförmig ist. Selbst ein Sektor, der nur einen Durchmesser von 10^{-25} Zentimetern hat, ist noch groß genug, damit in seinem Innern Quantenfluktuationen ablaufen können, die winzige Fluktuationen in seiner Struktur verursachen. Die Theorie besagte, daß die Inflation ein vergrößertes Bild dieser Fluktuationen hinterlassen sollte, sehr kleine Unregelmäßigkeiten im Universum – winzige Fluktuationen in der Verteilung von Materie und Energie. Mehr noch, man sagte voraus, daß die Fluktuationen ein bestimmtes Muster aufweisen sollten, daß das Muster auf allen Skalen mit gleicher Stärke auftreten sollte.

Die von COBE in der Hintergrundstrahlung gefundenen Fluktuationen, die «Ripples», stimmen exakt mit dem vorhergesagten Muster überein, das von der Ära der Inflation übriggeblieben sein sollte. Dies war einer der Hauptgründe, warum die Kosmologen so begeistert waren, als die Entdeckung dieser Fluktuationen verkündet wurde – das inflationäre Modell hatte seine erste erfolgreiche Vorhersage geliefert und war damit zu einer wesentlich vertrauenerweckenderen Theorie geworden. Und da das Muster dieser «Ripples» dem Universum in der Inflationsära aufgeprägt worden ist, als es weniger als 10^{-30} Sekunden alt war, bedeutet es, daß die von COBE entdeckten «Ripples» in der Zeit uns tatsächlich eine Information über das Universum geben, die nicht aus der Zeit stammt, als das Universum 300000 Jahre alt war, sondern aus einer Zeit, als das Universum gerade erst 10^{-30} Sekunden existierte.

Dies ist nicht nur ein Triumph für die Inflation, sondern auch für die Theorien der Großen Vereinheitlichung. Die Inflation basiert immerhin auf diesen Theorien. Der Erfolg dieses ganzen Gedankengebäudes bei der Erklärung der Frühgeschichte des Universums, bei den Vorhersagen, die geprüft wurden und sich als richtig erwiesen haben, ist der beste Beweis dafür, daß die Theorien der Großen Vereinheitlichung richtig sind. Teilchenphysiker, die an der Welt des winzig Kleinen interessiert sind, finden jetzt, daß die beste Prüfung ihrer Theorien die Untersuchung des gesamten Universums und seiner Geschichte bis hin zum Anfang ist. Ein Grund, warum Physiker nun vertrauensvoll vorhersagen können, was sie bei der Kollision von nahezu mit Lichtgeschwindigkeit fliegenden Goldkernen zu finden erwarten, beruht darauf, daß ihre Theorien in Wirklichkeit schon unter den extremeren Bedingungen des Urknalls getestet worden sind. Die Fluktuationen, die in der vor 15 Milliarden Jahren ausgesandten Strahlung vorhanden sind, helfen uns vorherzusagen, was mit in den neunziger Jahren in Brookhaven kollidierenden Goldkernen passiert. Alle Dinge passen in atemberaubender Weise gut zusammen, was zeigt, daß die Grundlagenforschung wirklich tiefe Einsichten in die Natur des Universums vermittelt.

Dies sollte hervorgehoben werden, weil selbst heute noch einige versuchen, den ganzen wissenschaftlichen Prozeß als irreführend oder von Grund auf falsch anzusehen und abzulehnen. Standardargumente der Gegner sind beispielsweise, daß sie nicht an die Allgemeine Relativitätstheorie oder die Quantenmechanik «glauben» könnten, weil sie dem gesunden Menschenverstand zuwiderliefen. Oder sie sagen, daß wir Menschen im Grunde niemals verstehen können, was im Innern eines Atoms oder im Urknall vor sich geht. Doch die ganze Wissenschaft besteht aus einem einzigen Gewebe. Die gleichen Theorien, die das Wirken der Elektrizität oder den Fall eines Apfels von einem Baum erklären, erklären auch das Verhalten von Teilchen in Atomzertrümmerungs-Experimenten oder den ersten Bruchteil der ersten Sekunde des Urknalls. Man kann nicht einen Teil, den man nicht mag – beispielsweise die Relativitätstheorie – herausnehmen, ohne das ganze Gewebe zu zerreißen. Die Tatsache, daß das Gewebe nicht zerreißt, selbst unter den extremsten Bedingungen, die wir erforschen können – die von COBE entdeckten Fluktuationen in den ersten 10^{-30} Sekunden des Universums –, zeigt uns nur, wie stark es ist. Wenn jemand glaubt, mit einer besseren Theorie als der von Einstein und der der Großen Vereinheitlichung aufwarten zu können, muß er in der Lage sein, *alles* zu erklären – die Fluktuationen eingeschlossen – oder er hat keine Chance, ernstgenommen zu werden.

Die zweite Schwierigkeit, die die Kosmologen in den achtziger Jahren mit dem Konzept der Inflation hatten, war, daß in der ursprünglichen Form Guths Theorie die genaue Feinabstimmung der Einzelheiten des Inflationsprozesses zu erfordern schienen, um ein Universum der Art zu bilden, wie wir es bevölkern. Dies erinnert sehr daran, wie die Stärken der Naturkräfte oder die Massen von Teilchen wie Protonen und Neutronen mit recht großer Genauigkeit «abgestimmt» zu sein scheinen, um die Existenz von Sternen, Spiralgalaxien, schweren Elementen und uns Menschen zu ermöglichen. Auf den ersten Blick gibt es keinen offensichtlichen Grund, warum der Inflationsprozeß gerade lange genug und mit der genau richtigen Rate abgelaufen sein sollte, um ein Universum zu bilden, in dem Sterne und Galaxien entstehen können. Ein kürzerer, weniger intensiver Inflationsschub würde das Proto-Universum in einem zu chaotischen Zustand hinterlassen, das in der Gefahr schwebte, rasch wieder zurück in eine Singularität zu kollabieren; ein längerer, intensiverer Inflationsschub hätte den Inhalt des Proto-Universums so stark verdünnt, daß sich nie Sterne und Galaxien hätten bilden können.

Dieses «Feinabstimmungsproblem» wird im allgemeinen als die größte Schwierigkeit der Inflation angesehen. Es hat viele Ansätze gegeben, das Problem zu beseitigen, und alle diese Ansätze machen die Theorie komplizierter. Ich glaube jedoch, daß dieser Weg falsch ist. Das Abstimmungsproblem ist einfach ein weiteres Beispiel des Goldilocks-Effekts – warum ist die Inflation, wie so viele andere Eigenschaften des Universums, «gerade richtig», um unsere Existenz zu erklären? Die einfachste Version der Inflation, einschließlich des «Feinabstimmungsproblems», kann alles, was wir sehen, erklären, inklusive der Fluktuationen in der kosmischen Hintergrundstrahlung. Und das Feinabstimmungsproblem selbst kann in der gleichen Weise gelöst werden, wie wir das Rätsel der Feinabstimmung der Naturkräfte gelöst haben, wenn wir einmal akzeptiert haben, daß das Universum selbst lebendig ist und sich entwickelt hat.

Bevor wir uns mit den Einzelheiten dieser Entwicklung beschäftigen, gilt es einen letzten losen Faden zu verknüpfen. Im Oktober 1992 lieferte die Analyse der COBE-Daten ein wichtiges Bausteinchen für das kosmische Puzzlespiel. Nachdem COBE die Genauigkeit des Inflationsszenariums und des Urknallmodells bestätigt und schon vorher Zweifel über die Existenz der, verglichen mit der leuchtenden Materie, hundertfachen Menge an dunkler Materie ausgeräumt hatte, entschleierte COBE schließlich auch, welcher Natur die dunkle Materie ist.

Obwohl Spekulationen darüber, daß unser Universum mehr Materie enthält, als unsere Augen sehen können, schon seit mehr als einem halben Jahrhundert abgestellt wurden, ließ sich erst in den achtziger Jahren die Mehrheit der Astronomen von der Existenz dieser Materie überzeugen. Untersuchungen, wie einzelne Galaxien rotieren, wie Galaxiengruppen sich zusammen durch den Raum bewegen, lieferten immer stärkere Hinweise darauf, daß dort eine Menge dunkler Materie vorhanden sein mußte. Aber wieviel? Es dauerte lange, bis die Astronomen davon überzeugt waren, daß es wirklich genügend dunkle Materie gibt, um das Universum flach (= gerade noch geschlossen) zu halten. Der Grund liegt darin, daß sie «Chauvinisten der hellen Materie» waren und sich nicht mit dem Gedanken abfinden wollten, daß Generationen von Astronomen ihr Leben der Untersuchung all dessen gewidmet hatten, was lediglich 1 Prozent des gesamten Universums umfaßte.

Noch 1981 fragte ich den berühmten Astronomen John Huchra vom Smithsonian Astrophysical Observatory in Cambridge, Massachusetts, über seine Meinung zur dunklen Materie. Seine Antwort ist typisch für die Art und Weise, wie Astronomen zu dieser Zeit dachten. Er erkannte an, daß alle Hinweise auf das Vorhandensein einer großen Menge dunkler Materie im Universum hindeuteten, aber fuhr dann fort: «Meine eigene Interpretation der vorhandenen Daten ist, daß das Universum offen ist, aber nur um einen Faktor 3 bis 5. Von einem philosophischen Gesichtspunkt aus würde ein optischer Beobachter schnell das Interesse an der beobachtenden Kosmologie verlieren, wenn das Universum von Dingen dominiert würde, die er nicht sehen könnte.»

Huchra war in den frühen achtziger Jahren, wie praktisch all seine Kollegen, in beiderlei Hinsicht im Irrtum. Wir wissen heute, daß das Universum nicht offen, sondern gerade geschlossen ist. Und trotzdem finden optische Beobachter (Leute, die das Universum im sichtbaren Licht untersuchen) viele interessante Dinge, obwohl das Universum gravitativ von Dingen dominiert ist, die sie nicht sehen können. Huchra erkannte 1981 nicht, daß die 99 Prozent des Universums, die in Form von dunkler Materie vorliegen, nicht nur ihr eigenes Vorhandensein dokumentieren, sondern noch wesentlich mehr über sich enthüllen durch den gravitativen Einfluß, den sie auf die leuchtende Materie ausüben. Die dunkle Materie wechselwirkt mit der hellen Materie in bestimmter Weise, so daß Untersuchungen der leuchtenden Materie uns eine ganze Menge über die Dinge verraten, die wir nicht sehen können. Das Fazit ist: Der Beweis des Vorhandenseins dunkler Materie bedeutet, daß es viel mehr Arbeit für die beobachtenden Kosmologen gibt (Huchra eingeschlossen) – nicht weniger.

Die hellen Galaxien dienen als «Indikatoren» der dunklen Materie. In einer Analogie können sie dem Schnee auf den Spitzen einer Gebirgskette gleichgesetzt werden. Selbst wenn wir nicht die Felsen sehen, aus denen die Berge aufgebaut sind, sondern nur den Schnee beobachten könnten, würden wir doch wissen, daß die Berge vorhanden sind. Wir könnten aus dem Muster des Schnees eine ganze Menge über die Natur der Berge ableiten. Oder wir können uns die hellen Galaxien als Schaum auf der Oberfläche des Meeres vorstellen, der nur aufgrund der bewegten Wassermassen unter sich existiert. Durch die Untersuchung des Schaummusters könnten wir eine Menge über die Natur des Wassers und der Wellenbewegung herausfinden. Das ganze Talent der beobachtenden Kosmologen wird nun angewandt, um zu verstehen, welche Art von Wellen den Galaxienschaum erzeugen, den wir heute im Universum beobachten.

Der überzeugende Hinweis, der ein für alle Mal zeigte, daß das Universum gerade geschlossen ist, wurde bei einem Treffen der Royal

Society im November 1985 in London gegeben. Er betraf eine Galaxiendurchmusterung des gesamten Himmels, die mit Hilfe von Sensoren an Bord eines Satelliten namens IRAS (dem Infra-Rot-Astronomie-Satelliten) gemacht worden war.

Alle Studien der im sichtbaren Licht erkennbaren Galaxienverteilung leiden unter dem Phänomen der sogenannten Rötung, deren Ursache schon im dritten Kapitel erklärt wurde. Das rote Licht ist jedoch weniger stark davon betroffen und die Infrarotstrahlung (eine für unsere Augen unsichtbare Strahlung, deren Wellenlängen noch länger als die des roten Lichts sind) noch weniger. Teleskope und Detektoren, die für infrarotes Licht empfindlich sind, können bei einer solchen Galaxiendurchmusterung viel tiefer in das Universum vordringen.

Das Problem liegt darin, daß das infrarote Licht durch den Wasserdampf in der Erdatmosphäre absorbiert wird. Es gibt Infrarot-Teleskope auf hohen Berggipfeln, die über dem Großteil der Wasserdampfabsorption liegen. Aber um einen wirklich guten infraroten Schnappschuß des Universums zu erhalten, müssen die Detektoren völlig aus der Erdatmosphäre heraus in einen Satellitenorbit gebracht werden. Die IRAS-Detektoren haben das beste und tiefste Bild der Zahl und der Verteilung von Galaxien geliefert, und obwohl das Bild seit 1985 aktualisiert und verbessert wurde, sind die Folgerungen immer noch die gleichen. Sie gründen sich auf einen Vergleich dieses Infrarotbildes des Universums mit dem, was Mitte der achtziger Jahre über den Mikrowellenhintergrund bekannt war.

Obwohl ich die extreme Gleichförmigkeit des Mikrowellenhintergrundes betont habe, gibt es in Wirklichkeit einen Unterschied in seinem Erscheinungsbild in verschiedenen Richtungen des Himmels. Es gibt einen leicht wärmeren Fleck am Himmel (der einer winzigen Blauverschiebung entspricht), und es gibt einen leicht kühleren Fleck (der einer winzigen Rotverschiebung entspricht) in der genau entgegengesetzten Richtung. Die natürliche Erklärung ist, daß sich unsere gesamte Lokale Gruppe von Galaxien mit einer Geschwindigkeit von etwa 600 Kilometern pro Sekunde relativ zu der kosmischen Hintergrundstrahlung (und das bedeutet relativ zur Expansion des Universums) bewegt.

Dies ist an sich eine interessante Entdeckung, und da es viele Galaxien gibt, die sich zusammen bewegen, bezeichnet man ein solches

Verhalten als eine «strömende» Bewegung. Eine Zeitlang waren die Astronomen darüber verwundert, warum sich die nahegelegenen Galaxien und die Milchstraße in die gleiche Richtung bewegen. Doch IRAS fand die Antwort. Die infrarote Himmelsdurchmusterung zeigt, daß es eine Galaxienkonzentration am Himmel in genau der Richtung der strömenden Bewegung gibt. Wo wir den «Schnee» der Galaxien sehen, muß natürlich auch all die Masse der «Berge» von dunkler Materie sein, die mit diesen Galaxien verbunden ist. Die Erklärung der strömenden Bewegung ist also einfach: Wir bewegen uns mit einer Geschwindigkeit von 600 Kilometern pro Sekunde in diese Richtung, weil es dort eine zusätzliche Materiekonzentration gibt, die uns durch ihre Gravitation anzieht.

Michael Rowan-Robinson und seine Mitarbeiter am Queen Mary and Westfield College in London haben berechnet, wieviel Materie im Universum sein muß, wenn die dunkle Materie etwa in der gleichen Weise verteilt ist wie die leuchtenden Galaxien und wenn die zusätzliche Materiekonzentration in der Richtung, in die wir uns bewegen, genau groß genug ist, um eine strömende Bewegung von 600 Kilometern pro Sekunde hervorzurufen. Es ist wohl keine große Überraschung, daß die erforderliche gesamte Materiedichte genau diejenige ist, die benötigt wird, um das Universum flach zu machen, oder gerade noch geschlossen. Dies ist aus der Untersuchung der Galaxienverteilung die überzeugendste Evidenz dafür, daß 99 Prozent des Universums in Form von dunkler Materie existieren – aber diese Evidenz kam, wie John Huchra zweifellos mit Erleichterung feststellte, aus der Untersuchung von gewöhnlichen, optisch sichtbaren Galaxien (wenn wir uns auf den etwas großzügigen Standpunkt stellen, daß Infrarotstrahlung auch noch zum sichtbaren Licht zu zählen ist).

1992 gehörte Rowan-Robinson auch zu der Handvoll von Forschern, die eilig daran gingen, COBEs Entdeckung der Fluktuationen in der Hintergrundstrahlung im Zusammenhang mit einem von dunkler Materie erfüllten Universum zu deuten. Bis dahin schien es so zu sein, als ob es zwei mögliche Arten von dunkler Materie zur Auswahl gäbe, und in der zweiten Hälfte der achtziger Jahre hatte es beträchtliche Streitigkeiten zwischen den Vertretern der beiden Lehrmeinungen gegeben.

Nachdem die Astronomen sich damit abgefunden hatten, daß 99 Prozent der Materie im Universum in einer Form vorliegen, die nie gesehen werden kann, war die erste und natürlichste Annahme, daß die dunkle Materie etwas sein müsse, was wir schon kennen. Und dafür gab es nur einen einzigen Kandidaten: das Neutrino, ein Elementarteilchen, von dem wir schon erfahren haben, daß es bei Supernovaexplosionen eine sehr wichtige Rolle spielt.

Das Neutrino ist ohne Zweifel das bizarrste Elementarteilchen, das bisher gefunden wurde, auch wenn Teilchenphysiker mittlerweile buchstäblich Hunderte von «Elementar»teilchen kennen und keine Mühe haben, weitere vorherzusagen, die noch entdeckt werden müssen, um die Vorgänge in der subatomaren Welt zu erklären. Physiker stellen Teilchen dutzendweise aus der Energie her, die bei der Kollision von Protonen- und Elektronenströmen in den Beschleunigerlaboratorien wie CERN und Brookhaven entstanden sind. Vor weniger als hundert Jahren fand J.J. Thomson 1897 im Cavendish-Laboratorium heraus, daß «Kathodenstrahlen» in Wirklichkeit negativ geladene Teilchen sind, die irgendwie vom bisher als unteilbar angesehenen Atom abgespalten werden. Es ist kaum 60 Jahre her, daß zum ersten Mal erkannt wurde, daß es mehr Bewohner der Teilchenwelt gibt als diese Elektronen und die positiv geladenen Protonen in den Atomkernen.

Die Grundlagen unserer heutigen Kenntnis des Atoms als eines kleinen, positiv geladenen Kerns, der von einer Wolke von negativ geladenen Elektronen umgeben ist, wurden erst 1911 von Ernest Rutherford (dem späteren Lord Rutherford) gelegt, der damals an der Universität von Manchester arbeitete. In den Experimenten, die Rutherford zur Entwicklung seines Atommodells führten, wurden Strahlen von positiv geladenen Alphateilchen auf dünne Metallfolien abgefeuert. Die meisten Teilchen gingen ungehindert durch die Folie hindurch, einige wenige jedoch wurden in die Richtung, aus der sie gekommen waren, zurückgeworfen. Rutherfords Atommodell erklärte diese Beobachtungen, weil die meisten Alphateilchen ungehindert durch die Elektronenwolken dringen können, die die Atomkerne umgeben, und nur diejenigen, die zufällig praktisch frontal mit einem Kern zusammenstoßen, durch dessen positive Ladung mit ausreichender Stärke zurückgeworfen werden.

Eine statistische Analyse dieser Experimente zeigte, daß der Kern nur etwa ein Hunderttausendstel der Größe eines Atoms einnimmt — ein Kern mit einem Durchmesser von 10^{-13} Zentimetern, der von einer

Elektronenwolke mit einem Durchmesser von 10^{-8} Zentimetern umgeben ist. Die Alphateilchen, die eine solch nützliche Sonde der Atomstruktur darstellten, waren von Rutherford (der ihnen den Namen gab) und seinem Mitarbeiter Frederick Soddy (dem späteren Sir Frederick), der damals an der McGill-Universität in Montreal arbeitete, Anfang des 20. Jahrhunderts studiert worden. Ihre Untersuchungen zeigten, daß radioaktive Atome zwei Sorten von «Strahlen» abgeben konnten – Alphastrahlen (ein anderer Name für Alphateilchen), die wir heute als die Kerne von Heliumatomen kennen, und Betastrahlen, die später als Elektronen erkannt wurden. Als man später eine dritte Strahlungssorte entdeckte, wurde sie natürlich Gammastrahlung genannt. Gammastrahlen sind eine Form von hochenergetischer elektromagnetischer Strahlung, die Ähnlichkeit mit den Röntgenstrahlen aufweist.

Nachdem Rutherford sein Atommodell entwickelt hatte, zweifelte zwanzig Jahre lang niemand daran, daß die Physiker alle wichtigen Elementarteilchen entdeckt hatten. Es gab zwei Sorten, Elektronen und Protonen. Da Alphateilchen (Heliumkerne) eine Masse von etwa vier Protonen und eine Ladung von bloß zwei Protonenladungen hatten, stellte man sich vor, daß einige Elektronen (zwei in diesem Falle) auch im Atomkern gebunden sein konnten – und da sich entgegengesetzte Ladungen anziehen, schien das eine vernünftige Erklärung zu sein.

Die Physiker waren in den fünfzehn Jahren nach Rutherfords Modellvorschlag vollauf damit beschäftigt zu erklären, warum nicht *alle* Elektronen in der Wolke in den Kern hineinfallen. Es bedurfte der Entwicklung der Quantentheorie, um diesen Sachverhalt zu erklären, und diese Theorie war 1926 praktisch fertiggestellt (siehe mein Buch *Auf der Suche nach Schrödingers Katze*). Erst dann, in der zweiten Hälfte der zwanziger Jahre, begannen sich die Physiker ernsthaft Gedanken um eine merkwürdige Eigenschaft der Betastrahlung zu machen.

Beim «Betazerfall», wie die Aussendung dieser Strahlung genannt wird, werden Elektronen vom Atom abgegeben. Diese stammen nicht aus der Elektronenwolke, die den Kern umgibt, sie müssen also vom Kern selbst ausgeschleudert werden. Doch hierin lag die Merkwürdigkeit. Wenn ein Elektron mit hoher Geschwindigkeit aus dem Kern fliegt, muß der Kern einen merklichen Rückstoß erleiden – wie der Rückstoß einer abgeschossenen Flinte. Doch die Physiker konnten in den zwanziger Jahren keinen Hinweis auf einen solchen Rückstoß finden. Eine Zeitlang spielten sie ernsthaft mit der Möglichkeit, daß die Gesetze der Erhaltung von Energie und Impuls im Atomkern keine Gültigkeit besitzen. Eine alternative Erklärung, die zu dieser Zeit kaum weniger desperat erschien, stammte von einem in Österreich geborenen Physiker, der damals in Zürich arbeitete.

Wolfgang Pauli, 1900 in Wien geboren, war für seine klaren Gedankengänge bekannt. Er hatte sich als neunzehnjähriger Student einen Namen gemacht, als er die damals klarste Darstellung der beiden Einsteinschen Relativitätstheorien schrieb. Er erkannte, wie man den Gordischen Knoten des Problems des Betazerfalls durchtrennen konnte, und in einem Brief an Lise Meitner (deren Werk zum Verständnis der Kernspaltung beitrug) machte er den einleuchtenden Vorschlag, daß der «zusätzliche» Impuls, der zum Bilanzausgleich erforderlich war, von einem weiteren Teilchen weggetragen werden müßte, das beim Betazerfall zur gleichen Zeit wie das Elektron vom Kern ausgesandt wird.

Der Vorschlag war nicht besonders einleuchtend. Solch ein Teilchen, das mittels der damaligen Technologie nicht nachgewiesen werden konnte, könnte vielleicht nie entdeckt werden, aber aufgrund der Gültigkeit der Erhaltungssätze mußte es vorhanden sein, dachte Pauli. Um nicht nachweisbar zu sein, sollte dieses hypothetische Teilchen keine elektrische Ladung tragen (was absurd erschien, da alle damals bekannten Teilchen eine Ladung trugen) und praktisch keine Masse besitzen (was gleichfalls absurd war). Seine einzige Eigenschaft wäre der Quantenspin – eine bizarre Eigenschaft an sich, da Quantensysteme sich zweimal um die Achse drehen müssen, um dorthin zurückzukehren, von wo sie ihren Ausgang nahmen.

Diese seltsame Sammlung von Ideen, um den Betazerfall zu «erklären», wurde formal 1931 publiziert, fand aber zunächst keine Anerkennnung. Es schien zu weit hergeholt und zu einfach, für die Erklärung eines jeden rätselhaften Phänomens der Experimentalphysik eine neue Art von unentdeckbarem Teilchen zu erfinden. Der Vorschlag hatte in der Tat so wenig Wirkung, daß der von Pauli für sein hypothetisches Teilchen vorgeschlagene Name «Neutron» ein Jahr später verwendet wurde, als es darum ging, ein anderes neu entdecktes neutrales Teilchen zu benennen, das ungefähr die gleiche Masse wie das Proton besaß.

Diese Entdeckung des Neutrons ist zu wichtig, als daß wir sie übergehen können. Es stellte sich heraus, daß Atome nicht aus einer Mischung von Protonen und Elektronen, sondern aus Protonen und Neutronen bestehen. Und man fand, daß beim Betazerfall ein Neutron in ein Proton und ein Elektron umgewandelt wurde. Aber das Problem des fehlenden Impulses blieb, und Pauli fuhr fort, seine Idee eines weiteren neutralen Teilchens zu propagieren. 1933 fand er schließlich Unterstützung bei einem ein Jahr jüngeren italienischen Physiker, Enrico Fermi. Fermi griff Paulis Gedanken auf und stellte sie auf eine etwas solidere Grundlage, indem er eine neue Kraft in die Berechnungen einsetzte – die schwache Kernkraft.

Fermi modellierte seine Beschreibung der neuen Kraft aufgrund der Erklärung der elektrischen Kraft, die durch einen Austausch von Photonen (Lichtteilchen) zwischen geladenen Teilchen beschrieben wird. Er schlug vor, daß beim Betazerfall ein Neutron ein dem Photon ähnliches Teilchen emittiert, das aber eine negative Elementarladung trägt. Bei diesem Prozeß verwandelt sich das Neutron in ein Proton. Das ausgeschleuderte, photonenähnliche Teilchen zerfällt instantan in ein Elektron und das von Pauli vorgeschlagene hypothetische Teilchen. Da der Name Neutron schon anderweitig vergeben war, bezeichnete Fermi dieses Teilchen als «Neutrino» («das kleine Neutrale»).

Die von Fermi beschriebene schwache Kernkraft ist die einzige Wechselwirkung, an denen die Neutrinos einen Anteil haben – es sei denn, sie besitzen eine winzige Masse und sind auch der Schwerkraft unterworfen. Die schwache Kernkraft ist so schwach, daß ein Neutrinostrom über eine Strecke von 3500 Lichtjahren durch solides Blei laufen kann, bevor auch nur die Hälfte der Neutrinos durch die Kerne der Bleiatome absorbiert worden wäre. Aufgrund der heutigen Standardtheorie emittiert die Sonne zehn Prozent ihrer Energie nicht in sichtbarem Licht, sondern in Form von Neutrinos. Milliarden dieser geisterhaften Teilchen durchdringen uns in jeder Sekunde, ohne daß unser Körper die Neutrinos wahrnimmt und ohne daß die Neutrinos unseren Körper wahrnehmen. Bezeichnend dafür, wie wenig die wissenschaftliche Welt damals das Konzept der Neutrinos und der schwachen Kernkraft zu akzeptieren gewillt war, ist die Tatsache, daß 1933 die anerkannte Zeitschrift *Nature* eine Arbeit von Fermi über dieses Thema als «zu spekulativ» zurückwies. Aber seine Arbeit wurde bald darauf auf italienisch publiziert und nicht viel später doch noch auf englisch (wenngleich nicht in der Zeitschrift *Nature*).

Die Entdeckung des Neutrons hatte bis zu einem gewissen Grad das Eis gebrochen, da sie einerseits zeigte, daß neutrale Teilchen existieren können, und andererseits, daß im Atom mehr vorhanden ist als nur Protonen und Elektronen. Weitere Untersuchungen von Prozessen im subatomaren Bereich wiesen immer wieder auf die Notwendigkeit der Existenz von Neutrinos hin, wenn die Erhaltungssätze der Natur weiterhin erfüllt sein sollten. Die Existenz dieser geisterhaften Teilchen wurde immer mehr anerkannt, wenngleich es unwahrscheinlich schien, daß man sie je würde nachweisen können. Pauli selbst setzte eine Kiste Sekt als Belohnung für den ersten Experimentator aus, dem es gelingen sollte, Neutrinos nachzuweisen – er hat vielleicht nicht gedacht, daß er sie je würde bezahlen müssen. Doch in den fünfziger Jahren führten Frederick Reines und Clyde Cowan eine Reihe von Experimenten durch, die 1956 zu der Entdeckung der Existenz von Neutrinos führten.

Reines und Cowan plazierten einen mit 450 Kilogramm Wasser gefüllten Tank neben den Kernreaktor von Savannah River (USA). Der Theorie zufolge mußte durch die im Reaktor ablaufenden Kernreaktionen eine Flut von Neutrinos erzeugt werden. Wenigstens eines oder zwei von ihnen sollten stündlich mit Atomen in dem Wassertank wechselwirken.

In einer Serie von Experimenten, die sie als «Projekt Poltergeist» bezeichneten, suchten die beiden Wissenschaftler nach der Reaktion, die genaugenommen das Inverse des Betazerfalls darstellt. In dieser Reaktion trifft ein Neutrino (eigentlich ein Antineutrino) auf ein Proton und wandelt es in ein Neutron um, wobei ein Positron (das positiv geladene Gegenstück eines Elektrons) die positive Ladung wegbefördert. Das Savannah-River-Experiment wies diese Positronen nach, und als Reines und Cowan Pauli ein Telegramm mit der Nachricht ihres Erfolges zusandten, hielt Pauli sein fünfundzwanzig Jahre altes Versprechen und schickte ihnen eine Kiste Sekt.

Obwohl die ursprüngliche Idee beinhaltete, daß Neutrinos exakt eine Masse von null haben müssen und bisher kein Experiment in der Lage war, die Masse eines Neutrinos nachzuweisen, gibt es im Universum so viele dieser Neutrinos, daß die Gesamtheit von ihnen, wenn jedes nur eine winzige Masse besitzen würde, sehr wohl in der Lage wäre, das Universum zu schließen. Es könnte sogar sein, daß die vereinte gravitative Anziehungskraft von Neutrinos, wenn sie eine etwas größere Masse besäßen, ausreichen würde, den Raum noch mehr zu krümmen (und das Universum noch mehr zu schließen), als wir es in Wirklichkeit sehen.

Weil Neutrinos eine so winzige Masse haben, entstehen sie beim Betazerfall und ähnlichen Reaktionen und bewegen sich sehr schnell – wenn sie Masse null haben, mit Lichtgeschwindigkeit, wenn sie eine kleine Masse haben, mit nahezu Lichtgeschwindigkeit. Aus diesem Grunde werden sie als «heiße Teilchen» bezeichnet oder als «heiße dunkle Materie». Elementarteilchen der «heißen dunklen Materie», die im Urknall entstehen, würden dahin tendieren, kleinräumige Konzentrationen atomarer Materie im frühen Universum aufzubrechen, indem sie Klumpen gewöhnlicher Materie zerstreuen. Jack Burns von der Universität New Mexico drückt es so aus: «sie wirken wie eine mit hoher Geschwindigkeit fliegende Kanonenkugel, die eine locker aufgebaute Ziegelwand zerstreuen kann, ohne selbst durch die Kollision wesentlich abgebremst zu werden.» Das wesentliche Merkmal der Materieverteilung in einem Universum, das von heißer dunkler Materie beherrscht ist, wäre, daß sich große Strukturen zuerst bilden würden, während sich die Neutrinos abkühlten und langsamer würden. Diese pfannkuchenförmigen Strukturen würden dann, während das Universum weiter expandiert, in kleinere Strukturen auseinanderbrechen, in Galaxienhaufen und einzelne Galaxien. Dieser Prozeß verläuft «von oben nach unten» (top-down): Erst bilden sich die großen Strukturen, dann die kleineren.

Zum Leidwesen der Anhänger dieser Hypothese der heißen dunklen Materie haben Untersuchungen der Verteilung des «galaktischen Schaums» im heutigen Universum ergeben, daß diese top-down-Struktur mit der wahren Verteilung der Materie nicht im Einklang steht. Das Verteilungsmuster der Galaxien am Himmel ähnelt mehr einer Verteilung, die sich ergibt, wenn sich nach dem Urknall zuerst ganz kleine Materieklumpen zusammengefunden hätten und die so entstandenen kleinen Klumpen sich zusammengeballt hätten, um größere Klumpen zu bilden. Es bildeten sich also zuerst die Galaxien, dann die Galaxienhaufen, dann die Galaxiensuperhaufen und so weiter. Dies wird als das bottom-up-Szenarium bezeichnet, die Entwicklung von unten nach oben.

Die bottom-up-Struktur würde auf natürliche Weise im Universum entstehen, wenn die vom Urknall übriggebliebene dunkle Materie von Anfang an in einer «kalten» Form vorliegen würde. Kalte dunkle Materie besteht aus Teilchen, die im Urknall mit keiner oder nur einer sehr kleinen Geschwindigkeit entstanden, die einfach herumschwebten, an der Expansion des Universums teilnahmen und sich gegenseitig, wie auch die atomare Materie, gravitativ anzogen. Aber um nicht in anderer Weise bemerkt zu werden, darf die dunkle Materie in keiner anderen Weise als durch die Gravitation mit der atomaren Materie wechselwirken. Eine Kombination von großen Mengen dunkler Materie und die beobachtete Verteilung der leuchtenden Materie kann grob erklären, wie die Galaxien im heutigen Universum verteilt sind. Es gibt nur ein einziges Problem: Bisher hat noch niemand ein Teilchen der dunklen Materie entdeckt.

Dies ist nicht allzu frustrierend, weil es andere gute Gründe für die Vermutung gibt, daß solche Teilchen existieren müssen. Ihre Existenz wird von den Theorien der Großen Vereinheitlichung gefordert, die bekanntlich in vieler Hinsicht erfolgreich waren, die Erklärung des Urknalls durch die Inflation eingeschlossen. Es wäre eine schwere Niederlage für die Physik, wenn der Beweis geführt werden könnte, daß es keine Teilchen der dunklen Materie gibt. Den möglichen Kandidaten, die für die Theorie benötigt werden, wurden schon Namen gegeben, lange bevor die Kosmologen auf den Gedanken kamen, daß das Universum mit solchen Teilchen erfüllt sein könnte. Der wahrscheinlichste Kandidat ist ein Teilchen, das man als Axion bezeichnet.

Wie die Neutrinos tragen die hypothetischen Teilchen der dunklen Materie keine Ladung, und sie spüren auch nicht die starke Kernkraft. Sie reagieren (anders als die Neutrinos) auch nicht auf die schwache Kernkraft. Alles, was sie spüren, ist die Gravitation. Jedes dieser Teilchen kann eine Masse haben, die um ein Vielfaches größer ist als die eines Protons. In jedem Liter Luft, den wir atmen, könnten einige Dutzend dieser Teilchen vorhanden sein. Von wesentlich größerer Wichtigkeit ist jedoch, daß es einige Dutzend von ihnen in jedem Liter «leeren Raumes» im gesamten Universum geben kann. In ihrer Gesamtheit wären sie in der Lage, das Universum gravitativ zu schließen, aber als einzelne Teilchen sind sie extrem schwierig nachzuweisen, obwohl mittlerweile einige Experimente im Aufbau sind, mit denen versucht wird, ihnen auf die Spur zu kommen.

Mitte der achtziger Jahre war die heiße dunkle Materie (in Form von Neutrinos) die bevorzugte Art der dunklen Materie. In den späten achtziger Jahren schien kalte dunkle Materie (in Form von Axionen oder ähnlichen Teilchen) eine bessere Wahl zu sein. Dann aber wurde das Bild komplizierter. In den frühen neunziger Jahren wurden Szenarien mit kalter dunkler Materie in feineren Einzelheiten untersucht, indem man Computersimulationen der Galaxienverteilung in einem mit kalter dunkler Materie angefüllten Universum mit den am Himmel gefundenen Mustern verglich. Es ergaben sich Schwierigkeiten mit dem Bild der einfachen dunklen Materie. Das Muster der hellen Galaxien am Himmel hat ein bißchen zuviel Struktur auf großen Skalen, und es scheint, als ob neben der dunklen Materie noch etwas anderes am Werk sein muß.

Eine mögliche Lösung des Rätsels, die COBE geliefert hat, ist verblüffend einfach. Weil das Muster der von COBE gefundenen Fluktuationen auf allen Skalen das gleiche ist, erscheint es vernünftig, dies auch auf kleine Skalen zu extrapolieren, die durch die endliche Auflösung der Sensoren von COBE nicht mehr erkannt werden können. Auf diese Weise füllt man das Bild der Materieverteilung bis hin zu den Skalen von Superhaufen, einzelnen Galaxienhaufen und so weiter. Dies stimmt mit der beobachteten Galaxienverteilung im heutigen Universum überein. Für die Arten von Strukturen, die COBE entdeckt hat und die man heute in Form von Galaxien am Himmel findet, benötigt man eine Mischung von etwa zwei Dritteln kalter dunkler Materie, einem Drittel heißer dunkler Materie und einer Prise gewöhnlicher atomarer Materie. In solch einem Szenarium «gemischter dunkler Materie» liefert die kalte dunkle Materie die Klumpen, aus denen sich die Galaxien und Galaxienhaufen entwickelten, während die heiße dunkle Materie den Raum zwischen den Klumpen der kalten dunklen Materie zu einem gewissen Grade ausfüllt, die mittlere Dichte überall im Universum glättet und so den Dichtekontrast zwischen den Klumpen und dem Rest des Raumes reduziert. Atomare Materie – das leuchtende, aus Sternen und Galaxien bestehende Material – fühlt den gravitativen Einfluß beider Sorten von dunkler Materie. So stellt der Galaxienschaum, den wir heute beobachten, den gemittelten Einfluß von Wellen dar, die sowohl aus heißer wie aus kalter Materie bestehen.

Mehrere Forschergruppen gelangten innerhalb von wenigen Wochen nach der Ankündigung der COBE-Ergebnisse fast gleichzeitig zu dieser Vorstellung. Die Gruppe am Queen Mary and Westfield College, Michael Rowan-Robinson inbegriffen, lieferte die genaueste Abschätzung. Unter Hinweis auf die nötige Übereinstimmung der neuen Entdeckungen mit den IRAS-Beobachtungen, die zeigen, daß das Universum flach ist, stellten sie fest, daß 69 Prozent der erforderlichen Masse in Form von kalter dunkler Materie vorliegen sollte, 30 Prozent in Form von heißer dunkler Materie und nur 1 Prozent in Form von atomarem Material.

Diese genauen Zahlen sollten mit einiger Vorsicht angesehen werden. Die ungenauere, aber griffige Schätzung «zwei Drittel kalte, ein Drittel heiße» dunkle Materie ist vermutlich eine realistischere Beschreibung unseres Kenntnisstandes über den Aufbau des Universums. Und es gibt einen weiteren Grund zur Vorsicht – es ist immer noch möglich, die Abweichungen von dem «reinen» Szenarium der kalten dunklen Materie auf eine andere Weise zu erklären, indem man Gravitationsstrahlung berücksichtigt.

Gravitationswellen sind im wörtlichen Sinn Wellen in der Struktur der Raumzeit, und solche Wellen sollten in der inflationären Ära der Geburt unseres Universums erzeugt worden sein. Einige Berechnungen deuten darauf hin, daß der Einfluß dieser Wellen, die das Universum durchzogen, gerade richtig sein könnte, um die Diskrepanzen zwischen dem reinen Modell der kalten dunklen Materie und den Beobachtungen erklären zu können, ohne heiße dunkle Materie zu benötigen. Obwohl der Einfluß von Gravitationswellen von COBE nicht direkt beobachtet werden kann, sollten wir dies bald mit Sicherheit wissen, weil sich ihr Vorhandensein als direkter Einfluß auf die Fluktuationen der Hintergrundstrahlung auf kleineren Winkelskalen bemerkbar machen sollte, die heutzutage mit Detektoren von der Erdoberfläche aus untersucht werden.

Wenn wir jedoch die Berechnungen des Forscherteams um Rowan-Robinson ernst nehmen, können sie uns etwas über die Masse sagen, die jedes Neutrino haben muß, unter der Annahme, daß die Neutrinos wirklich die Teilchen sind, aus denen die heiße dunkle Materie besteht.

Man erhält eine Masse von nur 7,5 Elektronenvolt. Das Elektron, das leichteste Teilchen, das einen wirklichen Einfluß auf unser tägliches Leben hat, besitzt eine Masse von 500 000 eV, was 10^{-30} Kilogramm entspricht. Die Masse des Neutrinos beträgt also nur 0,0014 Prozent der Masse des Elektrons, und es überrascht nicht, daß bisher noch niemand in der Lage war, sie zu messen. Das Überraschende daran ist allerdings, daß es verschiedene Versuche gegeben hat, die Masse des Neutrinos zu bestimmen, und sie alle haben zu dem Ergebnis geführt, daß sie kleiner als ungefähr 20 eV sein muß. Mit anderen Worten, diese Experimentatoren hätten eine Masse gefunden, wenn sie größer als 20 eV gewesen wäre, und da sie keine gefunden haben, muß sie kleiner sein. Sie könnte genau null sein, sie könnte aber auch, wie einige Kosmologen heute vermuten, bei 7 oder 8 eV liegen. Die Experimentatoren sind quälend nahe an der Schwelle eines möglichen Nachweises. Wenn es ihnen gelänge, diese Masse von 7 oder 8 eV zu finden, wäre dies der größte Triumph unserer kosmologischen Vorstellungen, die auf der Inflation, dem Urknall und der dunklen Materie begründet sind.

All dies läßt John Huchras 1981 geäußerte Furcht, es gäbe keinen Nutzen in der beobachtenden Kosmologie, wenn das Universum aus 99 Prozent dunkler Materie bestünde, unbegründet erscheinen. Die beobachtende Kosmologie, die nur von der elektromagnetischen Strahlung, die von einem Prozent der Materie im Universum ausgesandt wird, ihre Informationen bezieht, kann den Teilchenphysikern sagen, welche Masse das Neutrino haben muß, da die Teilchenphysiker noch nicht in der Lage sind, eine so kleine Masse zu messen!

Es scheint, als ob wir heute mit größerer Genauigkeit als jemals zuvor wissen, woraus unser Universum besteht, wieviele Sorten von Materie es gibt, und wie das Universum entstand. Wir wissen, daß es sehr effizient zu sein scheint, Sterne entstehen zu lassen und sie in Schwarze Löcher zu verwandeln, so daß man fast annehmen könnte, das Universum sei zu diesem Zweck konstruiert worden. Und wie wir wissen, wird es das Schicksal des Universums sein, daß die heutige Expansion einmal zum Stillstand kommen wird und dann in eine Singularität zurückkollabieren wird, die ein Spiegelbild derjenigen ist, aus der es entstand. Wir leben in der Tat in einem riesigen Schwarzen Loch – einem Schwarzen Loch, das so groß ist, daß es Milliarden anderer Schwarzer Löcher in sich trägt. Und außerdem haben wir eine recht gute Vorstellung von dem, was geschieht, wenn etwas im Innern eines Schwarzen Loches zu einer Singularität hin kollabiert.

Als mathematisch orientierte Physiker begannen, über Schwarze Löcher und Singularitäten nachzudenken, kümmerten sie sich wenig um das, was mit der Materie geschieht, die in eine Singularität hineinfällt. Singularitäten schienen nur innerhalb von Schwarzen Löchern vorzukommen, wo sie nicht beobachtet werden konnten, und es spielte keine große Rolle, was mit ihnen passiert. Da außerdem die Gesetze der Physik bei einer Singularität zusammenzubrechen schienen, gaben sich die meisten Forscher mit der Annahme zufrieden, daß die Materie buchstäblich an einem solchen Punkt unendlicher Kompression ihre Existenz verliert.

Aber die Erkenntnis, daß unser Universum aus einer solchen Singularität entstanden sein könnte und die von COBE bestätigte Vermutung, daß wir im Innern eines Schwarzen Loches leben, entzieht der Aussage, daß wir uns nicht mit den sich im Innern eines Schwarzen Loches abspielenden Prozessen zu befassen brauchen, den Boden. Wir wollen doch ganz sicher wissen, was sich in unserem Universum abspielt!

Die Vorstellung, daß das Universum ein Schwarzes Loch ist, ist nicht neu, aber sie war bis vor kurzem nicht sehr in Mode. Soweit ich weiß, war ich der erste, der das Universum mit diesen Worten beschrieb – in einem unsignierten Kommentar des Herausgebers der Zeitschrift *Nature* des Jahres 1971 (Band 232, Seite 440). Kaum jemand nahm diese Aussage ernst, weil keiner damals erkannte, daß das Universum gravitativ vom Einfluß der dunklen Materie beherrscht ist. Aber heute zweifelt kaum jemand mehr an dieser Vorstellung. Und wenn diese ganze Vielfalt von Galaxien, Sternen, Planeten und organischem Leben sich aus der Singularität entwickelt hat, in der unser Universum entstand, im Innern eines Schwarzen Loches – könnte nicht etwas Ähnliches den Singularitäten in den Zentren anderer Schwarzer Löcher passieren?

Die naivste Vorstellung, die man von den Vorgängen einer kollabierenden Singularität haben kann, ist, sie in eine Expansion aus einer Singularität heraus zu verwandeln, so wie wir sie im Falle unseres Universums beobachten. Dies wäre also ein einfaches «Zurückprallen» von der Singularität, die den Kollaps in eine Expansion umwandelt. Unglücklicherweise funktioniert das nicht. Eine Singularität, die sich aus einem Kollaps innerhalb unserer drei Raumdimensionen und unserer einen Zeitdimension heraus abspielt, kann sich nicht umkehren und zurück in die gleichen drei Raumdimensionen und unsere eine Zeitdimension explodieren. In den achtziger Jahren erkannten die Relativisten, daß nichts das Material, das in unseren drei Raumdimensionen und unserer einen Zeitdimension in eine Singularität fällt, davon abhalten kann, durch eine Art Krümmung in der Raumzeit in einem anderen Satz von Dimensionen – einer anderen Raumzeit – als expandierende Singularität aufzutauchen.

Mathematisch wird diese «neue» Raumzeit durch einen Satz von vier Dimensionen dargestellt (drei Raumkoordinaten, eine Zeitkoordinate), genauso wie unsere eigene, bloß mit dem Unterschied, daß alle neuen Dimensionen im rechten Winkel zu allen unseren vertrauten Dimensionen unserer eigenen Raumzeit stehen. In diesem Bild hat jede Singularität ihren eigenen Satz von Raumzeit-Dimensionen, bildet sie ein «Blasenuniversum» innerhalb des Gerüsts irgendeiner «Super»-Raumzeit, die wir einfach als «Superraum» bezeichnen wollen.

Eine Möglichkeit, sich dies vorzustellen, ist die Analogie zwischen den drei Dimensionen des expandierenden Raumes um uns und der zweidimensionalen expandierenden Oberfläche eines Ballons, der mit Luft aufgeblasen wird. Die Analogie bezieht sich nicht auf das Volumen, sondern auf die expandierende Oberfläche des Ballons, die sich gleichförmig in zwei Dimensionen ausdehnt und gleichzeitig in sich selbst gekrümmt ist und eine geschlossene Oberfläche bildet. Stellen wir uns vor, ein Schwarzes Loch bildet sich aus einer kleinen Störung auf der Oberfläche des Ballons – ein kleines Stück des sich ausdehnenden Gummis wird herausgebogen und beginnt, sich in eigener Regie auszudehnen. Dies ist eine neue Blase, die mit dem ursprünglichen Ballon durch einen winzigen, engen Schlauch verbunden ist – das Schwarze Loch. Und diese neue Blase kann nun von sich aus expandieren, kann so groß werden wie der ursprüngliche Ballon oder sogar größer, ohne daß die Haut des ursprünglichen Ballons (das ursprüngliche Universum) davon beeinträchtigt wird. Es kann viele Blasen geben, die auf die gleiche Weise zur gleichen Zeit aus der Haut (der Raumzeit) des ursprünglichen Universums wachsen. Und es können sich natürlich neue Blasen in der Haut eines jeden neuen Universums bilden und so fort.

Viele Forscher glauben heute, daß der Kollaps eines Schwarzen Loches keine Einbahnstraße ins Nichts, sondern eine Einbahnstraße in ein «Anderes» darstellt – in ein neues expandierendes Universum mit seinem eigenen Satz von Dimensionen. Statt daß die Singularität eines Schwarzen Loches zurückprallt, um eine explodierende Quelle von Energie in unserem eigenen Universum zu werden, wird sie in der Raumzeit seitwärts gelenkt.

Die dramatische Folgerung ist, daß viele – vielleicht alle – Schwarzen Löcher, die sich in unserem Universum bilden, Samen neuer Universen sein könnten. Und natürlich *könnte unser eigenes Universum sich auf gleiche Weise aus einem Schwarzen Loch in einem anderen Universum entwickelt haben.* Die Tatsache, daß in unserem Universum die Gesetze der Physik ziemlich «fein abgestimmt» zu sein scheinen, um die Bildung Schwarzer Löcher zu begünstigen, bedeutet, daß sie in der Tat «fein abgestimmt» sind, um *mehr Universen* zu erzeugen.

Dies ist eine spektakuläre Änderung der Betrachtungsweise. Die meisten Kosmologen kämpfen noch darum, damit ins reine zu kommen. Wenn ein Universum existiert, scheint es viele geben zu müssen – sehr viele, vielleicht eine unendliche Zahl. Unser Universum muß als eine Komponente eines riesigen Satzes von Universen angesehen werden, ein sich selbst reproduzierendes System. Nur durch einen «Tunnel» der Raumzeit ist ein «Baby»-Universum mit seinem «Eltern»-Universum verbunden; man sollte ihn vielleicht besser als eine kosmische Nabelschnur bezeichnen. Es ist relativ einfach zu erkennen, wie solch eine Familie von Universen existieren und sich reproduzieren kann, wenn erst einmal so etwas wie unser Universum existiert. Aber wie fing der ganze Prozeß an? Woher kam das erste Universum – oder die ersten Universen?

Die beste Antwort kommt möglicherweise von einer der seltsameren Folgerungen aus der Quantentheorie. Und es ist kaum weniger seltsam zu erfahren, daß sie in einfacher Form schon in den frühen siebziger Jahren vorgeschlagen wurde, als man von Konzepten wie der Inflation noch nicht zu träumen wagte, und bevor das COBE-Projekt im Kopf von John Mather Form angenommen hatte.

Das Grundkonzept ist die Unschärferelation der Quantentheorie. Sie besagt, daß es eine inhärente Unbestimmtheit in vielen physikalischen Eigenschaften des Universums und der Dinge im Universum gibt. Das am häufigsten erwähnte Beispiel ist die Unbestimmtheit, die den Ort eines Teilchens mit seiner Bewegung verknüpft. Der Impuls ist ein Maß dafür, wie schnell ein Teilchen sich bewegt. Die Unschärferelation der Quantentheorie macht es unmöglich, den Ort beispielsweise eines Elektrons und seinen Impuls *zur gleichen Zeit* zu messen. Dies ist nicht auf die Unzulänglichkeiten unserer Meßapparaturen zurückzuführen, sondern ist ein Grundgesetz der Natur, das in vielen Experimenten gründlich geprüft und bestätigt worden ist. Ein Objekt wie ein Elektron hat einfach nicht gleichzeitig einen genauen Impuls und einen genauen Ort.

Dies hängt mit der Tatsache zusammen, daß in der Quantenwelt «Teilchen» auch gleichzeitig Wellen sind. Wellen, wie die Wasserwellen auf einem Teich, neigen dazu, eine ziemlich klare Richtung zu besitzen, aber sie sind ausgedehnte Dinge, denen man keinen wohldefinierten Ort zuschreiben kann. Teilchen sind leichter hinsichtlich ihres Ortes festzulegen, aber sie besitzen nicht denselben eingebauten Richtungssinn, den eine Welle aufweist. Deshalb ist jedes Ding, das sowohl Eigenschaften besitzt, die wir üblicherweise Wellen zuordnen, wie auch Eigenschaften, die wir üblicherweise Teilchen zuordnen, ein bißchen unsicher, sowohl über seinen Ort wie über die Richtung, in die es sich bewegt.

Solche Effekte treten aber nur auf sehr kleinen Skalen auf. Das älteste Beispiel für den Welle-Teilchen-Dualismus ist das Photon, das Lichtteilchen, das natürlich auch die Eigenschaften·der Lichtwelle hat. Elektronen zeigen auch diese gespaltene Persönlichkeit, aber bei Dingen, die größer als ein Atom sind, sind sie kaum noch nachzuweisen, und sie sind ohne praktische Konsequenzen, wenn wir Wellen auf dem Ozean oder Teilchen von der Größe eines Tennisballs untersuchen.

Zwei weitere unbestimmte Größen, die auf diese Weise verknüpft sind, sind die Energie und die Zeit. Wieder macht sich die Unbestimmtheit nur auf subatomaren Skalen bemerkbar. Die Quantenphysik sagt aus, daß irgendein winziger Bereich des Vakuums, den wir uns als «leeren Raum» vorstellen können, in Wirklichkeit für kurze Zeit eine kleine Menge Energie enthalten kann. In gewisser Weise ist es ihm erlaubt, diese Energie zu besitzen, wenn das Universum nicht Zeit genug hat, die Diskrepanz zu «bemerken». Je mehr Energie betroffen ist, um so kürzer ist die zulässige Zeit. Aber da Teilchen aus Energie bestehen ($E = mc^2$), bedeutet dies, daß Teilchen im Vakuum des leeren Raumes auftauchen dürfen. Sie bestehen aus gar nichts und können nur existieren, wenn sie sehr rasch wieder ins Nichts verschwinden.

In diesem Bild ist das Quantenvakuum ein blubbernder Schaum von Teilchen, die beständig auftauchen und wieder verschwinden und dem «Nichts» eine üppige Quantenstruktur verleihen. Man bezeichnet diese rasch entstehenden und wieder verschwindenden Teilchen als virtuelle Teilchen, und man sagt, daß sie durch die Quantenfluktuationen des Vakuums entstehen.

Es mag so erscheinen, als ob die zur Beschreibung solcher Extreme gezwungene Quantentheorie verrückt spielt, und unser gesunder Menschenverstand mag uns sagen, daß diese Vorstellung zu verrückt ist, um wahr zu sein. Zum Leidwesen des gesunden Menschenverstandes ist jedoch festzustellen, daß diese Quantenfluktuationen einen meßbaren Einfluß auf das Verhalten «realer» Teilchen ausüben. Die Natur der elektrischen Kraft zwischen geladenen Teilchen wird beispielsweise durch das Vorhandensein virtueller Teilchen geändert. Messungen der Natur der elektrischen Kraft zeigen, daß sie den Vorhersagen der Quantentheorie folgt, aber nicht so, als ob sie sich im «leeren» Vakuum des gesunden Menschenverstandes ausbreitet.

In einem der seltsamsten und am wenigsten der Öffentlichkeit bekannten grundlegenden Experiment der Physik können die Folgen der Quantenfluktuationen direkt gemessen werden. Die einfachsten virtuellen Teilchen, die auf diese Weise entstehen können, sind die Lichtteilchen, die Photonen. Immerhin haben Photonen eine Masse von null, und die einzige benötigte Energie, die man dem Vakuum entnehmen muß, ist die Energie der elektromagnetischen Wellen, die mit den Teilchen assoziiert sind. Aber die Beschaffenheit der elektrischen Wellen, die im Vakuum existieren können, hängt von ihrer Umgebung ab.

Im leeren Raum zwischen den Sternen können alle Arten von Wellen mit jeder vorstellbaren Wellenlänge entstehen und wieder verschwinden. Man kann den Prozeß der Vakuumfluktuationen einfach behindern, indem man zwei gewöhnliche Metallplatten nahe aneinander stellt, mit einem kleinen Spalt zwischen den Platten. Zwischen den beiden Metallplatten können die elektromagnetischen Wellen nur bestimmte stabile Muster bilden. Die Wellen, die von einer Platte zur anderen springen, verhalten sich ähnlich wie die Wellen auf einer gezupften Gitarrensaite. Man muß eine ganze Zahl von Wellenlängen haben, um den Spalt zwischen den Platten zu überbrücken, so wie man nur die Noten auf einer Gitarrensaite spielen kann, die eine Wellenlänge haben, die zur Länge der Saite passen. Obwohl also das Vakuum noch in dem Spalt zwischen den Platten fluktuieren kann und virtuelle Photonen aus dem Nichts erzeugt, kann es doch in dem Spalt nicht so viele Photonen erzeugen, wie es im Außenraum zu erzeugen imstande ist.

Wenn wir jetzt von der Wellenbeschreibung elektromagnetischer Phänomene zur Teilchenbeschreibung umschalten, finden wir in jedem Kubikzentimeter Vakuum zwischen den Platten weniger hin- und herspringende Photonen als im Vakuum außerhalb. Das Ergebnis ist ein Druck, der die Platten aneinanderzudrücken versucht, eine Anziehungskraft zwischen den Platten. Diese Kraft, die man nach dem niederländischen Physiker, der ihre Existenz 1948 vorhergesagt hat, als Casimir-Kraft bezeichnet, ist tatsächlich gemessen worden. Die Folgerung daraus ist, daß das Vakuum wirklich ein See virtueller Teilchen und kurzlebiger Energieausbrüche darstellt.

Was hat das alles mit der Erzeugung von Universen zu tun? Nun, alles hängt an der Tatsache, daß wir im Innern eines Schwarzen Loches leben. In den frühen siebziger Jahren benutzte R.K. Pathria von der Universität Waterloo, Ontario, die Vorstellung, daß unser Universum ein Schwarzes Loch sein könnte, als Sprungbrett für einige Berechnungen auf dem Gebiet der Allgemeinen Relativitätstheorie, die das Konzept auf eine solidere Grundlage stellten (*Nature*, Band 240, S. 298). Dann führte 1973 Edward Tryon von der City University of New York den Gedankengang einen Schritt weiter, indem er vorschlug, daß unser gesamtes Universum einfach eine Quantenfluktuation des Vakuums ist. Nicht überraschend erschien seine Arbeit in *Nature* (Band 246, Seite 396), in der er auf die denkwürdige Tatsache hindeutete, daß unser Universum eine Energie von null besitzt – vorausgesetzt, daß es in der Tat geschlossen ist und ein Schwarzes Loch darstellt. Der Punkt, von dem Tryon ausging – das Geheimnis der Erzeugung von Universen aus dem Nichts –, ist, daß die Gravitationsenergie des Universums negativ ist.

Das können wir uns so vorstellen: für eine Ansammlung von Materie, beispielsweise von den Atomen, aus denen ein Stern besteht, oder den Ziegelsteinen, aus denen eine Mauer besteht, ist der «Nullpunkt der Gravitationsenergie» derjenige, bei dem diese Objekte weit voneinander entfernt sind – so weit als möglich. Das Seltsame daran ist: Wenn die Objekte unter dem Einfluß der Schwerkraft aufeinander zufallen, verlieren sie Energie. Sie fangen mit Energie null an, und sie haben schließlich noch weniger als null. Gravitationsenergie ist, vom Standpunkt des alltäglichen Lebens aus betrachtet, negativ, so wie die gewöhnliche Energie (das mc^2 in den Atomen und Ziegelsteinen) positiv ist. Jedes Objekt im Universum, ein Planet oder ein Stern, das *nicht* so weit wie irgend möglich zerstreut ist, hat eine negative Menge von Gravitationsenergie. Wenn es schrumpft, nimmt die Gravitationsenergie weiter ab.

Die schien für Tryon so interessant zu sein, weil die Energie aller Materie im Universum, das ganze mc^2, positiv ist. Mehr noch, wenn man einen Brocken Materie hernimmt und ihn zu einer Singularität zusammendrückt, dann ist an der Singularität die negative Gravitationsenergie der Masse exakt gleich seiner Massenenergie, nur mit umgekehrtem Vorzeichen.

Wenn das Ihren Verstand verwirrt, sind Sie in guter Gesellschaft. Eine meiner Lieblingsanekdoten über Albert Einstein betrifft ein Ereignis, das ein halbes Jahrhundert zurückliegt. Während des zweiten Weltkrieges war Einstein zeitweise als Berater für die US-Marine tätig und begutachtete Vorschläge für neue Waffen. Einstein arbeitete nicht in Washington, sondern alle paar Wochen brachte George Gamow eine Aktentasche voll mit Ideen nach Princeton, wo Einstein sie studieren konnte. Wie Gamow in seinem Buch *My World Line* beschreibt, überquerten die beiden Physiker eines Tages gerade zusammen die Straße, um von Einsteins Haus zum Institute for Advanced Study zu gelangen. Dabei erwähnte Gamow beiläufig eine neue Idee, die er von einem anderen Physiker, Pascual Jordan, gehört hatte. Jordan hatte spöttisch bemerkt, daß ein Stern aus absolut nichts hergestellt werden könnte, weil beim Volumen null seine negative Gravitationsenergie und seine positive Massenenergie sich genau aufheben würden. «Einstein blieb abrupt stehen», erzählt Gamow, «und da wir gerade die Straße überquerten, mußten einige Autos bremsen, um uns nicht umzufahren».

Jordans Idee funktioniert nicht bei der Bildung eines Sterns, weil sich jeder Stern, der sich auf diese Weise aus einer Singularität zu bilden versucht, im Innern eines Schwarzen Loches befindet. Aber sie funktioniert bei der Erschaffung eines ganzen Universums innerhalb des Schwarzen Loches. Vorausgesetzt, daß das Universum in der Tat geschlossen ist, wie das Innere eines Schwarzen Loches, ist die Energie, die zur Bildung eines Universums aus einer Singularität erforderlich ist, in der Tat gleich null! Es ist mit Alan Guths Worten «das allergrößte kostenlose Essen». Die Unschärferelation der Quantentheorie läßt zu, daß Energieblasen im Vakuum erscheinen, und Energie ist der Masse äquivalent. Nach den Regeln der Unschärferelation: Je weniger Massenenergie solch eine Blase hat, um so länger kann sie existieren. Weshalb sollte also eine Blase mit einer gesamten Massenenergie von null nicht für alle Ewigkeit existieren?

Das Problem bei all diesen Überlegungen und der Grund, weshalb Tryons Idee 1973 keinen großen Staub aufwirbelte, liegt darin: Was immer die Quantenregeln auch erlauben, sobald ein Universum, das so viel Materie wie das unsrige besitzt, von der Singularität wegzuexpandieren beginnt, würde seine enorme Gravitationskraft (stellen wir uns vor, daß der Sog der Schwerkraft eines Objektes, das die gesamte Masse des Universums enthält, auf ein Volumen konzentriert ist, das kleiner als ein Atomkern ist) es in weniger als einem Augenblick wieder zusammenziehen und es in eine neue Singularität zurückkollabieren lassen. Doch was Tryon in der Tat sagen wollte, war, daß nicht bloß virtuelle Teilchen, sondern virtuelle *Universen* im Vakuum entstehen und wieder verschwinden könnten. 1973 hatte er keine Vorstellung, wie ein solches Universum in ein reales verwandelt werden konnte. Aber die Inflation liefert einen Mechanismus, der ein winziges, embryonales Universum während eines Sekundenbruchteils seiner virtuellen Existenz packen und es zu einer respektablen Größe aufblasen kann, bevor die Gravitation ihr Wirken entfalten kann. Dann benötigt die Gravitation Milliarden (oder Hunderte von Milliarden) Jahre, um die Expansion abzubremsen, zum Halten zu bringen und das Universum zurück in eine Singularität kollabieren zu lassen.

In den achtziger Jahren wurde diese Vorstellung, daß ein Universum aus dem Nichts erschaffen werden konnte, von vielen Forschern entwickelt; von Tryon selbst, von Guth und von Alex Vilenkin von der

Tufts Universität. Man ist zu der allgemeinen Ansicht gekommen, daß in der Tat Universen als Resultat der Quantenfluktuationen aus dem Nichts entstehen können. Und der gleiche mächtige Einfluß der Inflation kann jedes Baby-Universum in der gleichen Weise umformen – es spielt keine Rolle, wie viel oder wie wenig Materie in ein Schwarzes Loch fällt und eine Singularität bildet; wenn die neue Singularität in ihrem eigenen Satz von Dimensionen zu expandieren beginnt und ein neues Universum bildet, bedeutet das Gleichgewicht zwischen Massenenergie und Gravitationsenergie, daß das neue Universum von jeder beliebigen Größe sein kann.

Es mag bizarr erscheinen, aber wenn man ein Pfund Butter (oder etwas anderes) fest genug zusammendrückt, so daß daraus ein Schwarzes Loch entsteht, kann dieses Schwarze Loch das Samenkorn eines neuen Universums sein, das so groß (oder größer) ist wie unser eigenes. Die Technologie ist nicht so schwierig, man würde eine sehr energiereiche Wasserstoffbombenexplosion irgendwo im Weltraum benötigen, in sicherer Entfernung von der Erde. Man könnte sich sogar vorstellen, daß unser Universum auf diese Art hergestellt worden ist, als Teil eines wissenschaftlichen Experiments irgendeiner technologisch weiter entwickelten Zivilisation in einem anderen Universum.

Wenn unser Universum aber keine künstliche Schöpfung ist, bleibt doch das Rätsel der «Feinabstimmung», weil es keinen offensichtlichen Grund dafür gibt, warum die Inflation selbst genau die richtige Stärke haben sollte, um ein Universum wie das unsrige aus einer winzigen Fluktuation im Quantenvakuum zu «machen». Die «natürliche» Größe eines Universums liegt immer noch tief im subatomaren Bereich, wo die Quanteneffekte herrschen, auf der Skala der Plancklänge von 10^{-35} Metern. Und selbst wenn unser Universum absichtlich dazu konstruiert worden wäre, sich durch die Inflation in der richtigen Weise auszudehnen, woraus entstand dann das Universum, das von der technologisch weiter entwickelten Zivilisation bewohnt wird, die unser Universum konstruierte? Irgendwo, irgendwie, irgendwann muß zumindestens eine ursprüngliche, winzige Quantenfluktuation sich in ein Universum entwickelt haben, das groß genug war, um Lebensraum für Sterne und organische Lebensformen zu bieten. An dieser Stelle setzt die Evolution ein.

Heutzutage würde niemand behaupten wollen, daß menschliche Wesen aus dem Nichts auf der Erdoberfläche auftauchten. Wir sind komplexe Geschöpfe, die nicht durch reinen Zufall aus einem Gebräu von Chemikalien in einem kleinen warmen Tümpel entstehen konnten. Einfachere Arten von lebenden Organismen waren vorher da, und es erforderte Hunderte von Millionen Jahre der Evolution auf der Erde, bis sich aus einzelligen Lebensformen komplexe Organismen wie wir bilden konnten.

Die neue Einsicht in der Kosmologie legt nahe, daß etwas Ähnliches auch mit dem Universum passierte. Es ist ein großes und komplexes System, das nicht einfach durch Zufall aus einer Quantenfluktuation des Vakuums entstanden sein kann. Einfachere Universen entstanden zuerst, und es mag Hunderte von Millionen von Bildungen solcher Universen gegeben haben, um von einer Fluktuation von der Größe einer Plancklänge bis zu solch komplexen Universen wie unserem eigenen fortzuschreiten. Lee Smolin von der Syracuse-Universität ist ein führender Vertreter dieser Vorstellung, die auch Ideen von Baby-Universen einschließt, die von Andrei Linde vom Lebedev-Institut in Moskau entwickelt wurden.

Das wesentliche Element, das Smolin in den Gedankengang eingeführt hat, ist die Vorstellung, daß jedesmal, wenn ein Schwarzes Loch in eine Singularität kollabiert und ein neues Baby-Universum gebildet wird, die grundlegenden Gesetze der Physik leicht geändert werden, wenn die Raumzeit zusammengedrückt und wieder neu geformt wird. Der Prozeß ist analog (und vielleicht mehr als analog) der Art und Weise, wie Mutationen die Veränderlichkeit in organischen Lebensformen liefern, mit deren Hilfe dann die natürliche Auslese wirken kann. Jedes Baby-Universum ist kein exaktes Abbild seines Eltern-Universums, sagt Smolin, sondern eine leicht mutierte Form.

Die ursprüngliche, natürliche Form solcher Baby-Universen ist zunächst, zur Plancklänge zu expandieren, bevor sie wieder kollabieren. Aber wenn die zufälligen Veränderungen in den Gesetzen der Physik – die Mutationen – so ablaufen, daß ein bißchen mehr Inflation entstehen kann, wird ein Baby-Universum ein bißchen größer werden. Wenn es genügend groß wird, kann es in zwei oder mehr verschiedene Regionen zerfallen, die allesamt kollabieren und neue Singularitäten bilden, und dabei die Geburt neuer Universen in die Wege leiten.

Diese neuen Universen werden gegenüber ihren Eltern-Universen ebenfalls kleine Änderungen aufweisen. Einige werden ihre Fähigkeit, viel größer als die Plancklänge zu werden, wieder verlieren und werden in den Quantenschaum zurücksinken. Aber andere werden noch mehr Inflation als ihre Eltern aufweisen, werden noch größer werden, werden noch mehr Schwarze Löcher erzeugen und noch mehr Baby-Universen gebären. Die Zahl der in jeder Generation erschaffenen Universen wird ungefähr proportional dem Volumen des Eltern-Universums sein. Es ist möglicherweise sogar ein Element des Wettbewerbs vorhanden, wenn die vielen Baby-Universen in irgendeiner Weise gegeneinander stoßen und im Superraum um ihre Raumzeit-Ellenbogenfreiheit kämpfen.

In seinen veröffentlichten Arbeiten hat sich Smolin nicht zu der Aussage durchringen können, daß das Universum lebendig ist. Aber Vererbung ist eine essentielle Eigenschaft des Lebens, und diese Beschreibung der Entwicklung von Universen funktioniert nur, wenn wir es mit lebendigen Systemen zu tun haben. Ich glaube, daß unser Universum – wie alle Universen – im wörtlichen Sinne lebendig ist. In diesem Bild geben Universen ihre Eigenschaften mit nur kleinen Änderungen an ihre Nachkommen weiter, so wie Eltern ihre Eigenschaften mit nur kleinen Änderungen an ihre Kinder übertragen.

«Erfolgreiche» Universen sind diejenigen, die die meisten Nachkommen hinterlassen. Gesetzt den Fall, daß die zufälligen Mutationen in der Tat klein sind, wird es einen rein evolutionären Prozeß geben, der immer größere Universen begünstigt. Wenn Universen einmal so groß geworden sind, daß sich Sterne in ihnen bilden können, wird es in den folgenden Generationen von Universen eine natürliche Entwicklung der Gesetze der Physik geben. Diese begünstigt eine Verschiebung in den Gesetzen und in den Eigenschaften, wie der Energieresonanz des Kohlenstoffs und der Massendifferenz zwischen Proton und Neutron, eine Verschiebung, die ihrerseits immer mehr die Produktion von Sternen begünstigt, die schließlich zu Schwarzen Löchern werden.

Unser eigenes Universum könnte sogar erfolgreicher bei diesen Verschiebungen sein, als ich es beschrieben habe. Es ist möglich, obwohl überhaupt noch nicht bewiesen, daß die dunkle Materie, aus der der größte Teil des Universums besteht, selbst in Form einer Myriade kleiner Schwarzer Löcher vorliegt, von denen jedes kleiner als ein Atomkern ist, die unter den Bedingungen des extremen Drucks und der extremen Temperatur im ersten Bruchteil der ersten Sekunde nach der Schöpfung – oder besser: im Augenblick der Geburt – geformt wurden. Irgendwelche winzigen Unregelmäßigkeiten innerhalb des überdichten Universums könnten sehr wohl genügend komprimiert worden sein, um als Singularitäten innerhalb von Schwarzen Löchern weiterzuexistieren. Sie würden heute als recht seltsame Teilchen erscheinen, kleiner als ein Atom, aber jedes etwa von der Masse eines Berges. Wenn sie existieren, könnten sie sehr wohl von den Experimentatoren gefunden werden, die nach Teilchen der dunklen Materie suchen. Ob diese Teilchen existieren oder nicht – es gibt noch genügend weiteren evolutionären Druck für die «übrigbleibende» Materie in einem Universum, so effizient wie möglich in noch mehr Schwarze Löcher verwandelt zu werden.

Das Endprodukt dieses Prozesses sollte nicht eines, sondern viele Universen sein, die alle so groß wie möglich sind, die immer noch innerhalb eines Schwarzen Loches sind (aber so flach wie möglich), und in denen die Parameter der Physik so sind, daß die Bildung von Sternen und Schwarzen Löchern in ihnen begünstigt ist. Unser Universum entspricht genau dieser Beschreibung.

Dies erklärt das andernfalls absolut erstaunliche Geheimnis, warum das Universum, in dem wir leben, auf eine Art «eingerichtet» ist, die auf den ersten Blick ungewöhnlich zu sein scheint. So wie wir nicht erwarten würden, daß sich eine zufällige Mischung von Chemikalien plötzlich zu einem menschlichen Wesen zusammenfindet, so würden wir nicht erwarten, daß eine zufällige Mischung physikalischer Gesetze, die aus einer Singularität hervorgeht, ein Universum entstehen läßt wie dasjenige, in dem wir leben. Bevor Charles Darwin und Alfred Russel Wallace das Konzept der Evolution vorschlugen, glaubten viele, daß der einzige Weg, die Existenz eines so unwahrscheinlichen Organismus wie den eines Menschen zu erklären, ein übernatürlicher Eingriff sein müsse. In letzter Zeit hat die offenkundige Unwahrscheinlichkeit des Universums den Vorschlag aufgebracht, daß der Urknall selbst durch einen übernatürlichen Eingriff erfolgte. Aber es gibt keinen Grund mehr für einen solchen übernatürlichen Eingriff. Wir leben in einem Universum, das genau die wahrscheinlichste Form eines

Universums hat, wenn es viele lebendige Universen gibt, die sich in der gleichen Weise entwickelt haben, wie sich Lebewesen auf der Erde entwickelten. Die Tatsache, daß unser Universum «gerade richtig» für organische Lebensformen ist, stellt sich als bloßer Nebeneffekt der Tatsache heraus, daß das Universum «gerade richtig» für die Erzeugung von Schwarzen Löchern und Baby-Universen ist.

Die Kosmologen müssen lernen, wie Biologen und Ökologen zu denken, und ihre Gedanken nicht im Zusammenhang mit einem einzigen, einzigartigen Universum zu entwickeln, sondern im Zusammenhang mit einer sich entwickelnden Bevölkerung von Universen. Jedes Universum beginnt mit seinem eigenen Urknall, aber alle Universen sind in komplexer Weise durch «Nabelschnüre» in Form von Schwarzen Löchern miteinander verbunden. Eng verwandte Universen teilen sich den «genetischen» Einfluß eines ähnlichen Satzes physikalischer Gesetze. Die Fluktuationen in der Zeit, die von den Detektoren an Bord von COBE erspürt worden sind, sind in diesem neuen Bild nur ein winziger Teil einer viel komplexeren Struktur, einer Struktur, die sich selbst fern vom Gleichgewichtszustand aufhält, und in der Universen, in denen die Gesetze der Physik denen in unserem Universum ähneln, sehr viel häufiger auftreten, als es möglich wäre, wenn diese Universen allesamt durch Zufall entstanden sind. Die Entdeckungen von COBE markieren nicht das Ende der Kosmologie, sondern den Anfang einer neuen Kosmologie, die einen viel weiteren Horizont umspannt. Sie erforscht tiefere Räume und fernere Zeiten, als sich Kosmologen vor wenigen Jahren noch vorstellten konnten.

Aber diese Erkenntnis, daß unser Universum eines unter vielen ist, daß es lebendig ist und daß keine übernatürlichen Eingriffe nötig sind, seine Existenz zu erklären, ist nicht die dramatischste Folgerung, die wir aus dem neuen Verständnis der Kosmologie ziehen können. Obwohl es jetzt deutlich geworden ist, daß das Universum nicht für unser Wohlergehen eingerichtet wurde und daß das Vorhandensein organischer Lebensformen auf der Erde einfach ein kleiner Nebeneffekt eines entwicklungsgeschichtlichen Prozesses ist, der Universen, Galaxien und Sterne umfaßt und die Erzeugung Schwarzer Löcher begünstigt, ist es doch genauso deutlich, daß die Entstehung von Lebensformen ein unvermeidlicher Nebeneffekt dieser größeren entwicklungsgeschichtlichen Prozesse ist.

Die gleichen Gesetze der Physik besitzen überall in unserem Universum ihre Gültigkeit – und wohl auch in vielen anderen Universen. Organisches, auf Kohlenstoffbasis beruhendes Material findet sich im Überfluß zwischen den Sternen einer Spiralgalaxie wie unserer Milchstraße. Dieses kohlenstoffreiche Material mag eine entscheidende Rolle in den Prozessen spielen, die zur Entstehung neuer Sterne aus sich abkühlenden Gaswolken führen. Doch aus welchen Gründen sich dieses kohlenstoffreiche Material auch entwickelt hat, es wird auf jedem erdähnlichen Planeten, der sich in neuen Sterngenerationen bildet, seinen Samen säen.

Astronomen haben berechnet, daß es bis zu 10^{20} Planeten in unserem Universum gibt, die für Lebensformen geeignet sind. Wir sehen die Bausteine des organischen Lebens überall im Universum, und es besteht die Chance, daß die meisten dieser 10^{20} Planeten wirklich lebendig sind – auf die gleiche Weise, wie die Erde/Gaia lebendig ist. Die Geburt des lebendigen Universums führte unvermeidlich zur Geburt von lebendigen Planeten, und die Samen unserer eigenen Existenz werden in den Fluktuationen der Hintergrundstrahlung offenbar.

Weiterführende Literatur

Dieses Buch schließt sich thematisch an zwei meiner kürzlich veröffentlichten Bücher an, *The Matter Myth* (geschrieben in Zusammenarbeit mit Paul Davies, Penguin, London und Touchstone, New York 1991, dt. Ausgabe: *Auf dem Weg zur Weltformel*, Byblos, Berlin 1993) und *In Search of the Edge of Time* (Black Swan, London, und Harmony, New York, dt. Ausgabe: *Jenseits der Zeit. Experimente mit der 4. Dimension*, bettendorf, Essen-München 1994). In einem früheren Buch, *In Search of the Double Helix* (Black Swan, London, und Bantam, New York 1985) habe ich beschrieben, wie die Evolution hier auf der Erde vor sich ging. Wenn Sie mehr über das Leben, das Universum und alles andere wissen wollen, empfehle ich als Einführung die folgenden Bücher. Viele von ihnen enthalten weitere Hinweise, die Sie auf einen immer größeren Informations-See führen. Einige sind ein bißchen anspruchsvoller als das vorliegende Buch, aber keines von ihnen ist in allzu technischer Sprache verfaßt.

John Barrow und Frank Tipler: *The Anthropic Cosmological Principle*, Oxford University Press, Oxford 1986.
  . Ein erschöpfend umfangreiches Buch, das auf den ersten Blick vielleicht zu technisch erscheint, das aber, wenn man von einigen Gleichungen absieht, voll sehr lesbarer Einsichten in die anthropische Kosmologie und die kosmischen Koinzidenzen ist, von einem traditionellen Standpunkt aus geschrieben.
Jeremy Bernstein: *Three Degrees Above Zero*, Scribner's, New York 1984.
  Ein detaillierter Bericht über Arno Penzias' und Robert Wilsons Entdeckung der kosmischen Mikrowellen-Hintergrundstrahlung.
Marcus Chown: *The Afterglow of Creation*, Arrow 1993.
  Die beste aktuelle Einführung in die Entdeckung des kosmischen Mikrowellen-Hintergrunds und die Bedeutung der Entdeckungen von COBE in ihrem historischen Zusammenhang.
Francis Crick: *Life Itself*, Macdonald, London 1982.
  Cricks kontroverse Behauptung, daß die Lebenssamen möglicherweise absichtlich auf der Erde ausgestreut worden sind. Das Buch enthält eine kurze Zusammenfassung über die Arbeitsweise lebender Systeme.

Paul Davies: *The Accidental Universe*, Cambridge University Press, Cambridge 1982.
Eine ziemlich technische, kurze Zusammenfassung der anthropischen Kosmologie und der kosmischen Koinzidenzen vom traditionellen Standpunkt aus.
Richard Dawkins: *Der blinde Uhrmacher*, Kindler-Verlag, München 1987.
Die beste Einführung in das Konzept der Evolution.
Richard Dawkins: *Das egoistische Gen*, Spektrum Akademischer Verlag, Heidelberg 1994.
William Day: *Genesis on Planet Earth*, 2. Ausgabe, Yale University Press, New Haven 1984.
Ein Lehrbuch, das aber sehr klar und für den interessierten Laien verständlich den Ursprung des Lebens auf der Erde behandelt.
Albrecht Fölbing: *Albert Einstein. Eine Biographie*, Suhrkamp, Frankfurt/M.
John Gribbin: *In Search of the Big Bang*, Bantam, New York, und Black Swan, London 1986.
Eine Zusammenfassung unserer Kenntnisse über die Entwicklung des Universums, die vor den COBE-Ergebnissen geschrieben wurde.
John Gribbin: *Unsere Sonne – ein rätselhafter Stern?*, Birkhäuser, Basel 1992.
Meine Darstellung, wie die Sonne im speziellen und die Sterne im allgemeinen funktionieren.
John Gribbin und Mary Gribbin: *Being Human*, Dent 1993.
Menschen in den evolutionären Zusammenhang gebracht.
Edward Harrison: *Darkness at Night*, Harvard University Press, Cambridge/USA 1987.
Die umfassende Darstellung des Olbersschen Paradox, einschließlich der Gedankengänge des Dichters Edgar Allen Poe.
Fred Hoyle: *Galaxies, Nuclei and Quasars*, Heinemann, London 1965.
Die Perspektive eines Bilderstürmers aus den sechziger Jahren über die großen Ideen der Kosmologie, die auch einige der in Kapitel 7 diskutierten Koinzidenzen behandelt.
James Lovelock: *Gaia – Die Erde ist ein Lebewesen*, Scherz Verlag, Bern, München, Wien 1992.
Die lesbarste und am leichtesten zugängliche der vielen Einführungen in die Gaia-Hypothese, die viele farbige und informative Illustrationen enthält. Falls Sie ein etwas substantielleres Buch lesen möchen, empfehle ich Lovelocks *Das Gaia-Prinzip. Die Biographie unseres Planeten*, Insel-Verlag Frankfurt/M. und Leipzig 1993. Einige der Einzelheiten zwischen Gaia und dem Klima finden sich in meinem Buch *Hothouse Earth*, Grove, New York und Black Swan, London 1990.
Lynn Margulis und Dorion Sagan: *Microcosmos*, Summit, New York 1986.
Die wissenschaftliche Mutter und der schriftstellernde Sohn erklären gemeinsam die Evolution des Lebens im Zusammenhang mit der symbiotischen Theorie des Ursprungs der modernen eukaryontischen Zellen und die Bedeutung der Bakterien für die Bewahrung lebenserhaltender Bedingungen auf der Erde. Beide beschreiben Kwang Jeons Arbeit, die im Kapitel 5 meines Buches angesprochen wird, im Artikel «Bacterial Bedfellows» in der Zeitschrift *Natural History*, Märzheft 1987.
Paul Murdin: *Flammendes Finale*, Birkhäuser, Basel 1991.
Alles Wissenswerte über die moderne Supernovaforschung und die Supernova von 1987.

Alexander S. Sharov und Igor D. Novikov: *Edwin Hubble. Der Mann, der den Urknall entdeckte*, Birkhäuser, Basel 1994.
  Die einzige Biographie von Hubble, gleichzeitig eine Einführung in sein Werk.
Christine Sutton: *Raumschiff Neutrino*, Birkhäuser, Basel 1994.
  Neutrinos sind so faszinierend, daß ich im Kapitel 9 bei ihrer Beschreibung vielleicht zu sehr ins Detail gegangen bin. Wenn Sie so fasziniert sind, daß Sie sogar noch mehr wissen wollen, empfehle ich diese grundlegende historische Einführung, die allerdings die allerneuesten kosmologischen Folgerungen noch nicht enthält.
Lewis Thomas: *The Lives of a Cell*, Viking, New York 1974.
  Dies ist einer der besten Texte über biologische Themen, der auch die Metapher der Erdatmosphäre als Zellmembran enthält.
Lewis Thomas: *Late Night Thoughts on Listening to Mahler's Ninth Symphony*, Viking, New York 1983.
  Eine weitere hervorragende Sammlung bemerkenswerter Aufsätze.
Steven Weinberg: *Die ersten drei Minuten*, Piper Verlag, München 1979.
  Eine allgemeinverständliche Darstellung des Standardmodells des Urknalls.

Soweit ich weiß, ist Lee Smolin von der Syracuse University der einzige Wissenschaftler, der die Vorstellung eines lebenden Universums ernst genug genommen hat, um auch wissenschaftliche Arbeiten über dieses Thema zu publizieren. Einige seiner Ideen erschienen in der Zeitschrift *Classical and Quantum Gravity*, Band 9, S. 173–191, 1992 und in einem Preprint der Syracuse University (SU-GP-91/10-5), der zu der Zeit, als ich das Manuskript meines Buches abschloß, noch nicht veröffentlicht war. Diese beiden faszinierenden Arbeiten, die kurz nach den COBE-Entdeckungen der «Fluktuationen in der Zeit» auf meinen Schreibtisch flatterten, halfen mir, meine eigenen verschwommeneren Vorstellungen zu präzisieren, daß man eine Gaia-Argumentation auf das gesamte Universum anwenden kann.

Index

Ein rätselhafter Stern

Kein anderer Gegenstand hat je die Vorstellungskraft der Menschheit so beschäftigt wie die Sonne. In frühester Zeit als Gott verehrt, ist der uns nächstgelegene Stern seit Jahrtausenden Gegenstand menschlichen Forschungsdranges gewesen. John Gribbin berichtet in dem leicht verständlichen und lebendigen Stil, der ihn zu einem der erfolgreichsten populärwissenschaftlichen Autoren unserer Zeit werden ließ, über die Geschichte der Sonnenforschung und macht den Leser mit den gegenwärtigen Problemen der Forschung bekannt – mit einer Materie, die auch im Zeitalter von Computern und Raumsonden mehr Rätsel als Lösungen aufzuweisen scheint.

John Gribbin
Unsere Sonne - ein rätselhafter Stern?
Erkenntnisse und Spekulationen der Astrophysik

Aus dem Englischen von Anita Ehlers.
292 Seiten mit 20 sw-Abbildungen.
Gebunden
ISBN 3-7643-2683-2

In allen Buchhandlungen erhältlich.

Die kosmische Katastrophe

Die spannend geschriebene Geschichte vom Ende des Kometen Shoemaker-Levy 9: von der Entdeckung bis zum Absturz, erste Ergebnisse, Konsequenzen für die Erde – hier ist zusammengefaßt, was die Welt der Wissenschaft in Atem hielt.
Das Buch enthält aktuelles und spektakuläres Bildmaterial, unter anderem vom Space Telescope Hubble, sowie ein Vorwort von Richard West, ESO.

Daniel Fischer und Holger Heuseler machen den Jupiter-Crash der Öffentlichkeit erst richtig zugänglich. Wer über das Jahrhundertereignis in der Astronomie informiert sein will, muß dieses konkurrenzlose Buch lesen.

Daniel Fischer / Holger Heuseler
Der Jupiter-Crash

Originalausgabe
240 Seiten mit 45 Farb- und
59 sw-Abbildungen.
Gebunden
ISBN 3-7643-5116-0

In allen Buchhandlungen erhältlich.

Der Entdecker des Urknalls

Sharov und Novikov erzählen spannend über Leben und Werk von Edwin Powell Hubble, der in entscheidendem Maße das Weltbild der gegenwärtigen Astronomie prägte. Der eigentlichen Biographie angehängt ist ein Teil, der sich mit der Weiterentwicklung seines Werkes bis in die Gegenwart beschäftigt und der eindrucksvoll beweist, wie intensiv Hubbles Werk die Forschung noch heute beschäftigt.
So haben die Autoren nicht nur eine Biographie von Edwin Hubble verfaßt, sondern ein wichtiges Kapitel zur Geschichte der modernen Astronomie vorgelegt.

Alexander Sharov / Igor Novikov
Edwin Hubble
Der Mann, der den Urknall entdeckte

Aus dem Englischen von Thomas Müller.
240 Seiten. 21 sw-Abbildungen.
Gebunden mit Schutzumschlag.
ISBN 3-7643-5008-3
In allen Buchhandlungen erhältlich.